电站锅炉
安全经济运行诊断分析

DIANZHAN GUOLU

ANQUAN JINGJI YUNXING ZHENDUAN FENXI

秦 淇 王春玉 主编

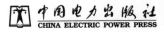

中国电力出版社
CHINA ELECTRIC POWER PRESS

内 容 提 要

本书以电站煤粉锅炉为对象，对影响锅炉运行的经济性及安全性的问题进行分析诊断。在经济性分析诊断中，对锅炉灰渣含碳量高、石子煤排放率高、排烟温度高、汽温异常及制粉系统单耗高等影响锅炉经济性的因素进行了详细分析；在安全性分析诊断中，对高温腐蚀、炉内结渣、管材过热、热偏差、空气预热器堵灰、风机失速、抢风等影响锅炉安全性的重点问题从机理、形成原因进行了分析阐述。本书还从设计、调整、改造的角度提出了提高锅炉经济性、安全性的方法。

本书可供电厂运行及试验技术人员进行锅炉问题分析与诊断时使用，也可供锅炉设计人员参考。

图书在版编目（CIP）数据

电站锅炉安全经济运行诊断分析/秦淇，王春玉主编 . —北京：中国电力出版社，2022.3
ISBN 978-7-5198-5986-2

Ⅰ.①电… Ⅱ.①秦… ②王… Ⅲ.①火电厂—电厂锅炉—安全管理—经济分析 Ⅳ.①TM621.2

中国版本图书馆 CIP 数据核字（2021）第 184903 号

出版发行：中国电力出版社
地　　址：北京市东城区北京站西街 19 号（邮政编码 100005）
网　　址：http：//www.cepp.sgcc.com.cn
责任编辑：刘汝青（010-63412382）
责任校对：黄　蓓　常燕昆
装帧设计：赵姗姗
责任印制：吴　迪

印　　刷：三河市万龙印装有限公司
版　　次：2022 年 3 月第一版
印　　次：2022 年 3 月北京第一次印刷
开　　本：787 毫米×1092 毫米　16 开本
印　　张：16
字　　数：347 千字
印　　数：0001—1500 册
定　　价：65.00 元

编 委 会

主 编 秦 淇　王春玉

参 编 王 磊　李 敏　任利明　李 玲

　　　　许明峰　蓝晓村　程金武　安敬学

　　　　张步庭　刘静宇　张营帅　刘综绪

前言

提高锅炉运行的经济性及安全性对保证电厂安全、经济运行的重要性不断增强，提高锅炉运行的经济性及安全性成为摆在广大锅炉技术人员面前的迫切任务。

我国在设计方面还没有形成针对我国煤质的锅炉热力计算标准，锅炉厂在设计时主要依据引进的技术来源方的热力计算方法进行锅炉设计，由于对我国煤质特性缺乏广泛的了解及足够的经验积累，加之我国电站煤粉锅炉燃用煤质千差万别，煤质又不稳定，按外方设计计算选取的一些系数往往与我国煤种存在偏差，导致锅炉在运行过程中的热力特性与设计不符，造成锅炉运行的经济性、安全性降低。同时，运行调整不当、设备存在缺陷、燃烧器的布置方式不合理、制粉系统不匹配、煤质偏离设计等原因也会导致锅炉经济性、安全性降低。

锅炉经济性、安全性降低的表现方式有多种，而每一种表现方式产生的原因又多种多样，解决这些问题涉及的环节从安装、调整到设备缺陷处理及改造。对问题原因进行正确的分析诊断是解决问题的基础，否则会使采取的措施缺乏针对性。

在长期的锅炉试验及异常诊断过程中，笔者对锅炉运行经济性及安全性问题的诊断积累了一定的经验，并结合同行的研究成果，在系统总结的基础上，对影响锅炉经济性、安全性的各类问题的诊断分析进行了分类阐述，完成了本书，以期对广大锅炉工作者在锅炉异常分析诊断工作中有所帮助，希望对提高电厂的经济性、安全性有所贡献。

编写本书过程中，参考了很多同行的研究成果，在此对这些同行深表感谢！

限于作者水平，书中疏漏与不足在所难免，恳请广大读者批评指正！

编　者

2021 年 11 月

目　录

— 第一章 —

燃 料 特 性

第一节　煤的分类及分布

一、煤的分类

火力发电是我国主要的发电形式，而我国火电厂的主要燃料为燃煤。我国发电用煤种从褐煤到无烟煤，不同煤质对锅炉的设计性能影响较大，需依据燃煤特性的不同特点对锅炉进行针对性的设计才能实现锅炉安全、经济运行。因此，对燃煤特性的掌握显得尤为重要。

我国以表征煤化程度的干燥无灰基挥发分 V_{daf} 作为分类指标，依据 V_{daf} 高低可以将电厂用煤分为四类：$V_{daf} \leqslant 10\%$，为无烟煤；$10\% < V_{daf} \leqslant 20\%$，为贫煤；$20\% < V_{daf} \leqslant 37\%$，为烟煤；$V_{daf} > 37\%$，为褐煤。

二、各种煤的基本特点及矿点分布

1. 无烟煤

无烟煤煤化程度最深，一般有明亮黑色光泽，硬度高，不易研磨，含碳量很高（$C_{daf} > 90\%$），杂质少而发热量较高，发热量大致为 21 000～25 000kJ/kg，挥发分少，难点燃，着火温度高，火焰短，难燃尽。

无烟煤主要矿点分布为山西霍东、阳泉、潞安、晋城、武夏、东山，河南焦作、永城，贵州北部、贵州织金、纳雍，云南曲靖，京西，四川宜宾筠连、泸州市古蔺，宁夏汝箕沟矿区等地。

2. 贫煤

贫煤挥发分含量稍高于无烟煤，虽着火及燃尽特性优于无烟煤，仍属于燃烧特性较差的煤种。主要分布在山西阳城，河南新密、禹州、鹤壁，陕西铜川、蒲白、澄合、韩城，贵州六枝、盘县、水城，云南曲靖等地。

3. 烟煤

烟煤具有中等的煤化程度，挥发分含量较高，水分和灰分较少，发热量较高，容易着火和燃尽。

劣质烟煤虽然挥发分较高，但灰分很高，$A_{ar} \geqslant 40\%$，发热量不大于 16 000kJ/kg，着火特性接近贫煤，但燃尽特性好于贫煤。

烟煤在我国分布最广，东北地区、内蒙古、新疆、山西、河南、山东、安徽、宁夏、甘肃、陕西、江苏均产烟煤。

典型烟煤为神华煤，神府东胜煤田位于陕晋蒙三省交界地带，有补连塔、大柳塔、活鸡兔、乌兰木伦、武家塔、马家塔、保德等矿，分为普通神华煤和高硫神华煤。

神华煤的特点是：发热量高，热力特性活泼，结渣性强，且高氧化铁使渣的热胀冷缩特性与受热面非常接近，不到检修时很难掉渣，一掉渣就是大渣，非常危险。

神华煤在大部分电站锅炉上均表现出不同程度的结渣问题，大部分需掺烧一定数量的高 Al_2O_3 煤才能避免锅炉严重结渣。煤场防自燃、制粉系统防爆、防止烧皮带等任务非常艰巨。

神华煤具有强结渣性，在弱还原性气氛下变形温度 DT 在 1070～1180℃之间，软化温度 ST 在 1120～1230℃之间，流动温度 FT 在 1140～1240℃之间。DT、ST、FT 之间的温差在 10～40℃之间，具有典型的短渣特性。

在典型神华煤的灰分中，三氧化二铁 Fe_2O_3 含量在 8%～21% 之间，氧化钙 CaO 在 15%～35% 之间，碱金属氧化物（Na_2O+K_2O）在 1.5%～3% 之间。

4. 褐煤

褐煤外观呈褐色，少数为黑褐色甚至黑色。挥发分含量高，水分大，密度较小，无黏结性，含有不同数量的腐殖酸，矿化年代浅，氧含量常达 15%～30% 左右。其发热量低，但化学反应性强。

褐煤热稳定性差，块煤加热时破碎严重，正常情况下易风化变质、破碎成小块甚至粉末状。

褐煤主要产地为黑龙江双鸭山、内蒙古呼伦贝尔牙克石西南、内蒙古呼伦贝尔陈巴尔虎旗、内蒙古呼伦贝尔陈巴尔虎旗和新巴尔虎左旗交界处、内蒙古呼伦贝尔鄂温克旗，范围跨鄂温克旗和新巴尔虎左旗、内蒙古呼伦贝尔满洲里市、内蒙古通辽霍林郭勒市、内蒙古锡林郭勒东乌珠穆沁旗、内蒙古锡林郭勒西乌珠穆沁旗、内蒙古锡林郭勒锡林浩特、内蒙古锡林郭勒苏尼特左旗、内蒙古赤峰市、云南昭通等地。

褐煤分为软褐煤与硬褐煤两种，典型褐煤如下：

（1）进口印尼褐煤（硬褐煤）。灰分小、水分小，挥发分高，发热量高，热力特性活泼，易自燃、易爆炸，玻璃体渣，具有中等结渣性。

（2）内蒙古褐煤（硬褐煤）。典型的如胜利褐煤，水分高，发热量低，易自燃但具隐蔽性，灰熔点低，玻璃体渣，具有中等结渣特性，可磨性不稳。

（3）云南褐煤（软褐煤）。典型的小龙滩褐煤，煤质与内蒙古褐煤相似，但灰中主要成分是 CaO。

第二节　煤的组成及各组分的影响

一、煤的组成及分析基准

（一）煤的组成

1. 元素分析

煤是包括有机成分和无机成分等物质的混合物，其分子结构十分复杂。为了使用方便，通过元素分析确定各种物质的质量百分数。依据分析基准的不同，其组分有不同的变化。水分、碳、氢、氧、氮、硫、灰分是其主要构成。

（1）收到基组成。

以收到状态的煤为基准来表示煤中各组成成分的质量百分数，用下标 ar 表示，它计入了煤的灰分和全水分。其成分表达式为

$$C_{ar} + H_{ar} + O_{ar} + N_{ar} + S_{c,ar} + A_{ar} + M_{ar} = 100$$

式中　M_{ar}、A_{ar}、C_{ar}、H_{ar}、N_{ar}、$S_{c,ar}$、O_{ar}——煤中的水分、灰分、碳、氢、氮、可燃硫、氧成分的收到基质量百分数。

（2）空气干燥基组成。

由于煤的外部水分变动很大，在分析时常把煤进行自然风干，使其失去外部水分，以这种状态为基准进行分析得出的成分称为空气干燥基，以下标 ad 表示。其成分表达式为

$$C_{ad} + H_{ad} + O_{ad} + N_{ad} + S_{c,ad} + A_{ad} + M_{ad} = 100$$

（3）干燥基组成。

以无水状态的煤为基准来表达煤中各组成成分，以下标 d 表示。其成分表达式为

$$C_d + H_d + O_d + N_d + S_{c,d} + A_d = 100$$

（4）干燥无灰基组成。

除灰分和水分后煤的成分，这是一种假想的无水无灰状态，以此为基准的成分组成，以下标 daf 表示。其成分表达式为

$$C_{daf} + H_{daf} + O_{daf} + N_{daf} + S_{c,daf} = 100$$

2. 工业分析

煤的元素分析是比较复杂的，电厂通常采用工业分析。在工业分析时，只要按照规定的条件把煤样进行干燥、加热和燃烧，就能确定煤中几种主要成分的含量，即水分、挥发分、固定碳和灰分，以了解煤种在燃烧方面的某些特性。不同基准下煤的组成见图 1-1。

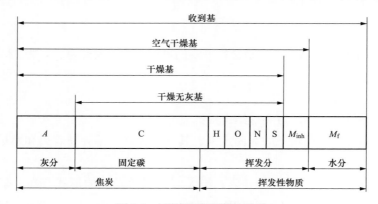

图 1-1　不同基准下煤的组成

（1）收到基组成：

$$M_{ar} + A_{ar} + V_{ar} + FC_{ar} = 100$$

式中　V_{ar}、FC_{ar}——煤中挥发分、固定碳的收到基质量百分数。

（2）空气干燥基组成：

$$M_{ad} + A_{ad} + V_{ad} + FC_{ad} = 100$$

（3）干燥基组成：

$$A_d + V_d + FC_d = 100$$

（4）干燥无灰基组成：

$$V_{daf} + FC_{daf} = 100$$

（二）各种基准的换算

煤的各种基准成分之间，可以互相换算。由一种基质成分换算成另一种基质成分时，只要乘以一个换算系数即可。从表1-1中可以查出煤的各种基质之间的换算系数。分析结果要从一种基准换算到另一种基准时，可按下式进行：

$$Y = KX_0$$

式中　X_0——按原基准计算的某一成分的质量百分数；

　　　Y——按新基准计算的同一成分的质量百分数；

　　　K——基准换算的比例系数。

表 1-1　　　　　　　　　　煤的各种基质之间的换算系数

基质	收到基	空气干燥基	干燥基	干燥无灰基
收到基	1	$\frac{100-M_{ad}}{100-M_{ar}}$	$\frac{100}{100-M_{ar}}$	$\frac{100}{100-M_{ar}-A_{ar}}$
空气干燥基	$\frac{100-M_{ar}}{100-M_{ad}}$	1	$\frac{100}{100-M_{ad}}$	$\frac{100}{100-M_{ad}-A_{ad}}$
干燥基	$\frac{100-M_{ar}}{100}$	$\frac{100-M_{ad}}{100}$	1	$\frac{100}{100-A_d}$
干燥无灰基	$\frac{100-M_{ar}-A_{ar}}{100}$	$\frac{100-M_{ar}-A_{ar}}{100}$	$\frac{100-A_d}{100}$	1

二、煤中各组分的影响

1. 碳

碳元素是煤的最主要成分，也是含量最多的可燃元素，发热量大，为 $32.7 \times 10^3 kJ/kg$，是煤发热量的主要来源。

碳在煤中有两种存在形式：

（1）一部分与氢、氧、氮和硫结合成挥发分。

（2）其余部分呈单质状态的为固定碳，其燃点较高，不容易着火和燃尽。

2. 氢

氢的含量较少，一般为 3%～6%，绝大多数以挥发分的形式存在。氢的发热量很高，为 $120 \times 10^3 kJ/kg$，发热量约为碳元素的4倍，燃点低，容易着火，氢元素对于煤的着火特性影响很大。

3. 氧

可燃氧主要存在于羧基（—COOH）、羟基（—OH）和甲氧基（—OCH₃）等含氧官能团，受热分解时成为挥发分；可燃氧元素与可燃物质距离近，氧化反应时间短，所以有机氧含量高的煤着火更加容易。

4. 氮

氮是不可燃物质，一般含量较少，氮是煤中唯一的完全以有机状态存在的元素。氮在高温条件下极易生成污染大气的 NO_x，被视为有害元素。

5. 硫

硫以有机硫、硫化铁硫、硫酸盐硫三种形式组成，总称全硫。前两种可燃，称为可燃硫；后一种归入灰分，称为固定硫，但高温（1200℃）时不稳定，会分解为 SO_2。硫的发热量微不足道，SO_2 和 SO_3 会造成锅炉金属的腐蚀并污染大气。

6. 挥发分

挥发分是煤在加热过程中有机质分解而析出的气体物质。它主要由各种碳氢化合物、氢、一氧化碳、硫化氢等可燃气体组成，还有少量的氧、二氧化碳、氮等不可燃气体。挥发分的析出温度不相同，挥发分的成分及含量也不同。挥发分是影响煤种着火特性最主要的因素，挥发分大，其析出温度低，着火、稳燃、燃尽特性好。

7. 固定碳和灰分

煤在失去水分和挥发分后剩余部分即为焦炭，它包括固定碳和灰分。将焦炭在空气中加热到 800℃±25℃，灼烧 2h，固定碳基本燃尽，剩下的就是灰分。

灰分是燃料完全燃烧后形成的固体残余物的统称。其主要成分是由硅、铝、铁和钙，以及少量镁、钛、钠和钾等元素组成的化合物。煤的灰分非但不能燃烧，而且还妨碍可燃质与氧的接触，增加燃料着火和燃尽的困难，还会使燃烧损失增加。

8. 水分

自然干燥下失去的部分，称为外在水分，它决定了所需制粉系统干燥出力；以结晶形式存在的水分称为内在水分。外在水分和内在水分两部分总称为全水分。水分使炉内温度下降，影响燃料着火特性，增大排烟热损失，加剧尾部受热面的腐蚀和堵灰。

碳元素、氢元素、氧元素的存在形式与数量是影响着火特性、燃尽特性的决定性因素；煤的热力特性与氮元素的含量则决定了 NO_x 的污染物排放特性；灰分成分的比例则决定了煤的结渣特性。我国各种煤的部分煤质分析见表 1-2。

表 1-2　　　　　　　　　　我国各种煤的部分煤质分析

煤种	产地	元素分析（%）					工业分析（%）				灰熔融性（℃）			发热量（kJ/kg）
		C_{ar}	H_{ar}	O_{ar}	N_{ar}	S_{ar}	V_{ar}	M_{ar}	M_{ad}	A_{ar}	DT	ST	FT	$Q_{net,ar}$
无烟煤	阳泉一矿	64.70	2.90	0.90	2.68	1.02	12.14	6.55	0.95	21.25	1480	1490	1500	24 577
	阳泉四矿	67.11	2.63	2.60	1.07	1.55	8.80	8.40	0.53	16.64	1480	1490		25 288
	南庄矿	56.96	2.55	4.30	0.97	0.70	7.97	3.82	2.97	30.62	1160	1490	1500	23 488
	晋城凤凰山矿	66.99	2.15	2.38	0.75	0.28	8.35	10.21	0.99	17.24	1430	>1500		24 279
	焦作焦西矿	62.88	1.82	2.40	0.64	1.36	8.09	11.37	1.73	19.53	1360	1375	1390	23 697
	焦作焦东矿	62.00	2.38	1.65	0.77	0.35	7.00	14.17	2.16	18.68	1365	1380	1398	22 366
	焦作田门井	57.95	2.24	2.63	0.70	0.26	8.79	7.18	2.02	29.04	1500			20 984
	芙蓉白皎矿	54.37	2.04	1.73	0.66	3.58	8.13	9.20	1.64	28.42	1100	1160	1250	22 780

续表

煤种	产地	元素分析（%）					工业分析（%）				灰熔融性（℃）			发热量（kJ/kg）
		C_{ar}	H_{ar}	O_{ar}	N_{ar}	S_{ar}	V_{ar}	M_{ar}	M_{ad}	A_{ar}	DT	ST	FT	$Q_{net,ar}$
无烟煤	松藻矿	55.81	2.43	3.97	0.86	3.96	12.72	10.44	2.14	22.43	1160	1260	1340	24 254
	松藻打通矿	54.37	2.56	2.75	0.88	3.64	13.42	11.34	2.32	24.46	1140	1240	1330	23 287
贫煤	西山白家庄矿	70.80	3.12	2.46	0.94	1.53	14.20	5.42	0.60	15.73	>1000			27 470
	西山营庄矿	70.05	3.15	2.26	0.96	1.62	15.93	5.99	0.58	15.97	>1450			25 660
	淄博洪山矿	56.31	2.88	1.56	0.89	2.83	18.39	6.07	0.58	29.46	1430	1440	1460	22 739
	淄博夏庄矿	65.54	2.84	2.34	0.10	3.37	12.84	4.91	1.00	20.90	1330	1370	1390	25 636
	新密芦沟矿	70.54	2.91	1.65	1.08	0.31	10.07	7.80	0.64	15.71	1460	1480	>1500	26 205
	鹤壁一矿	64.55	3.20	2.08	1.14	1.12	17.40	6.14	1.01	21.77	>1450			24 593
	铜川三里铜矿	56.67	2.89	2.83	0.64	5.30	18.52	4.90	0.84	26.77	>1400			22 358
	铜川王家河矿	51.96	2.80	4.91	0.73	3.41	22.27	4.60	0.91	10.77	1400	>1400		20 725
烟煤	大同煤峪口矿	69.15	3.03	7.74	0.77	1.15	31.25	7.39	1.52	10.77	1120	1125	1280	26 950
	大山白洞矿	68.94	3.82	6.70	0.73	1.00	31.33	9.27	1.67	9.54	1100	1160	1260	26 214
	霍县南下庄矿	61.51	3.76	3.22	1.16	0.49	48.73	6.25	0.78	23.61	>1500			21 591
	西峪矿	63.87	2.93	3.11	1.06	0.97	17.26	5.33	0.73	22.73	>1400			23 978
	乌达都子沟矿	46.22	3.75	16.48	1.20	0.42	33.58	2.75	0.81	29.18	>1500	>1500	>1500	23 036
	海勃湾公乌素矿	49.73	3.06	12.05	0.91	1.88	43.63	8.35	2.14	24.02	1350	>1500	>1500	21 855
	包头长汉沟矿	64.85	4.45	3.71	1.22	0.31	40.32	5.40	1.75	20.06	1000	1170	1250	25 812
	阜新新丘矿	43.50	2.85	10.81	0.88	1.17	37.51	13.38	10.05	27.41	1230	1310	1360	16 998
	抚顺老虎台选煤厂	52.02	4.00	7.07	0.83	0.32	43.48	26.81	3.19	8.95	1321	1352	1363	19 841
	通化苇塘矿	54.26	3.32	5.52	0.88	0.33	28.22	5.21	1.22	30.48	>1500			16 998
	辽源梅河矿	47.13	3.25	11.99	0.95	0.41	47.87	14.57	7.94	21.70	>1500	>1500		18 133
	鸡西张新矿	57.44	3.58	8.00	0.73	0.31	36.39	7.16	2.44	22.78	>1400			22 316
	鹤岗兴安矿	58.68	3.89	7.88	0.59	0.14	37.45	8.37	1.42	20.45	1280	1320	1370	22 944
	双鸭山岭东矿	70.43	4.25	4.77	0.81	0.30	28.69	3.61	1.58	15.83	1232	1251	1270	27 997
	徐州义安矿	54.43	3.12	2.00	0.80	0.39	40.63	6.60	1.79	32.66	>1500			17 823
	淮南谢一矿	57.03	3.63	6.28	1.03	0.54	35.92	7.06	1.57	24.43	>1500			22 148
	淮北袁庄矿	48.47	3.42	5.35	2.87	0.30	40.29	6.34	1.83	33.25	1500			18 422
	枣庄甘林井	56.90	3.64	2.25	0.88	3.21	34.27	7.71	0.46	25.41	1100	1210	1270	22 362
	平顶山一矿	57.00	3.64	4.27	0.99	0.43	36.10	6.50	1.29	27.17	>1400			23 865
	义马陈村矿	62.57	3.22	1.69	0.93	1.23	21.66	6.40	2.63	23.96	1430	>1500		22 986
	乌鲁木齐苇湖梁矿	59.84	4.05	8.35	1.03	0.87	40.20	8.61	1.96	17.25	1185	1230	1280	24 158
	石炭井一矿	52.61	2.94	4.57	0.84	0.87	24.01	4.80	0.37	33.37				19 845
	盘江月亮田矿	56.15	3.45	1.73	1.08	0.58	38.85	8.52	2.33	28.49	1215	1320	1340	23 237
	水城大河矿	52.78	3.94	4.54	1.08	1.79	42.63	10.53	2.46	25.34	1180	1250	1330	22 994

煤种	产地	元素分析（%）					工业分析（%）				灰熔融性（℃）			发热量（kJ/kg）
		C_{ar}	H_{ar}	O_{ar}	N_{ar}	S_{ar}	V_{ar}	M_{ar}	M_{ad}	A_{ar}	DT	ST	FT	$Q_{net,ar}$
褐煤	平庄元宝山矿	39.79	2.52	10.52	0.60	1.12	43.80	29.31	13.12	16.14	1040	1130	1200	13 980
	平庄古山矿	42.61	2.84	9.78	0.61	1.07	42.99	22.86	7.33	20.23	1025	1170	1235	15 680
	扎赉诺尔西山矿	38.63	0.85	15.32	2.49	0.14	43.99	35.48	13.17	7.09	1146	1173	1194	22 064
	扎赉诺尔灵泉矿	37.78	0.64	14.95	2.34	0.19	42.41	37.11	11.86	6.99	1123	1150	1172	21 792
	沈阳前屯矿	36.93	2.84	12.58	0.89	0.57	50.91	18.55	17.71	27.64	1490	>1500	>1500	13 343
	沈阳清水矿	37.40	2.86	11.66	1.12	0.47	49.55	16.80	13.83	29.69	1500	>1500	>1500	14 411
	舒兰东富矿	31.65	2.14	11.42	0.84	0.13	53.80	18.06	14.81	35.76	>1420			11 870
	舒兰街矿	29.87	2.08	10.24	0.80	0.14	54.27	22.90	16.92	33.97	>1415			12 171

第三节　煤的燃烧特性

一、煤的着火特性

煤的着火特性是指煤的着火的难易程度，煤的着火点越低，着火就越容易，着火后稳燃性能也越好。

1. 煤的着火点

煤的着火点又称燃点。在有氧化剂共存的条件下，将煤加热到开始燃烧时的温度为着火点。它也能反映煤的煤化程度，随着煤化程度的加深，其着火点增高，因此它也是煤的基本特性之一。

研究表明，煤的干燥无灰基挥发分与着火点存在明显的相关关系，挥发分含量越低，着火点就越高。灰分含量对着火点也有一定影响，灰分含量高时，着火点就高。但黄铁矿含量高的煤，由于它易于氧化，着火点就低。

2. 着火特性的判别

（1）按挥发分判别。煤的挥发分的大小与煤的着火温度存在较强的对应关系，挥发分越高，着火点越低，着火特性越优。各种煤的着火特性见表1-3。

表1-3　　　　　　　　　　　各种煤的着火特性

煤种	挥发分 V_{daf}（%）	开始析出温度（℃）	着火温度（℃）	挥发分发热量（MJ/kg）
无烟煤	0～10	>400	650～700	69
贫瘦煤	10～20	320～390	500～650	54.36～56.45
一般烟煤	20～37	210～260	400～500	39.30～48.00
长焰煤	>37	>170	300～400	35.54
褐煤	>37	130～170	250～300	25.72

相同挥发分时，灰分越高，着火点越高。因此，以煤的挥发分判断着火特性时应考虑灰分的影响，见表1-4。

表 1-4 煤的挥发分判断着火特性

KV_{daf}（%）	≤9	9~19	19~30	30~37	>37
着火特性	极难着火	难着火	准难着火	易着火	极易着火

对于 A_{ad}≤20% 的煤，K 取1；对于 A_{ad}>20% 的煤，K 值按下式求得，即

$$K = \left(\frac{A_{ad}}{20}\right)^{-0.48}$$

（2）按着火指数 R_w 判别。以热分析确定煤的着火特性时，以热天平在规定的条件测定煤的燃烧特性，按照所得的燃烧分布曲线，依据综合着火温度 t（℃）、易燃峰最高时的温度 $T_{1,max}$（℃）、易燃峰最高时的反应速度 $W_{1,max}$（mg/min）和易燃峰下烧掉的燃料量 G_1（mg）四项指标按下式计算着火指数 R_w，用 R_w 值的大小来确定煤的着火特性。某烟煤煤样燃烧特性曲线见图1-2。

$$R_w = \frac{560}{t} + \frac{650}{T_{1,max}} + 0.27W_{1,max}$$

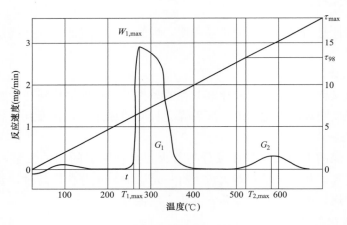

图 1-2 某烟煤煤样燃烧特性曲线

着火的难易程度与着火指数关系的判别见表1-5。

表 1-5 着火的难易程度与着火指数关系的判别

着火指数 R_w	着火等级	着火特性
≤3.5	V	极难着火
3.5~4.65	IV	难着火
4.65~5.0	III	中等着火
5.0~5.7	II	易着火
>5.7	I	极易着火

在无条件做热重分析时，也可采用工业分析回归出的下列公式计算 R_w，即

$$R_w = 4.24 + 0.047M_{ad} - 0.015A_{ad} + 0.046V_{daf}$$

（3）按着火温度 T_d 判别。利用煤的工业分析按下式计算着火温度，依据着火温度的高低按表 1-6 判断着火的难易程度。

$$T_d = 654 - 1.9V_{daf} + 0.43A_{ad} - 4.5M_{ad}$$

表 1-6   煤的着火温度 T_d 判别界限

着火温度（℃）	>638	613~638	593~613	560~593	≤560
着火特性	极难稳定	难稳定	中等稳定	易稳定	褐煤区

空气干燥基水分 M_{ad}（注意，不是全水分 M_t）有利于煤粉着火，原因是 M_{ad} 析出后，其孔隙、比表面积有利于氧的渗透和燃烧，而灰分则不利于着火。用 T_d 判别着火稳定性比单纯用 V_{daf} 或 V_{ar} 判别更为准确，是值得推荐的方法。

二、煤的燃尽特性

1. 煤的燃尽特性指数

煤的燃尽特性用燃尽特性指数 R_J 表征，煤的燃尽时间曲线见图 1-3。

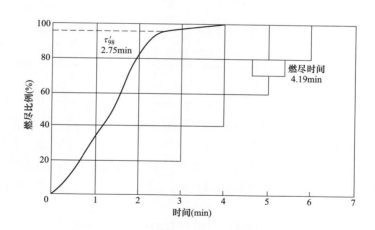

图 1-3   煤的燃尽时间曲线

依据燃烧特性曲线中难燃峰下烧掉的燃料量（G_2）、难燃峰最大反应速率对应的温度（$T_{2,max}$）、烧掉 98% 燃料量所需的时间（τ_{98}）以及燃尽试验中的煤焦燃尽时间（τ'_{98}），将其按燃尽程度进行分级，计算出煤粉的燃尽特性指数 R_J，即

$$R_J = \frac{10}{0.33A + 0.26B + 0.14C + 0.27D}$$

式中 A、B、C、D——G_2、$T_{2,max}$、τ_{98}、τ'_{98} 各特征指标对应的燃尽等级。各特征指标的燃尽等级见表 1-7。

表 1-7 各特征指标的燃尽等级

燃尽等级	G_2（mg）	$T_{2,\max}$（℃）	τ_{98}（min）	τ'_{98}（min）
1	≤0.6	≤520	≤14	≤2.5
2	0.6～1.2	520～580	14～15	2.5～3.5
3	1.2～1.8	580～640	15～16	3.5～4.5
4	1.8～2.4	640～700	16～17	4.5～5.5
5	＞2.4	＞700	＞17	＞5.5

燃用单一煤种时，在无条件做热重分析时也可采用工业分析回归出的下列公式计算 R_J 值，其对应的燃尽程度见表 1-8。

$$R_J = 2.22 + 0.17M_{ad} + 0.016V_{daf}$$

表 1-8 燃尽程度判别

R_J	≤2.5	2.5～3.0	3.0～4.4	4.4～5.7	＞5.7
燃尽程度判别	极难燃尽	难燃尽	中等燃尽	易燃尽	极易燃尽

2. 傅张指数 F_z

清华大学傅维标教授依据煤的工业分析总结得到表征煤燃尽性能的指数，对于煤的燃尽性能有较高的准确度，傅张指数 F_z 按下式计算，即

$$F_z = (V_{ad} + M_{ad})^2 FC_{ad} \times 100^{-2}$$

利用傅张指数按表 1-9 判断煤的燃尽性能。

表 1-9 煤燃尽性能的判断

F_z	≤0.5	0.5～1.0	1.0～1.5	1.5～2.0	＞2.0
燃尽程度判别	极难燃尽	难燃尽	中等燃尽	易燃尽	极易燃尽

傅张指数 F_z 对于单一煤种燃尽特性的判别具有简单、有效、可靠等特点，但由于它是根据煤样的工业分析直接计算得到的，显然不能区分工业分析成分含量相同的单一煤种与混合煤样之间不同的燃尽特性，不能正确反映燃烧特性。不同的煤混合后，由于存在抢风而导致燃尽性能变差的问题，因此，F_z 不适合用于对混煤燃尽特性进行判别。

第四节 煤的可磨性和磨损性

发电厂中常以煤的可磨性和磨损性来选择磨煤机和制粉系统的形式。可磨性和磨损性分别以可磨性指数和磨损指数表示。

一、煤的可磨性指数

煤的可磨性指数表示煤被磨成一定细度的煤粉的难易程度。国家标准 GB/T 2565—2014《煤的可磨性指数测定方法 哈德格罗夫法》规定煤的可磨性试验采用哈德格罗夫法（Hardgrove 法）测定哈氏可磨性指数 HGI。其方法为将经过空气干燥、有一定粒度的煤样 50g，放入哈氏可磨性试验仪内进行研磨，将磨得的煤粉用孔径 0.074mm 的筛

子在振筛机上筛分，并称量筛下的煤粉量 $G(\text{g})$。用下式计算可磨性指数，即

$$HGI = 13 + 6.93G$$

我国动力用煤的可磨性指数范围一般为 $25\sim129$。通常认为 HGI 大于 80 的煤为易磨煤，HGI 小于 40 的煤为难磨煤。

苏联热工研究所（BTH）可磨性指数 K_{VT1}、哈氏可磨性指数 HGI 大致可按下式换算，即

$$K_{\text{VT1}} = 0.0149HGI + 0.32$$

钢球磨煤机用 BTH 可磨性指数，其他磨煤机用哈氏可磨性指数。

当两种相近的煤种进行混合时，混煤的可磨性指数具有线性相关性；而当两种相差较大的煤种进行混合时，混煤的哈氏可磨性指数具有非线性的关系。当煤种 HGI 相差很大时，有些煤种可显著降低混煤的 HGI，有些可显著提高混煤的 HGI。

二、煤的磨损指数

煤的磨损指数是表示该煤种对磨煤机的研磨部件磨损轻重的指数。研究表明，煤在破碎时对金属的磨损是由煤中所含硬度颗粒对金属表面形成显微切削造成的。磨损指数的大小，不仅与硬质颗粒含量有关，而且还与硬质颗粒的种类有关。例如，煤中的石英、黄铁矿、菱铁矿等矿物杂质硬度较高，其含量增加，磨损指数随之变大。磨损指数还与硬质矿物的形状、大小及存在方式有关。磨损指数直接关系到工作部件的磨损寿命，已成为磨煤机选型的依据。

DL/T 465—2007《煤的冲刷磨损指数试验方法》规定采用冲刷式磨损试验仪测试煤对金属部件的磨损性能。试验时将纯铁片放在高速喷射的煤粉流中接受冲击磨损，测定煤粒从初始状态被研磨至 $R_{90} = 25\%$ 的时间 $\tau(\text{min})$ 及试片磨损量 $E(\text{mg})$，按下式计算煤的冲刷磨损指数 K_e，即

$$K_e = \frac{E}{A\tau}$$

式中　A——标准煤在单位时间内对纯铁试片的磨损量，一般规定 $A = 10\text{mg/min}$。冲刷磨损指数 K_e 值的评价指标见表 1-10。

表 1-10　　　　　　　　　　煤的冲刷磨损指数评价指标

冲刷磨损指数	磨损性
$K_e < 1.0$	轻微
$1.0 \leqslant K_e < 1.9$	不强
$1.9 \leqslant K_e < 3.5$	较强
$3.5 \leqslant K_e < 5.0$	很强
$5.0 \leqslant K_e < 7.0$	一级极强
$7.0 \leqslant K_e < 10.0$	二级极强
$K_e \geqslant 10.0$	三级极强

据统计，煤灰成分的 $\dfrac{SiO_2}{Al_2O_3} \leqslant 2.0$ 时，几乎所有煤种的 $K_e \leqslant 3.5$。

哈尔滨电站设备成套设计研究所采用旋转式磨损试验测试装置测试煤对金属部件的磨损性能。旋转磨损指数 K_{exz} 的评价指标见表 1-11。

表 1-11　　　　　　　　　　煤的旋转磨损性能分类

磨损指数 K_{exz}	$\leqslant 25$	$25 \sim 40$	$40 \sim 50$	> 50
煤的磨损性	不强	较强	很强	极强

冲刷磨损指数 K_e 与旋转磨损指数 K_{exz} 的关系为

$$K_{exz} = 9.002 K_e + 3.685$$

第五节　煤粉气流的着火与稳定

一、燃煤挥发分对煤粉气流着火温度的影响

煤粉气流必须加热到一定的温度才能着火，煤粉的着火温度与煤粉受热后挥发物开始析出的温度有关，此温度低一些就越容易着火一些。表 1-12 和表 1-13 为常见煤种的挥发物开始析出温度和煤粉气流的着火温度。

表 1-12　　　　　　　　　不同煤种的挥发物开始析出温度

煤种	泥煤	褐煤	烟煤				贫煤		无烟煤
V_{daf}（%）	约 70	> 37	> 42	$37 \sim 42$	$26 \sim 37$	$18 \sim 26$	$12 \sim 18$	$10 \sim 11$	$2 \sim 10$
T_d（℃）	$100 \sim 110$	$130 \sim 170$	170	210	260	300	320	390	$280 \sim 400$

表 1-13　　　　　　　　　不同煤种煤粉气流的着火温度

煤种	无烟煤	贫煤	烟煤	褐煤
着火温度（℃）	$950 \sim 1100$	$850 \sim 950$	$400 \sim 500$	$250 \sim 450$

随着燃煤挥发分的升高，挥发分的开始析出温度降低，煤粉在加热过程中析出的低着火点的可燃气体量增加，使煤粉气流的着火温度降低，燃烧稳定性增强，见图 1-4 和表 1-14。

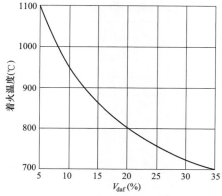

图 1-4　煤粉气流着火温度与挥发分的对应关系

表 1-14　　　　　　　　　　煤粉气流中煤粉颗粒的着火温度

煤种	无烟煤	贫煤	烟煤			褐煤
干燥无灰基挥发分（%）	8	14	20	30	40	50
着火温度（℃）	1000	900	840	750	650	550

二、煤粉浓度对着火温度的影响

随着煤粉浓度的增大，煤粉与空气混合物的着火温度降低，无烟煤、烟煤煤粉气流着火温度与煤粉浓度的变化关系见表 1-15。

表 1-15　　　　　　　　　　煤粉气流着火温度与浓度的关系

煤种	无烟煤			烟煤		
煤粉浓度（kg/kg）	0.51	5	10	0.43	3	5
煤粉气流着火温度（℃）	1200	800	730	540	370	325

随着煤粉浓度的增加，着火温度虽然降低，在热风温度一定的条件下，一次风量减少，使煤粉气流的温度降低，煤粉气流加热到着火所需吸收的着火热有可能增加；同时，煤粉浓度过高时，由于着火区严重缺氧，影响挥发分的充分燃烧，造成大量煤烟的产生，此时还因挥发分中的热量没有充分释放出来，影响颗粒温度的升高，延缓着火，或者因挥发分燃烧缺氧，使火焰不能正常传播，而引起着火不稳定。因此，不同的煤种有一最佳的煤粉浓度，在此浓度下着火热最小，煤粉气流越容易着火，稳定性也越高。不同煤种的最佳煤粉浓度见表 1-16。

表 1-16　　　　　　　　　　不同煤种的最佳煤粉浓度

煤种	发热量（kJ/kg）	挥发分 V_{daf}（%）	最佳煤粉浓度（kg/kg）
京西无烟煤	23 040	6	2.127
阳泉无烟煤	26 400	9	1.238
西山贫煤	24 720	15	0.79
芙蓉贫煤	13 090	13.3	1.689
抚顺烟煤	22 415	46	0.285
大同烟煤	27 800	24.7	0.428

三、煤粉细度对着火温度的影响

随着煤粉变细，煤粉表面积增大，煤粉在加热过程中内外温度更趋均匀，温升的速率加快，煤粉在加热过程中挥发分的析出速率增加，使得煤粉气流的着火温度进一步降低；煤粉变细后，煤粉气流着火后燃烧速率增大，炉膛温度升高，因此煤粉越细，煤粉气流越容易着火，燃烧的稳定性也越强。

四、灰分对着火温度的影响

煤的灰分增大时，影响挥发分的正常析出，挥发分的开始析出温度升高，正常烟煤挥发的开始析出温度为 300℃ 左右，灰分为 45％～50％ 的劣质烟煤，挥发分的开始析出温度达到 370～450℃；同时挥发分中不能燃烧的矿物质分解出的不可燃气体的量增加，使得同等干燥无灰基挥发分含量中可燃气体的含量减少，使挥发分等效发热量降低，导致煤粉气流的着火温度升高。高灰分还会降低火焰传播速度，使煤粉气流着火后燃烧速率减缓，同时灰分由于本身无热量，在燃烧过程中还需吸热，使得炉内燃烧温度降低，灰分由 30％ 增至 50％ 时，理论燃烧温度降低 100℃ 左右。因此，随着灰分的升高，煤粉气流着火变得困难，燃烧的稳定性降低。煤的水分、灰分对理论燃烧温度的影响可见图 1-5。

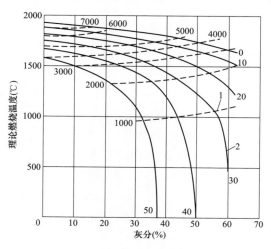

图 1-5 煤的水分、灰分对理论燃烧温度的影响

1—煤的收到基发热量；2—煤的收到基水分

五、影响煤粉气流着火的因素

煤粉气流加热达到着火温度是保证稳定着火的基本条件。对于不同煤种、不同煤粉气流条件，煤粉气流的着火温度不同，需要的着火热亦不同。以直吹式制粉系统为例，煤粉气流加热到着火温度所需吸收的着火热的表达式为

$$Q_{zh} = B\left(V^0 \alpha_1 r_{1k} c_{1k} \frac{100 - q_4}{100} + c_{gr} \frac{100 - M_{ar}}{100}\right)(T_{zh} - T_0) +$$

$$B\left\{\frac{M_{ar}}{100}[2510 + c_q(T_{zh} - 100)] - \frac{M_{ar} - M_{mf}}{100 - M_{mf}}[2510 + c_q(T_0 - 100)]\right\}$$

式中 B——燃料的量，kg/h；

V^0——每千克燃料的理论空气量，标况，m³/kg；

α_1——过量空气系数；

r_{1k}——一次风率，％；

c_{1k}——空气的比热容，kJ/(kg·℃)；

c_{gr}——干燥基的比热容，kJ/(kg·℃)；

c_q——水蒸气的比热容，kJ/(kg·℃)；

q_4——固体不完全燃烧热损失,%;

M_{ar}——原煤水分,%;

M_{mf}——原煤在磨制后的最终水分,%;

T_0——一次风煤粉混合物的初温,℃;

T_{zh}——煤粉气流着火温度,℃。

(1)煤粉气流初温的影响。煤粉气流的初温越高,煤粉气流加热到着火温度的温升越小,着火热越小,煤粉气流越容易着火。对于难燃的煤种,采用热风送粉、采用较高的热风温度或采用一次风置换的 PAX 燃烧器就是为了提高煤粉气流的初温,从而提高一次风煤粉气流的着火性能。

(2)一次风率的影响。一次风率越高,煤粉浓度越低,煤粉气流的着火温度越高,同时一次风率越高,煤粉气流着火热中消耗在加热风的热量越高,就燃烧而言,一次风率只要满足挥发分的着火就足够,超过燃烧挥发分数量的一次风量就是多余风量。一般而言,为满足一次风管输粉需要,一次风量均比满足挥发分燃烧所需的风量大,满足挥发分燃烧所需风量后剩余的一次风量越多,煤粉气流的着火热就越高,因此在正常的输粉风量下,一次风率越高,煤粉气流也就越难着火。

对于难燃煤种,为提高燃烧的稳定性,一般采用较低的一次风速,如采用热风送粉、双进双出磨制粉系统或一次风浓淡分离,将浓度低的淡粉流另用喷嘴喷入炉膛均是为了降低一次风率,从而提高燃烧的稳定性。

(3)原煤水分的影响。煤粉气流中水分含量越高,水分加热到着火温度时所需吸收的热量越多,煤粉气流的着火热也越高,煤粉气流的着火也越困难。对于难燃煤种,采用储仓式制粉系统热风送粉,将制粉系统中高水分含量的乏气用三次风送入炉膛,就是为了降低一次风气流中水分的含量,降低一次风煤粉气流的着火热,从而提高燃烧的稳定性。燃烧器设计参数的选取见表 1-17。

表 1-17　　　　　　　　　　　燃烧器的设计参数选取

制粉系统形式		烟煤		劣质烟煤		贫煤		无烟煤	
		直吹(中速磨或双进双出磨)	钢球磨储仓式制粉系统,乏气送粉	直吹(中速磨或双进双出磨)	钢球磨储仓式制粉系统,热风或乏气送粉	直吹(中速磨或双进双出磨)	钢球磨储仓式制粉系统,热风送粉	直吹(双进双出磨)	钢球磨储仓式制粉系统,热风送粉
直流燃烧器	一次风速(m/s)	22~30	25~30	20~24	22~27	22~26	22~25	20~25	20~25
	一次风率(%)	18~25	25~33	14~25	16~27	14~25	12~22	12~18	12~18
	一次风温(℃)	70~75	70~75	90~130	100~200	90~130	200~250	90~130	220~260
	二次风速(m/s)	45~52	45~52	40~45	40~50	40~45	40~45	40~45	40~45
	二次风率(%)	71~78	63~71	71~82	53~80	71~82	60~73	78~84	56~69

制粉系统形式		烟煤		劣质烟煤		贫煤		无烟煤	
		直吹（中速磨或双进双出磨）	钢球磨储仓式制粉系统，乏气送粉	直吹（中速磨或双进双出磨）	钢球磨储仓式制粉系统，热风或乏气送粉	直吹（中速磨或双进双出磨）	钢球磨储仓式制粉系统，热风送粉	直吹（双进双出磨）	钢球磨储仓式制粉系统，热风送粉
直流燃烧器	二次风温（℃）	280～330	280～330	310～350	310～350	330～350	330～350	360～380	360～380
	三次风速（m/s）				50～60		50～55		50～55
	三次风率（%）				16～26		15～18		15～18
	三次风温（℃）				70～80		100～130		100～130
旋流燃烧器	一次风速（m/s）	14～24				14～20	14～18	14～20	14～18
	一次风率（%）	16～25				16～25	12～18	16～25	12～18
	一次风温（℃）	70～75				90～130	200～240	150～200	200～240
	内二次风速（m/s）	16～26				16～22	16～22	16～22	16～22
	外二次风速（m/s）	28～42				28～44	28～42	28～44	28～42
	二次风率（%）	71～80				71～82	56～70	71～82	56～70
	二次风温（℃）	280～310				330～350	330～350	360～380	360～380
	三次风速（m/s）						22～28		22～28
	三次风率（%）						14～18		14～18
	三次风温（℃）						90～130		90～130

（4）着火热的供给。煤粉气流从初温 T_0 加热到着火温 T_{zh} 需要吸收热量，该热量是靠一次风煤粉气流卷吸炉内高温烟气实现的，卷吸的高温烟气温度水平越高，烟气量越大，煤粉气流加热到着火温度越顺利，着火也越容易。为使难燃煤种着火顺利，需提高一次风卷吸烟气的温度水平，也即需提高炉内温度水平。对此难燃煤种设计时，炉膛的断面热负荷、燃烧区域热负荷设计较高（如采用断面较小、燃烧器集中布置、在炉内设置卫燃带），目的是保证炉内较高温度水平；此外，为增加一次风煤粉卷吸烟气的量，一般在一次风火嘴出口采用钝体的方式来加大烟气卷吸量，对于旋流燃烧器，采用一次风出口增设稳燃环、设置预燃段或增大旋流强度的方法来增加卷吸烟气量，从而确保一次风煤粉气流的正常着火。

—— 第二章 ——

煤粉燃烧设备

煤粉燃烧设备主要由燃烧器和燃烧室组成，而燃烧器是燃烧系统中的最主要设备。燃烧器的首要任务是组织好煤粉气流的着火和稳燃。除了必须在给定的设计煤种和设计工况下将煤粉气流点燃和稳定燃烧外，燃烧器还必须具有良好的煤种适应性、变负荷能力、高燃烧效率和低污染物排放等特性。

煤粉燃烧器的形式有很多，但就基本原理来看，可以分为直流燃烧器和旋流燃烧器两大类。这两大类燃烧器在结构上差别很大，因而其空气动力状况、火炬形状、保持火焰稳定的方法都不相同。

第一节　直流燃烧器

直流燃烧器用在切圆燃烧方式的锅炉，采用四角或墙式切圆布置，为适应低负荷稳燃及低 NO_x 排放要求，直流燃烧器一次风火嘴采用浓淡分离的方式。代表性的有哈尔滨工业大学（简称哈工大）的百叶窗水平浓淡燃烧器、浙江大学（简称浙大）的撞击块水平浓淡燃烧器、CE 公司的 WR 上下浓淡燃烧器、三菱公司的 PM 燃烧器。水平浓淡燃烧器的浓侧煤粉气流布置在向火侧。

一、哈工大百叶窗水平浓淡燃烧器

哈工大百叶窗水平浓淡燃烧器的浓缩方式采用 3～5 级叶片进行一次风煤粉气流的浓淡分离，叶片倾角 30°，在燃烧器出口用肋板在中间分隔成左右两个浓淡通道，在喷口设有水平或垂直布置的 V 形钝体。浓淡分离后最大浓缩率可大于 1.6，浓淡风比为 1.2～1.5，浓缩器阻力系数 2.0。由于浓侧煤粉浓度提高，降低了煤粉气流的着火温度，因此采用该燃烧器可显著增加锅炉低负荷稳燃性能；对于燃用烟煤的锅炉，还可降低 NO_x 排放量。该型燃烧器较为广泛地运用在上海锅炉厂有限公司（简称上锅）、哈尔滨锅炉厂有限责任公司（简称哈锅）、东方锅炉（集团）股份有限公司（简称东锅）的四角切圆燃烧锅炉上。哈工大百叶窗煤粉浓缩器示意图及 3D 效果图分别见图 2-1 和图 2-2 所示。

其中，阻塞率 $h_b = h/a$；遮盖率 $s_b = s/h^2$；叶片间距比 $x_b = x/b_1$；浓缩率 $R_n =$ 浓侧煤粉浓度/来流煤粉浓度；浓淡风比 $R_Q =$ 浓侧风量/淡侧风量。

哈工大百叶窗煤粉浓缩器的阻塞率为 0.62～0.65，叶片间距比为 1.5，叶片遮盖率为 0.1～0.2。

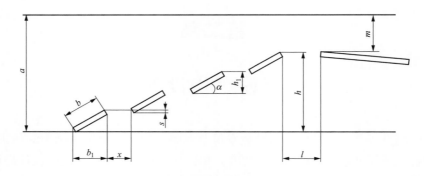

图 2-1　哈工大百叶窗煤粉浓缩器示意

a—浓缩器宽；b—叶片长度；b_1—叶片投影长度；s—叶片遮盖高度；

x—叶片间距；h—阻塞高度；α—叶片倾角；h_1—叶片高度；l—分体长度；m—分流板开度

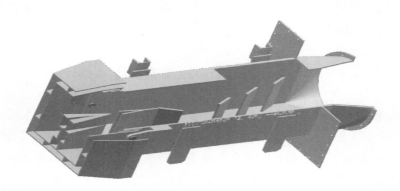

图 2-2　百叶窗煤粉浓缩器 3D 效果

　　试验数据表明，随着叶片间距比的增大，浓淡风比减小；随着叶片遮盖率的减小，浓缩率降低，阻力系数减小；随着阻塞率的增大，阻力系数增大，浓淡风比增大。当阻塞率、叶片间距比相同时，采用更多的叶片级数，浓淡风比降低。

　　百叶窗煤粉浓缩器设计时，如上述参数选取不合理，容易出现浓淡风比偏高的情况，造成浓侧风速偏高、淡侧风速偏低，运行中会出现着火点偏远，燃用低挥发分煤时燃烧不稳，燃用高挥发分煤时淡侧喷口回烧现象。

　　对于挥发分很低的煤种，即使采用浓淡分离，有时浓缩后的浓度也不能达到最佳煤粉浓度，为强化一次风煤粉气流的着火，必须在燃烧器出口增设钝体，以产生热烟气回流，燃烧器出口浓侧设置的翻边钝体一般位于浓淡分界处垂直布置，也有在浓侧上下中心水平布置的（见图 2-3），翻边钝体的中心角不易过大，一般在 20°～25°，否则容易使燃烧器阻力过大。

　　对于挥发分较高的煤种，浓缩器不必采用过高的浓缩率，主要在降低浓淡风比及阻力上进行优化设计；对于挥发分较低的煤种，浓缩率要求较高，叶片级数也较多，否则浓缩率及浓淡风比达不到要求。

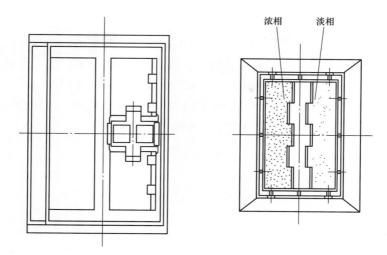

图 2-3　水平浓淡燃烧器出口结构示意

二、浙大撞击块水平浓淡燃烧器

浙大撞击式浓淡的煤粉浓缩方式为单个三角形撞击块，撞击块迎风面角度为 30°，在燃烧器出口用肋板在中间分隔成左右两个浓淡通道，在喷口设有水平布置的 V 形钝体产生热烟气回流，强化煤粉气流着火。由于采用单级浓缩，其阻力较小，但浓缩效果比哈工大百叶窗浓缩器差，浓缩比为 1.4 左右，浓淡风比为 1.2 左右。煤粉浓缩器结构及出口结构示意图分别如图 2-4 和图 2-5 所示。

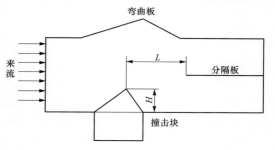

图 2-4　浙大煤粉浓缩器结构

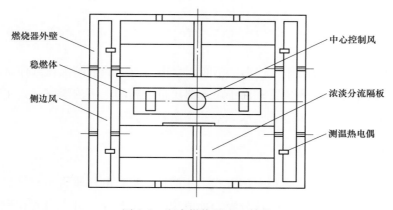

图 2-5　浙大燃烧器出口结构

三、CE 公司 WR 上下浓淡燃烧器

CE 公司 WR 宽调节比燃烧器利用垂直弯头的离心分离作用，将弯头内外侧分离成上下浓淡两股气流，中间用水平肋板分隔，在喷口设有水平布置的 V 形钝体，扩流锥 $2\alpha=20°\sim25°$，$h/b\approx2$，燃烧器出口上下为锥形扩口，扩口角度 $30°\sim60°$，燃煤挥发分越低，扩口角度越大。该扩口的设置是利用周界风的抽吸作用在一次风出口断面产生负压，使热烟气回流加热煤粉气流，如图 2-6 所示。

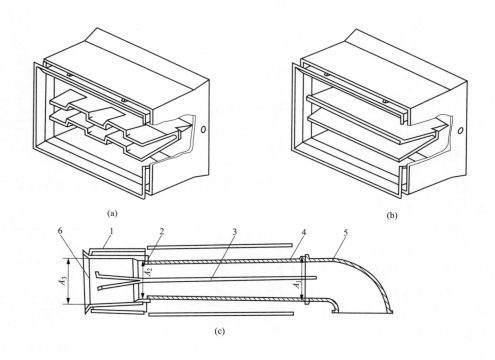

(a)　　　　　　　　　　　　　　　　(b)

(c)

图 2-6　利用出口扩锥的高浓度煤粉燃烧器

（a）波形扩锥；（b）V 形扩锥；（c）喷嘴内部结构

1—喷嘴头部；2—密封片；3—水平肋片；4—喷嘴管；5—入口弯头（煤粉管道面积 A_p）；6—阻拦块

WR 燃烧器的浓淡分离作用较小，不能产生很高浓度的浓侧煤粉气流，因此其稳燃能力弱于百叶窗水平浓淡燃烧器；由于燃烧器出口煤粉为上下浓淡方式，不能起到风包粉的效果，运行中容易产生结渣及水冷壁的高温腐蚀。

四、三菱公司 PM 燃烧器

三菱公司 PM 燃烧器的煤粉浓缩方式采用惯性分离，利用垂直弯头外侧浓、内侧淡的原理将弯头外侧与内侧气流引流分隔，形成浓淡两股气流，分别布置在燃烧器上下喷口，见图 2-7。

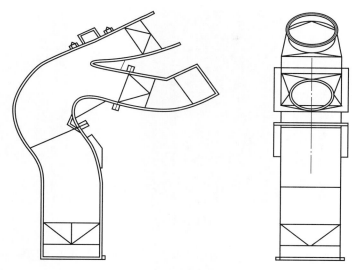

图 2-7　PM 燃烧器

第二节　旋流燃烧器

旋流燃烧器主要应用于燃烧器前后墙对冲布置的锅炉上，利用旋流叶片使燃烧器出口气流产生旋转，在燃烧器出口产生中心负压使热烟气回流加热点燃出口煤粉气流。旋流燃烧器目前主要是二次风分级送入的双调风器结构，以减少 NO_x 排放量。

一、HT-NR3 双调风旋流燃烧器

HT-NR3 双调风旋流燃烧器由日立公司设计研发，目前国内主要应用在东锅 600～1000MW 机组锅炉上，其结构见图 2-8 和图 2-9。

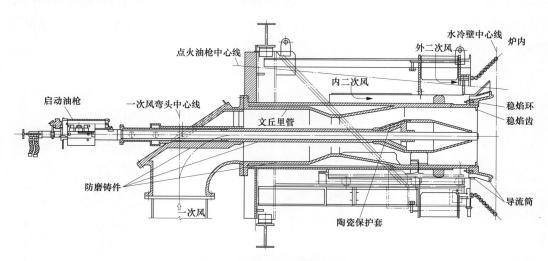

图 2-8　HT-NR3 燃烧器结构

图 2-9　HT-NR3 燃烧器出口

　　燃烧空气分别通过一次风通道、内二次风通道和外二次风通道形成直流一次风、直流内二次风和旋流外二次风。一次煤粉气流经一次风管弯头组件进入燃烧器，流经文丘里管、煤粉浓缩器、燃烧器喷嘴，最后流经使烟气回流形成负压区的稳焰环进入炉膛。文丘里管内在靠近炉膛端部布置有一个锥形煤粉浓缩器，用于在煤粉进入炉膛以前对其进行浓缩，浓缩后的煤粉气流呈现外浓内淡的形式进入炉膛；内二次风流经内二次风套筒、导流筒，外二次风流经外二次风调风器和燃烧器喉口，内、外二次风通过燃烧器内同心的环形通道在燃烧的不同阶段分别送入炉膛。燃烧器内设有内二次风套筒用来调节内、外二次风之间的比例。内二次风风量调节通过内二次风拉杆带动调整套筒开度，拉杆的调整以手动形式完成；外二次风通道内布置有独立的外二次风切向叶片调风器，通过调节切向叶片的开度调整外二次风的旋流强度，外二次风的调整通过气动执行器完成。该燃烧器导流筒角度 45°，外二次风旋口角度也为 45°。该燃烧器的回流区是依靠内外二次风的外扩导流作用形成的，即使外二次风不旋转，回流区也存在。回流区的形态为环形回流区，位置在一次风出口外周与内二次风之间，与一次风出口煤粉气流的浓煤粉区域相契合，因此能较好地满足着火稳燃的需要。HT-NR3 燃烧器出口流场模拟示意见图 2-10。

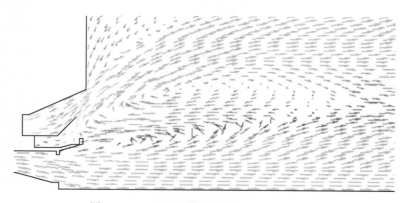

图 2-10　HT-NR3 燃烧器出口流场模拟示意

由于燃烧器一次风管入口斜板的撞击作用，煤粉浓度在文丘里管入口处呈现下高上低的特点，经过浓缩器后，煤粉的浓度分布有一定的改善，但出口断面仍是浓度下高上低的分布特性，容易造成炉渣含碳量升高。

二、东锅 OPCC 低 NO$_x$ 旋流燃烧器

在原 HT-NR3 的基础上通过增大中心风管、内二次风增设固定 60°角轴向旋流叶片、改进煤粉浓缩器的结构，形成其自主开发的 OPCC 低 NO$_x$ 旋流燃烧器。该燃烧器的结构如图 2-11 所示，其一次风煤粉浓缩后仍为外周浓、中心淡的分布方式，回流区也为环形结构，由于内二次风由直流改为旋流，中心风管加粗，环形回流区比 HT-NR3 扩大，更能适应燃用低挥发分煤种的需要；在燃用高挥发分煤种时，可通过增大中心风风量调节回流区的大小，因此煤种适应性增强。

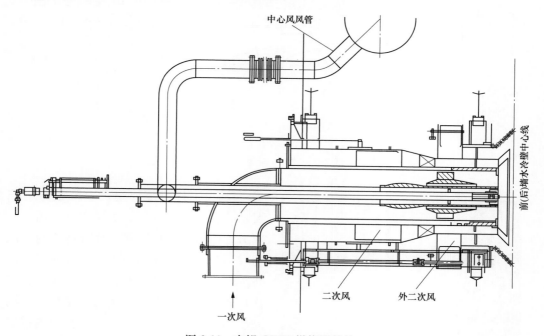

图 2-11　东锅 OPCC 燃烧器结构

由于一次风入口弯头的离心作用使煤粉浓度在浓缩器入口处呈现上高下低的特点，经过浓缩器后煤粉的浓度分布有一定的改善，但出口断面的浓度仍是上高下低的分布特性。

HT-NR3 及 OPCC 燃烧器在调节外二次风旋流强度的同时，外二次风量也随之改变，在需增大旋流强度时，外二次风调风器开度减小，此时外二次风量也随之减小，内二次风量增大，较难匹配内外二次风量与旋流强度的关系；另外，外二次风道是内二次风筒与水冷壁弯管之间形成的，燃烧器安装时同心度直接影响外二次风周向环形通道周向的均匀性，因此安装时同心度的要求很高。如安装时同心度超标，影响外二次风出口气流周向分布的均匀性，会引起燃烧偏心及结渣。

三、低 NO$_x$ 轴向旋流燃烧器 LNASB

该燃烧器由英国三井巴布科克公司设计研发，在国内主要运用在哈锅 600MW 超临界参数锅炉上，其结构如图 2-12 和图 2-13 所示。

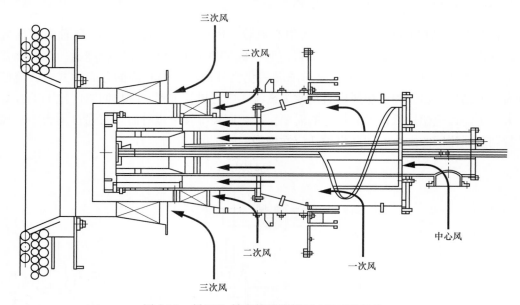

图 2-12　低 NO$_x$ 轴向旋流燃烧器 LNASB 结构

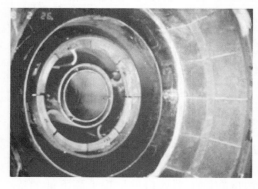

图 2-13　LNASB 燃烧器出口结构

LNASB 燃烧器燃烧的空气被分为三股，分别是一次风、二次风和三次风。一次风管内靠近炉膛端部布置有铸造的整流器，用于在煤粉气流进入炉膛以前对其进行浓缩。整流器的浓缩作用和二次风、三次风调节协同配合，以达到在燃烧的早期减少 NO$_x$ 的目的。二次风和三次风通过燃烧器内同心的二次风、三次风环形通道在燃烧的不同阶段分别送入炉膛。燃烧器内设有套筒式挡板，用来调节二次风和三次风之间的分配比例。二次风和三次风通过内布置有各自独立的旋流装置以使二次风和三次风发生需要的旋转。三次风旋流装置设计成不可调节的形式，在燃烧器安装时固定在燃烧器出口最前端位置，以便产生最强烈的旋转。而二次风旋流装置设计成沿轴向可调节的形式，调整旋流装置的轴向位置即可调节二次风的旋流强度。燃烧器设有中心风管，用以布置点火设备。一股小流量的中心风通过中心风管送入炉膛，以提供点火设备所需要的风量，并且在点火设备停运时防止灰渣在此部位集聚。该燃烧器煤粉浓缩后，浓粉依靠稳燃齿的导向作用由一次风外周被引至一次风内周，呈现中心浓、外周淡的分布特点。由于一次风出口断面后缩、中心风管直径较大及内外二次风旋流作用，在一次风出口能形成较大的中心回流区，回流区深入燃烧器一次风出口端面，燃烧器出口回流区正好与浓煤粉区域对应，着火特性优良。LNASB燃烧器出口流场模拟示意如图2-14所示。

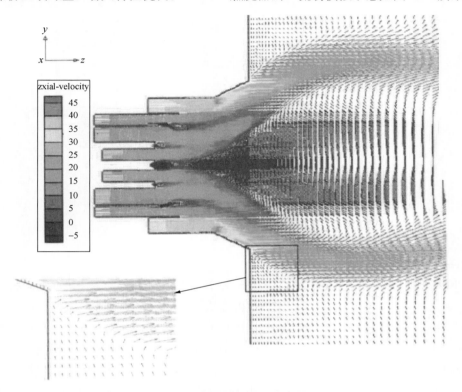

图 2-14　LNASB燃烧器出口流场模拟示意

该燃烧器一次风煤粉由于采用旋转分离，故煤粉浓度在燃烧器出口分布较为均匀。

四、B &W公司的双调风燃烧器

B &W公司的双调风燃烧器基本型为DRB，衍生型有增强着火型EI-DRB、浓缩增强着火型EI-DRB、增强着火型EI-XCL、浓缩增强着火型EI-XCL。增强着火型（EI）是在普通型的基础上提高一次风温，降低了一次风速；XCL表示内外二次风调风器采用轴向叶片，而DRB表示内二次风调风器采用轴向叶片、外二次风调风器采用切向叶片。

（一）EI-XCL双调风旋流燃烧器

EI-XCL双调风旋流燃烧器（见图2-15）适用于燃用低挥发分烟煤及较高挥发分的贫煤。一次风在燃烧器入口弯头上部外侧设置有一导向器，当煤粉气流进入导向器后将燃料引至锥形扩散器的套筒部分，再经锥形扩散器后形成外浓内淡的气流结构。

该燃烧器设计外二次风速明显高于内二次风速，内外二次风设计为同向旋流，形成的回流区为中心回流区，回流区位置与煤粉浓淡分布的匹配性不合理，当燃用挥发分较低的贫煤时，燃烧稳定性偏差。

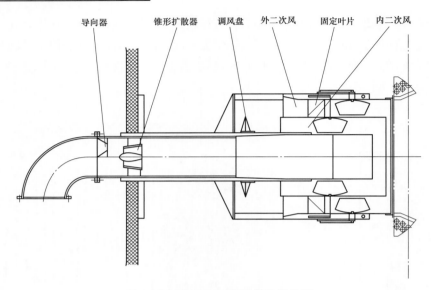

图 2-15　EI-XCL 双调风旋流燃烧器

（二）DRB-4Z 双调风燃烧器

DRB-4Z 双调风燃烧器适用于燃用高挥发分、高发热量的烟煤。其特点是将二次风由三个通道送入炉膛，由内向外依次为过渡二次风、内二次风和外二次风。内、外二次风通道均装有轴向可动叶片，使内、外二次风旋转。过渡二次风为直流风，进入炉膛后在富燃料火焰燃烧区和内二次风射流之间形成一个过渡区，起到缓冲的作用。过渡二次风射流可以将火焰区外侧的可燃气体引向火焰中心，降低了火焰外侧富氧区域 NO_x 的形成。与第二代低 NO_x 旋流煤粉燃烧器相比，该燃烧器可以大幅度降低 NO_x。DRB-4Z双调风燃烧器见图 2-16。

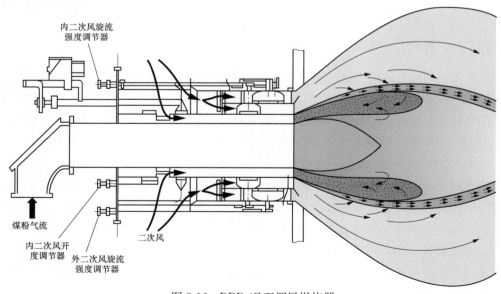

图 2-16　DRB-4Z 双调风燃烧器

📖 第三节　W 火焰锅炉燃烧器

一、FW 公司 W 火焰锅炉燃烧器

采用双旋风筒对一次风进行气固分离，旋风筒下部形成高浓度煤粉气流进入燃烧器，在旋风筒上部将乏气部分引出进入乏气喷口，通过调节燃烧器乏气调节挡板开度来调节浓淡两个喷口的浓淡比例。该燃烧器及配风方式见图 2-17 和图 2-18。

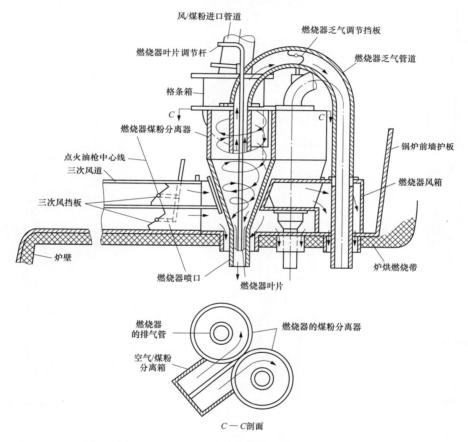

图 2-17　FW 公司 W 火焰旋风筒浓淡燃烧器

二、哈锅 W 火焰锅炉燃烧器

哈锅 W 火焰锅炉采用狭缝式直流燃烧器，见图 2-19。

由磨煤机出来的一次风粉混合物经煤粉管道输送至煤粉浓缩器，煤粉浓缩器将风粉混合物分离成浓、淡两股，浓煤粉进入主煤粉喷口，从前、后拱将煤粉送入炉膛，二次风口与煤粉喷口相间单排布置在炉膛前、后拱顶上，由于煤粉浓度较高，煤粉着火特性大大提高，也为煤粉的燃尽创造了有利条件。同时，由于实现了富燃料燃烧，也大大减少了燃料

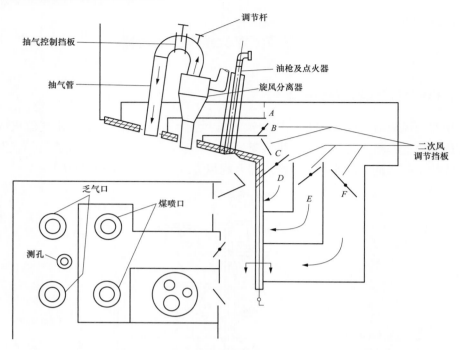

图 2-18　FW 公司 W 火焰旋风筒浓淡燃烧器配风方式

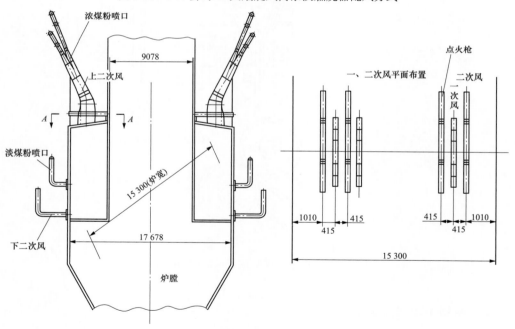

图 2-19　狭缝式直流燃烧器及配风方式

型 NO_x 的生成。淡煤粉经调节挡板，从锅炉下部两侧水冷壁作为乏气送入炉膛高温区，使其充分燃烧，在运行时，可通过调节挡板开度调节乏气量，从而调节了主煤粉气流煤粉浓度，以适应不同工况和不同煤质的要求。燃烧所需二次风，分两部分送入炉膛，一部分作为上二次风，另一部分作为下二次风由锅炉下部喷入炉膛，主要提供煤粉燃烧后期所需的氧气，确保煤粉的充分燃尽，也实现分级燃烧，抑制了 NO_x 的生成，并且避免了燃烧器主气流冲刷冷灰斗形成结渣，为形成炉内良好的空气动力场创造了有利条件。

三、巴威 W 火焰锅炉燃烧器

北京巴布科克威尔科克斯有限公司（简称巴威）生产的 W 火焰锅炉燃烧器采用浓缩型 EI-XCL 双调风旋流燃烧器，其结构见图 2-20。

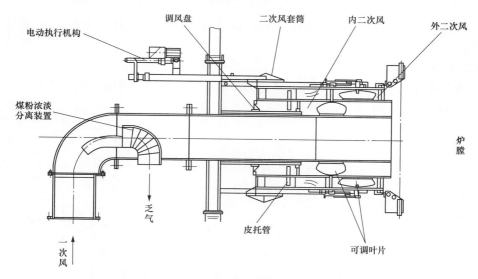

图 2-20　浓缩型 EI-XCL 双调风旋流燃烧器

来自磨煤机的一次风煤粉气流先通过一段偏心异径管加速，大多数煤粉由于离心力作用沿弯头外侧内壁流动，在气流进入一次风浓缩装置之后，使 50％的一次风和 10％～15％的煤粉分离出来，经乏气管垂直向下引到乏气喷口直接喷入炉膛燃烧，其余的 50％一次风和 85％～90％的煤粉由燃烧器一次风喷口喷入炉内燃烧。浓缩后一次风的煤粉浓度提高到 0.85～1.0kg 煤粉/kg 空气，从而降低了煤粉着火所需的吸热量，有利于煤粉的着火与稳燃；从风箱来的二次风分两股分别进入内层和外层调风器，内层二次风产生的旋转气流可卷吸高温烟气引燃煤粉，外层二次风用来补充煤粉进一步燃烧所需的空气，使之完全燃烧。旋流强度可以通过调整轴向叶片的设置角度而改变。燃烧器调风器入口设有二次风调风套筒，控制调风套筒的位置（即开度）可以控制进入单个燃烧器的二次风量。

内二次风由调风器内套筒和煤粉管道构成的内二次风通道进入燃烧器。在通道入口端设有调风盘，改变调风盘的位置（即开度）可以调节进入内二次风通道的风量，从而改变单个燃烧器内、外二次风的风量比。外二次风由调风器外套筒和调风器内套筒构成的外二次风通道进入燃烧器。外二次风调节机构包括两组叶片，第一组是布置在通道前端的固定叶片，主要是使空气沿外二次风通道周向均匀分布；第二组是轴向可调节叶片，主要是使二次风产生强烈的旋流并均匀地混入火焰中。

第四节　切圆燃烧方式燃烧器的布置

一、一、二次风的布置方式

切圆燃烧一、二次风的相对位置影响煤粉气流的着火特性，根据燃煤着火特性的高、低需采用不同的布置方式，一、二次风匹配形式主要有均等配风和分级配风两种。

（一）均等配风

一次风喷口与二次风喷口间隔布置，混合较快，适用于挥发分较高的烟煤、贫煤（$V_{daf} > 15\%$），见图 2-21。

（二）分级配风

一次风集中布置，除最下层二次风之外，其余二次风位于两层一次风之上，且二次风布置也较集中，见图 2-22。

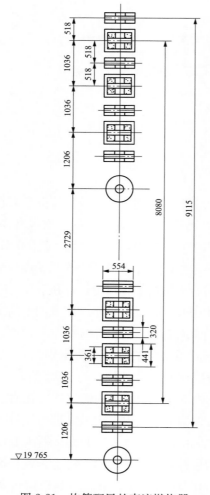

图 2-21　均等配风的直流燃烧器

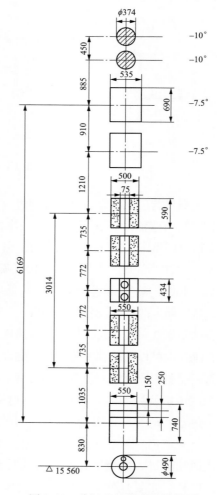

图 2-22　分级配风的直流燃烧器

分级配风的直流燃烧器着火区煤粉高度集中，使着火区保持比较高的煤粉浓度，挥发分析出也较集中，挥发分着火后燃烧放热比较集中，使着火区保持高温燃烧状态，特别适合挥发分低的无烟煤、贫煤（$V_{daf} \leq 15\%$）的着火与稳定。在挥发分完全燃烧后，送入二次风能促进焦炭的燃烧。如二次风混入较早，会降低着火煤粉区域的燃烧温度，使着火稳定性变差。

二、炉内气流切圆布置方式

（一）一、二次风同向等切圆布置

一、二次风同向等切圆为传统的燃烧器切圆布置方式，其各角的一次风和二次风以相同的角度射入炉膛，见图 2-23。

该布置方式的优点是一、二次风射流刚性好，旋转动量大，穿透能力强，炉内混合好，适用于大部分煤种。

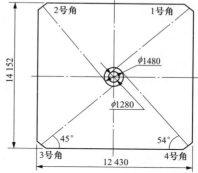

图 2-23　一、二次风等切圆布置

（二）一、二次风同向大小切圆布置（CFS-Ⅰ型）

一、二次风同向大小切圆布置（CFS-Ⅰ型）即一次风采用较小切圆、二次风采用较大切圆，且一、二次风切圆旋转方向一致，见图 2-24。这种布置方式的设计意图是增加燃烧器区域水冷壁面的氧化性气氛，防止炉内结渣。但在实际运用过程中，当二次风与一次风偏转角过大时，锅炉容易产生结渣。

（三）一、二次风同心反切系统（CFS-Ⅱ型）

一次风气流在炉膛中心采用反向小切圆，二次风采用正向大切圆，形成一、二次风同心反切系统（CFS-Ⅱ型），见图 2-25。

其设计思想也是为减轻燃烧器区域结渣倾向，该切圆布置方式对于结渣性较强的煤种可显著减轻炉内结渣。

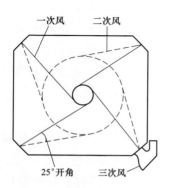

图 2-24　一次风小切圆、二次风大切圆且同向切圆布置

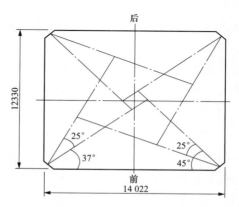

图 2-25　一、二次风同心反切系统

（四）部分二次风大切圆布置（CFS）

部分二次风大切圆布置（CFS）即一次风、部分二次风同心小切圆反切，部分二次风大切圆正切，见图2-26。

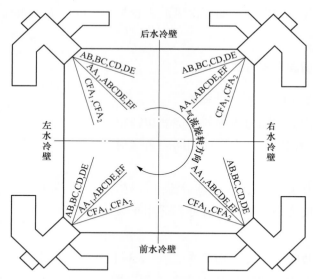

图2-26　一次风、部分二次风同心小切圆反切，部分二次风大切圆正切

五层一次风与AA、EE层二次风采用小切圆反切，AB、BC、CD、DE层二次风预置偏转角度，采用大切圆正切（CFS），SOFA燃尽风大角度反切消旋。

采用偏转二次风（CFS）切圆布置方式，部分二次风气流在水平方向分级，在起始燃烧阶段推迟了空气和煤粉的混合，NO_x形成量少。由于一次风煤粉气流被偏转的二次风气流（CFS）裹在炉膛中央，形成富燃料区，在燃烧区域及上部四周水冷壁附近则形成富空气区，这样的空气动力场组成减少了灰渣在水冷壁上的沉积，并使灰渣疏松，减少了墙式吹灰器的使用频率，提高了下部炉膛的吸热量。水冷壁附近氧量的提高也降低了燃用高硫煤时水冷壁的高温腐蚀倾向。采用正反切圆的布置方式能减轻炉膛出口的烟气残余扭转，有利于降低两侧烟气偏差；偏转二次风与高位燃尽风配合使用时，能大幅度降低NO_x排放量。但偏转二次风与一次风偏转角度过大或偏转二次风过大时，一次风煤粉气流受偏转二次风引射，使一次风煤粉气流切圆加大，特别是一次风煤粉气流采用上下浓淡方式时，煤粉颗粒冲刷水冷壁机会增大，容易引起炉内结渣及水冷壁高温腐蚀，同时由于偏转二次风推迟了二次风的混合，有时会增大灰渣含碳量。

（五）燃尽风布置

早期的切圆燃烧方式燃烧器在设计时没有设置燃尽风，随着对NO_x排放量控制要求的加强，逐渐开始在燃烧器设计时增设燃尽风，此时燃尽风的风量、风率较小，燃尽风布置1~2层，风率控制在15%左右，且燃尽风与主燃烧器距离较小。随着对NO_x排放量控制的进一步严格，燃尽风的设计风率逐渐提高，风率已增大到25%~40%，燃尽风的层数也增加到5~7层；对燃尽风的形式也进行了改进，将燃尽风分成紧凑燃尽风（CCOFA）和分离燃尽风（SOFA），拉大了分离燃尽风（SOFA）与主燃烧区域的距离（5~7m）。由于在水平方向进行空气分级，广泛采用偏转二次风（CFS）设计，炉内气流的切圆直径加大，炉膛出口烟气残余扭转增强，造成烟温偏差加大。为消除残余扭转，分离燃尽风（SOFA）在设计时采用大角度反切。由于仅设分离燃尽风时，主燃烧区域与分离燃尽风距离较远，紧靠主燃烧区上部缺风，会造成灰渣含碳量升高，因此为解决上述问题，在主燃烧器上部较小距离设置紧凑燃尽风（CCOFA）。燃尽风风率、层数增加以后，NO_x 排放量在原来基础上大幅降低，燃用烟煤 NO_x 排放量可控制在 $300mg/m^3$（标况）以下，燃用贫煤 NO_x 排放量可控制在 $450mg/m^3$ 以下（标况，换算为 O_2 量为 6%）。

第五节　炉膛设计参数的设计及选取

一、煤粉燃烧时对炉膛的要求

炉膛（燃烧室）是指冷灰斗到炉膛出口的燃烧空间，它既是组织燃料燃烧的空间，同时又是高温火焰和烟气与锅炉蒸发受热面进行辐射换热的空间。煤粉燃烧时对炉膛的要求包括：

（1）要有良好的着火、燃烧条件，并使燃料在炉内完全燃尽。

（2）炉膛的受热面不结渣。

（3）布置足够多蒸发受热面，并且不发生传热恶化。

（4）尽可能减少污染物的生成量。

（5）对煤质和负荷复合有较宽的适应性能，且具有连续运行的可靠性。

为保证煤粉燃料入炉后能快速着火、稳定、高效、安全燃烧，炉膛设计需要考虑解决以下几个方面的问题：

（1）具有良好的空气动力场。

（2）具有合理的炉膛容积热负荷、炉膛截面热负荷、炉膛燃烧器区域壁面热负荷。

二、炉膛的特征尺寸

典型切圆或对冲燃烧锅炉及 W 火焰锅炉分别如图 2-27 和图 2-28 所示，炉膛的特征尺寸如下：

l_1：炉膛深度，即前后墙水冷壁管中心线间距离，m。

l_2：炉膛宽度，即左右墙水冷壁管中心线间距离，m。

l_3：最上层一次风到屏底的距离。对于采用热风送粉系统的炉膛，l_3 为最上层三次风到屏底的距离；对于塔式炉，l_3 为最上层一次风（或三次风）到炉内水平管最下层的距离，m。

l_4：最上层一次风（或三次风）到最下层一次风的距离，m。

l_5：最下层一次风到冷灰斗拐点的距离，m。

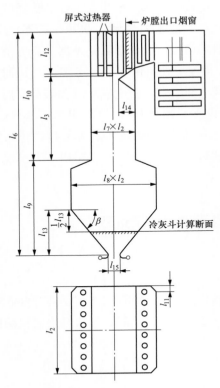

图 2-27 切圆或对冲燃烧锅炉

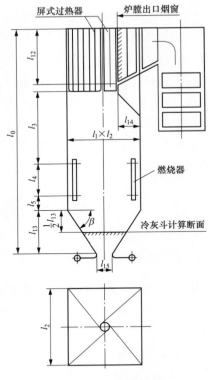

图 2-28 W 火焰锅炉

l_6：炉膛高度，指炉底排渣口到顶棚的距离，m。

l_7：W 火焰锅炉上炉膛深度，m。

l_8：W 火焰锅炉下炉膛深度，m。

l_9：W 火焰锅炉下炉膛高度，从炉底排渣口到拱顶上折角顶点的距离，m。

l_{10}：W 火焰锅炉上炉膛高度，从拱顶上折角顶点到顶棚的距离，m。

l_{11}：炉膛切角小直角边长，m。

l_{12}：炉膛出口烟窗高度，m。

l_{13}：炉膛冷灰斗拐点到炉底排渣口距离，m。

l_{14}：折焰角深度，折焰角顶端到后墙水冷壁距离，m。

l_{15}：排渣口净深度，冷灰斗出口水平净距离，m。

β：冷灰斗斜坡与水平面所成的角度，（°）。

三、炉膛特征参数的选取

炉膛容积热负荷 q_V：每小时送入炉膛单位容积中的平均热负荷（以燃料的收到基低位发热量计算），公式为

$$q_V = BQ_{net,ar}/V \quad (kW/m^3)$$

式中 B——燃料的消耗量，kg/h；

$Q_{\text{net,ar}}$——燃料的低位发热量，kJ/kg；

V——炉膛的有效容积，m^3，按图 2-27 和图 2-28 所示计算。

q_V 代表燃料在炉膛内的停留时间及炉膛平均温度水平，q_V 值越高，停留时间越短，炉内平均温度水平越高，它主要影响燃料的燃尽程度。

在决定 q_V 的选用值时，应从不同煤种的燃烧特性出发，不仅考虑 q_V 值与锅炉容量和灰熔点的关系，还要考虑不同煤种燃尽要求对 q_V 值选取的影响。

炉膛截面热负荷 q_F：按燃烧器区域炉膛单位截面折算，每小时送入炉膛的平均热量，公式为

$$q_F = BQ_{\text{net,ar}}/F \quad (\text{kW/m}^2)$$

式中　F——燃烧器区域炉膛截面面积，m^2；

q_F——炉膛截面热负荷，kW/m^2。

q_F 不仅可以反映燃烧器区域的温度水平面，而且当 q_V 确定后，也决定了炉膛的形状与火焰的行程。q_F 越大，炉膛趋向于瘦高型，火焰具有较长的行程，有利于燃料的燃尽（通常用于无烟煤、贫煤锅炉的设计）；q_F 越小，炉膛趋向于矮胖型，炉膛截面利用不很充分，容易产生流动死区，且燃烧器区域内的温度水平较低，火焰长度得不到保证，不利于燃料的完全燃烧（通常用于烟煤型炉膛）。

对于切圆及对冲燃烧锅炉，炉膛截面面积为

$$F = l_1 \times l_2$$

对于 W 火焰燃烧锅炉，炉膛截面面积为

$$F = l_8 \times l_2$$

炉膛燃烧器区域壁面热负荷 q_b：锅炉输入热功率与燃烧器区域壁面面积之比，反映燃烧器区域的温度水平，还能反映火焰的分散与集中程度。q_b 越大，燃烧区域的温度水平越高。它与煤的着火及炉内结渣关系密切，q_b 越大，燃烧越容易稳定，但炉内结渣的倾向越强。其公式为

$$q_b = BQ_{\text{net,ar}}/[2(l_1+l_2)(l_4+3)\zeta] \quad (\text{kW/m}^2)$$

式中　ζ——卫燃带修正系数，无卫燃带时，$\zeta=1$。

$$\xi = 1 - \frac{0.535F_w}{2(l_1+l_2)(l_4+l_3)}$$

式中　F_w——卫燃带面积，m^2。

燃料在炉内的停留时间 $\tau_{\min}$：上排一次风喷口中心至屏下缘的烟气平均停留时间。它与煤粉的燃尽情况关系较大，$\tau_{\min}$ 越大，煤粉的燃尽效果越佳。因此，燃尽指数越低的煤种，$\tau_{\min}$ 要求越大。$\tau_{\min}$ 的控制主要通过调整燃烧器上排一次风喷口中心至屏下缘距离 l_3 来实现。

$$\tau_{\min} = \frac{l_3}{W_y}$$

式中　W_y——烟气在炉内的平均上升速度，m/s。

$$W_y = \frac{V_y B_j}{l_1 l_2}\left(\frac{\theta_p + 273}{27}\right)$$

式中　B_j——计算燃料消耗量，kg/h；

　　　V_y——烟气体积，标况，m^3/kg。

$$\theta_p = 0.9\sqrt{\theta_{LL}\theta_L''}$$

式中　θ_p——烟气平均温度，℃；

　　　θ_{LL}——炉膛出口烟温，℃；

　　　θ_L''——理论燃烧温度，℃。

对于结渣性较强的煤种，应降低炉膛及燃烧器区域的温度，q_V、q_b、q_F应下浮；对于不结渣性煤种，若灰分较高，在保持 q_V 不变的前提下，为增强燃烧的稳定性，应提高燃烧器区域的炉内温度，q_b、q_F 应上浮。不同燃烧方式下炉膛热力特性参数的推荐范围分别见表 2-1～表 2-3。

表 2-1　　　　　　　　切向燃烧方式炉膛热力特性参数的推荐范围

机组容量等级		300MW	600MW
炉膛容积热负荷 q_V（kW/m^3）	低 V_{daf}煤	85～116	85～102
	烟煤	90～118	85～105
	褐煤	75～90	60～80
炉膛截面热负荷 q_F（MW/m^2）	低 V_{daf}煤	4.5～5.2	4.6～5.4
	烟煤	3.8～5.1	4.4～5.2
	褐煤	3.3～4.0	3.6～4.5
燃烧器区域壁面热负荷 q_b（MW/m^2）	低 V_{daf}煤	1.4～2.2	1.6～2.2
	烟煤	1.1～2.1	1.3～2.2
	褐煤	1.0～1.5	1.0～1.6
炉膛辐射受热面热负荷 q_H（MW/m^2）	低 V_{daf}煤	0.18～0.26	0.20～0.28
	烟煤	0.16～0.25	0.18～0.26
	褐煤	0.15～0.24	0.18～0.25
上排一次风喷口中心至屏下缘距离 L(m)	低 V_{daf}煤	17～21.5	19～23
	烟煤	16～20	18～22
	褐煤	18～24	20～25
上排一次风喷口中心至屏下缘烟气平均停留时间 τ(s)	低 V_{daf}煤	1.8～2.3	1.8～2.4
	烟煤	1.6～2.2	1.6～2.3
	褐煤	2.0～2.6	2.0～2.8

表 2-2　　　　　　　　对冲燃烧方式炉膛热力特性参数的推荐范围

机组容量等级		300MW	600MW
炉膛容积热负荷 q_V（kW/m^3）	低 V_{daf}煤	90～120	85～105
	烟煤	95～125	90～115
	褐煤	80～100	75～90

机组容量等级		300MW	600MW
炉膛截面热负荷 q_F （MW/m²）	低 V_{daf} 煤	4.2～5.2	4.6～5.4
	烟煤	3.6～5.0	3.8～5.2
	褐煤	3.2～4.5	3.5～4.8
燃烧器区域壁面热负荷 q_b （MW/m²）	低 V_{daf} 煤	1.1～1.8	1.2～2.1
	烟煤	1.1～1.7	1.2～2.0
	褐煤	1.0～1.5	1.4～1.8
炉膛辐射受热面热负荷 q_H（MW/m²）	低 V_{daf} 煤	0.18～0.26	0.20～0.28
	烟煤	0.16～0.25	0.18～0.26
	褐煤	0.16～0.25	0.18～0.26
上排一次风喷口中心至屏下缘距离 L（m）	低 V_{daf} 煤	15～20	18～23
	烟煤	14～18	18～22
	褐煤	16～22	18～24
上排一次风喷口中心至屏下缘 烟气平均停留时间 τ（s）	低 V_{daf} 煤	1.6～2.2	1.7～2.3
	烟煤	1.5～2.0	1.5～2.2
	褐煤	2.0～2.5	2.0～2.6

表 2-3　　　　　W 火焰锅炉炉膛热力特性参数的推荐范围

炉膛容量等级	300MW
炉膛容积热负荷 q_V（kW/m³）	90～115
下炉膛容积热负荷 q_{Vd}（kW/m³）	190～240
下炉膛容积热负荷 q_{Fd}（kW/m²）	1.9～3.0
全炉膛辐射受热面热负荷 q_H（kW/m²）	0.2～0.35
上/下炉膛深度比 l_7/l_8	0.5～0.6

— 第三章 —

火电厂经济性分析

第一节　火电厂经济指标的计算

火电厂的经济指标是用来衡量火电机组运行经济性的，通过主要经济指标的对比可找出节能的方向。

1. 标准煤耗量

由于不同火电厂煤质不一且不同时段煤质也存在波动，为便于分析比较，需将煤的发热量统一在同一尺度。一般均按标准煤（发热量 29 308kJ/kg）进行折算，按标准煤折算后的耗煤量称为标准煤耗量。

$$标准煤耗量 = \frac{Q_{net,ar}}{29\ 308} \times B(kg)$$

2. 厂用电率

$$e = \frac{发电量 - 上网电量}{发电量} \times 100(\%)$$

3. 发电厂效率

$$\eta_{cp} = \frac{3600P_e}{BQ_{net,ar}} \times 100(\%)$$

式中　η_{cp}——发电厂效率，%；

　　　P_e——发电量，kWh；

　　　B——原煤耗量，kg；

　$Q_{net,ar}$——原煤收到基低位发热量，kJ/kg。

4. 供电煤耗率

$$b_g = \frac{B \times Q_{net,ar} \times 1000}{P_e \times \left(1 - \dfrac{e}{100}\right) \times 29\ 308}(g/kWh)（用于统计计算）$$

$$b_g = \frac{q}{\dfrac{\eta_{gl}}{100} \times \dfrac{\eta_{gd}}{100}\left(1 - \dfrac{e}{100}\right) \times 29.308}(g/kWh)（用于煤耗分析）$$

式中　q——汽轮机热耗，kJ/kWh；

　　　η_{gl}——锅炉热效率，%；

　　　η_{gd}——管道效率，%，一般取 98%~99%。

从以上公式可以看出，火电厂的供电煤耗与锅炉热效率成反比，与厂用电率及汽轮机热耗成正比。锅炉侧降低电厂供电煤耗的途径是提高锅炉热效率，降低锅炉辅机的耗电量；汽轮机侧降低电厂供电煤耗的途径是降低汽轮机热耗，由于汽轮机热耗与锅炉侧的主汽、再热汽温度及主汽、再热汽的减温水量有关，主汽、再热汽温度降低，主汽、再热汽的减温水量增大均会增加汽轮机的热耗，因此锅炉侧应使主汽、再热汽温度达到设计，同时尽可能减小减温水量，特别是再热器的减温水量。

第二节　锅炉主要指标耗差分析

为了对火电厂有针对性地开展节能工作，需对影响煤耗的因素进行细化，并确定各影响因素的影响程度。一般先将影响因素分为汽轮机侧、锅炉侧，对于锅炉侧而言，影响机组煤耗耗差的因素主要有锅炉热效率、锅炉侧主汽和再热汽温度、主汽压力、锅炉侧辅机的电耗率。其中，锅炉热效率的影响因素又可分解为排烟温度、排烟氧量、飞灰含碳量、炉渣含碳量、石子煤的排放率及其发热量，通过这些影响因素的分析，可找出机组煤耗偏离目标的影响程度，从而为节能工作的开展指明方向。

耗差分析是最有效的分析方法，其方法是根据运行参数的优化目标值，确定实际参数与目标值偏差大小，通过计算，将偏差量化成影响煤耗的数值，以反映运行工况变化对经济性的影响。

一、耗差分析的原理

如果以 y 表示火力发电机组的供电煤耗率，以 x_i（$i=1,2,\cdots,n$）表示影响火力发电机组的供电煤耗率的锅炉各个相关运行参数，则火力发电机组的供电煤耗率与锅炉各个相关运行参数之间可用下列函数关系表示，即

$$y=f(x_1,x_2,\cdots,x_n)$$

当调整各 x_i 值使 y 值最小时，就能够得到火力发电机组的基准供电煤耗率，即

$$y^*=f(x_1^*,x_2^*,\cdots,x_n^*)$$

式中　x_1^*，x_2^*，$\cdots$，x_n^*——锅炉各个相关运行参数基准值。

当锅炉运行参数偏离基准值不大时，火力发电机组实际运行时的供电煤耗率 y 相对基准供电煤耗率的增量可表示为

$$\Delta y=\frac{\partial f}{\partial x_1}\Delta x_1+\frac{\partial f}{\partial x_2}\Delta x_2+\cdots+\frac{\partial f}{\partial x_n}\Delta x_n$$

式中　Δx_i——锅炉各运行参数与基准值之差，$\Delta x_i=x_i-x_i^*$（$i=1,2,\cdots,n$）；

$\dfrac{\partial f}{\partial x_i}\Delta x_i$——锅炉各参数单独影响时所产生的火力发电机组供电煤耗率偏差。

当锅炉运行参数偏离基准值时，火力发电机组供电煤耗率可以根据总的供电煤耗率偏差 Δy 计算得出，计算式为

$$y=y^*+\Delta y$$

所有基准值都应是火力发电机组负荷的函数。而锅炉运行的基准值有些同时是煤质和环境温度的函数。锅炉运行的各组基准值通过对设计数据、运行统计数据、历次试验数据的分析和整理取得。

二、锅炉热效率变化的耗差

$$\Delta b_g = \frac{q \times 10^6}{29.308 \times \eta_{gd} \times (100-e)} \times \left(\frac{1}{\eta_{gl} + \Delta\eta_{gl}} - \frac{1}{\eta_{gl}} \right)$$

$$= -\frac{q \times 10^6}{29.308 \times \eta_{gd} \times (100-e)} \times \frac{\Delta\eta_{gl}}{\eta_{gl} \times (\eta_{gl} + \Delta\eta_{gl})} \quad (g/kWh)$$

当锅炉热效率变化不大时，有

$$\Delta b_g = -\frac{q \times 10^6}{29.308 \times \eta_{gd} \times (100-e)} \times \frac{\Delta\eta_{gl}}{\eta_{gl}^2} \quad (g/kWh)$$

不同机组锅炉热效率变化1%时供电煤耗变化见表3-1。

表 3-1　　　　　不同机组锅炉热效率变化1%时供电煤耗变化　　　　(g/kWh)

项目	超超临界机组	超临界机组	300MW 亚临界机组	200MW 超高压机组	125MW 超高压机组
锅炉效率变化1%时机组煤耗变化	3.00	3.10	3.35	3.60	3.70

三、厂用电率变化时的耗差

$$\Delta b_g = \frac{q \times 10^6}{29.308 \times \eta_{gd} \times \eta_{gl}} \times \frac{\Delta e}{(100-e)} \times \frac{1}{(100-e-\Delta e)} \quad (g/kWh)$$

当厂用电率变化不大时，有

$$\Delta b_g = \frac{q \times 10^6}{29.308 \times \eta_{gd} \times \eta_{gl}} \times \frac{\Delta e}{(100-e)^2} \quad (g/kWh)$$

四、排烟温度变化时引起的排烟热损失的变化

锅炉的排烟热损失可简化为

$$q_2 = \frac{(K_1 + \alpha_{py} + K_2)(\theta_{py} - t_0)}{100} \quad (\%)$$

$$\alpha_{py} = \frac{21}{21 - O_{2py}}$$

式中　K_1、K_2——与煤种有关的系数，选值参见表3-2；

θ_{py}——排烟温度，℃；

t_0——环境温度，℃；

α_{py}——排烟处过量空气系数；

O_{2py}——排烟处烟气含氧量，%。

表 3-2　　　　　　　　　　　　**不同煤质 K_1、K_2 推荐值**

项目	K_1	K_2
无烟煤、烟煤	3.55	0.44
$M_{ar}>15\%$的洗中煤及长焰煤	3.57	0.62
褐煤	3.62	0.92

$$\Delta q_2 = \frac{(K_1\alpha_{py}+K_2)\times\Delta\theta_{py}}{100} \quad (\%)$$

不同煤质、不同氧量下排烟温度变化 10℃时排烟热损失的变化见表 3-3。

表 3-3　　　　**不同煤质、不同氧量下排烟温度变化 10℃时排烟热损失的变化**　　　　（%）

排烟氧量（%）	Δq_2		
	无烟煤、贫煤	$M_{ar}>15\%$的洗中煤及长焰煤	褐煤
3.5	0.47	0.49	0.53
4.0	0.48	0.50	0.54
4.5	0.50	0.52	0.55
5.0	0.51	0.53	0.57
5.5	0.53	0.55	0.58
6.0	0.54	0.56	0.60
6.5	0.56	0.58	0.62
7.0	0.58	0.60	0.64
7.5	0.60	0.62	0.66
8.0	0.62	0.64	0.68

五、排烟处过量空气系数变化时引起的排烟热损失变化

$$\Delta q_2 = \frac{K_1(\theta_{py}-t_0)\times\Delta\alpha_{py}}{100} \quad (\%)$$

六、灰渣含碳量变化时的锅炉热效率变化

锅炉的固体未完全燃烧热损失为

$$q_4 = \frac{337.27\times A_{ar}\times\overline{C}}{Q_{net,ar}} \quad (\%)$$

式中　A_{ar}——煤的灰分百分率，%；

　　　$\overline{C}$——灰渣综合含碳量，%；

　　　$Q_{net,ar}$——燃煤收到基低位发热量，kJ/kg。

$$\overline{C} = \frac{a_{fh}\times C_{fh}^c}{100-C_{fh}^c} + \frac{a_{lz}\times C_{lz}^c}{100-C_{lz}^c} \quad (\%)$$

式中　a_{fh}、a_{lz}——飞灰、炉渣份额，%；

C_{fh}^c、C_{lz}^c——飞灰、炉渣含碳量，%。

另 $A_{zs}=\dfrac{1000\times A_{ar}}{Q_{net,ar}}$ 表示每兆焦发热量的灰分百分率（kg·%/MJ），则

$$q_4=0.337\,27\times\overline{C}\times A_{zs}\quad（\%）$$

$$\Delta q_4=0.337\,27\times A_{zs}\times\Delta\overline{C}\quad（\%）$$

不同煤质、不同氧量下排烟温度变化 10℃ 时排烟热损失的变化值见表 3-4。

表 3-4　　　　不同煤质、不同氧量下排烟温度变化 10℃ 时排烟热损失的变化值

A_{zs} (kg·%/MJ)	Δq_4 (%)	A_{zs} (kg·%/MJ)	Δq_4 (%)	A_{zs} (kg·%/MJ)	Δq_4 (%)
0.50	0.169	1.70	0.573	2.90	0.978
0.60	0.202	1.80	0.607	3.00	1.012
0.70	0.236	1.90	0.641	3.10	1.046
0.80	0.270	2.00	0.675	3.20	1.079
0.90	0.304	2.10	0.708	3.30	1.113
1.00	0.337	2.20	0.742	3.40	1.147
1.10	0.371	2.30	0.776	3.50	1.180
1.20	0.405	2.40	0.809	3.60	1.214
1.30	0.438	2.50	0.843	3.70	1.248
1.40	0.472	2.60	0.887	3.80	1.282
1.50	0.506	2.70	0.911	3.90	1.315
1.60	0.540	2.80	0.944	4.00	1.349

七、石子煤排放率变化时的锅炉热效率变化

中速磨石子煤热损失为

$$q_4^{sz}=\frac{B_{sz}\times Q_{DW}^{sz}}{B\times Q_{net,ar}}\times100=A\times\frac{Q_{DW}^{sz}}{Q_{net,ar}}\quad（\%）$$

式中　B_{sz}、B——中速磨石子煤量、磨煤机煤量，t/h；

　　　Q_{DW}^{sz}——石子煤发热量，kJ/kg；

　　　A——石子煤排放率，%。

$$\Delta q_4^{sz}=\frac{Q_{DW}^{sz}}{Q_{net,ar}}\times\Delta A\quad（\%）$$

八、再热器减温水量耗差

再热器减温水使煤耗增加的原因是中压缸的做功增加，排挤了高压参数的做功能力，使汽轮机循环效率降低。

对于再热器减温水取自给水泵出口的，再热器减温水率（指与主汽流量之比的百分数）每增加 1%，标准煤耗增加 0.38%（相对值）；对于再热器减温水取自高压加热器

出口的，再热器减温水率（指与主汽流量之比的百分数）每增加 1%，标准煤耗增加 0.35%（相对值）；高压加热器切除运行时，上述变化经济性分别降低 0.34% 和 0.30%。

九、主汽、再热汽温度变化的耗差

主汽、再热汽温度的降低会引起汽轮机热耗率的下降，最终引起机组煤耗的升高，不同机组主汽、再热汽温度降低 10℃ 产生的耗差见表 3-5。

表 3-5　　　　　　　　　不同机组主汽、再热汽温度降低 10℃ 产生的耗差

项目	600MW 超临界机组	350MW 亚临界机组	300MW 亚临界机组	200MW 超高压机组
主汽温度降 10℃ 热耗变化（%）	0.33	0.33	0.27	0.28
主汽温度降 10℃ 煤耗变化（g/kWh）	1.05	1.05	0.91	0.98
再热汽温度降 10℃ 热耗变化（%）	0.25	0.25	0.24	0.19
再热汽温度降 10℃ 煤耗变化（g/kWh）	0.80	0.80	0.80	0.69

在耗差计算中，基准值的确定非常重要，研究表明锅炉主要参数的基准值除与负荷有关外，还与燃用煤质及环境条件有关。在综合考虑上述因素后，基准值 X_0 可表达为

$$X_0 = f(DQ_{net,ar}V_{daf}t_0)$$

可以由锅炉厂通过热力计算给出不同负荷在煤质变化（V_{daf}、$Q_{net,ar}$、M_{ar}）时锅炉排烟温度、锅炉固体未完全燃烧热损失、主汽温度、再热汽温度、再热器减温水量及排烟氧量，以此作为运行环境改变后的基准值。

🏭 第三节　锅炉热平衡

一、空气量、烟气量的计算

1kg 燃料理论空气量为

$$V^0 = 0.0889\left(C_{ar} - \frac{A_{ar}\overline{C}}{100} + 0.375S_{ar}\right) + 0.265H_{ar} - 0.0333O_{ar} \quad （标况，m^3/kg）$$

在无元素分析时可用工业分析的数据进行估算。

对于无烟煤、贫煤，1kg 燃料理论空气量为

$$V^0 = \frac{0.27Q_{net,ar} + 6.8M_{ar}}{1000} - 0.083 - \frac{0.0889q_4Q_{net,ar}}{33\,727} \quad （标况，m^3/kg）$$

对于烟煤、褐煤，1kg 燃料理论空气量为

$$V^0 = \frac{0.27Q_{net,ar} + 6.8M_{ar}}{1000} - 0.23 - \frac{0.0889q_4Q_{net,ar}}{33\,727} \quad （标况，m^3/kg）$$

1kg 燃料理论干烟气量为

$$V_{gy}^0 = 0.018\,66\left(C_{ar} - \frac{A_{ar}\overline{C}}{100} + 0.375S_{ar}\right) + 0.79V_0 + 0.008N_{ar} \quad (标况，m^3/kg)$$

在无元素分析时可用工业分析的数据进行估算。

对于无烟煤、贫煤，1kg 燃料的理论干烟气量 V_{gy}^0 为

$$V_{gy}^0 = \frac{0.2743Q_{net,ar}}{1000} - 0.0631 - 0.018\,66\frac{q_4Q_{net,ar}}{33\,727} \quad (标况，m^3/kg)$$

对于烟煤、褐煤，1kg 燃料的理论干烟气量 V_{gy}^0 为

$$V_{gy}^0 = \frac{0.2743Q_{net,ar}}{1000} - 0.1839 - 0.018\,66\frac{q_4Q_{net,ar}}{33\,727} \quad (标况，m^3/kg)$$

1kg 燃料干烟气量为

$$V_{gy} = V_{gy}^0 + (\alpha - 1)V^0 \quad (标况，m^3/kg)$$

过量空气系数 α 为

$$\alpha = \frac{21}{21 - O_2}$$

式中 O_2——排烟处干烟气中氧气的质量百分数，%。

1kg 燃料水蒸气量为

$$V_{H_2O} = 0.0124(9H_{ar} + M_{ar} + 1.293\alpha V^0 d_k) \quad (标况，m^3/kg)$$

式中 d_k——空气绝对湿度，kg/kg（干空气）。

$$d_k = 0.622\frac{\dfrac{\phi}{100}(p_b)_0}{p_a - \dfrac{\phi}{100}(p_b)_0}$$

式中 ϕ——相对湿度，%；

p_a——当地大气压，Pa；

$(p_b)_0$——温度 t_0 下的水蒸气饱和压力，Pa。

$$(p_b)_0 = 611.7927 + 42.7809t_0 + 1.6883t_0^2 + 1.2079t_0^3 \times 10^{-2} + 6.1637t_0^4 \times 10^{-4}$$

1kg 燃料烟气量为

$$V_y = V_{gy} + V_{H_2O} \quad (标况，m^3/kg)$$

锅炉每小时总的空气量为

$$V = 1000\alpha BV^0 \quad (标况，m^3/h)$$

锅炉每小时总的烟气量为 $1000BV_y$ （标况，m^3/h）

二、锅炉各项热损失的计算

（一）锅炉排烟热损失

锅炉排烟热损失为

$$q_2 = \frac{V_{gy}c_{gy} + V_{H_2O}c_{H_2O}}{Q_{net,ar}}(\theta_{py} - t_0) \times 100 \quad (\%)$$

式中　c_{gy}——干烟气在温度 t_0 到 θ_{py} 的平均比热容，$kJ/(m^3 \cdot ℃)$；

c_{H_2O}——水蒸气在温度 t_0 到 θ_{py} 的平均比热容，$kJ/(m^3 \cdot ℃)$；

θ_{py}——排烟温度，$℃$；

t_0——基准温度，$℃$。

原国标基准温度取送风机入口温度，新修定的国标基准温度取空气预热器入口空气温度。

$$c_{gy} = \frac{O_2}{100} c_{O_2} + \frac{CO_2}{100} c_{CO_2} + \frac{N_2}{100} c_{N_2}$$

式中　O_2、CO_2、N_2——排烟处干烟气中氧气、二氧化碳、氮气的容积百分数，%；

c_{O_2}、c_{CO_2}、c_{N_2}——氧气、二氧化碳、氮气的比热容，$kJ/(m^3 \cdot ℃)$。

$$CO_2 = \frac{1.866\left(C_{ar} - \frac{A_{ar}\overline{C}}{100}\right)}{V_{gy}} \quad (\%)$$

$$N_2 = 100 - O_2 - CO_2 \quad (\%)$$

（二）可燃气体未完全燃烧热损失

可燃气体未完全燃烧热损失为

$$q_3 = \frac{12\,636 V_{gy}}{Q_{net,ar}} CO \quad (\%)$$

式中　CO——干烟气中一氧化碳的容积百分数，%。

（三）固体未完全燃烧热损失

固体未完全燃烧热损失为

$$q_4 = \frac{337.27 A_{ar} \overline{C}}{Q_{net,ar}} \quad (\%)$$

式中　$\overline{C}$——灰渣中平均碳量占燃煤灰量的质量百分数，%。

$$\overline{C} = \frac{\alpha_{lz} C_{lz}^c}{100 - C_{lz}^c} + \frac{\alpha_{fh} C_{fh}^c}{100 - C_{fh}^c} + \frac{\alpha_{cjh} C_{cjh}^c}{100 - C_{cjh}^c} \quad (\%)$$

式中　α_{lz}、α_{fh}、α_{cjh}——炉渣、飞灰、沉降灰占灰量的质量百分数，分别取 10、85、5；

C_{lz}^c、C_{fh}^c、C_{cjh}^c——炉渣、飞灰、沉降灰含碳量，%。

（四）中速磨石子煤热损失

中速磨石子煤热损失为

$$q_4^{sz} = \frac{B_{sz} Q_{DW}^{sz}}{B Q_{net,ar}} \times 100 \quad (\%)$$

式中　B_{sz}、B——中速磨石子煤量及燃煤量，t/h；

Q_{DW}^{sz}——石子煤低位发热量，kJ/kg。

（五）散热损失

散热损失为

$$q_5 = 5.82 \frac{D_e}{D} (D_e)^{-0.38} \quad (\%)$$

式中　D_e——锅炉额定负荷蒸发量，t/h；

　　　D——锅炉负荷，t/h。

（六）灰渣物理热损失

灰渣物理热损失为

$$q_6 = \frac{A_{ar}}{Q_{net,ar}}\left[\frac{\alpha_{lz}(t_{lz}-t_0)c_{lz}}{100-c_{lz}^c}+\frac{\alpha_{fh}(\theta_{py}-t_0)c_{fh}}{100-c_{fh}^c}+\frac{\alpha_{cjh}(t_{cjh}-t_0)c_{cjh}}{100-c_{cjh}^c}\right]\quad(\%)$$

式中　t_{lz}、t_{cjh}——炉渣、沉降灰温度，℃；

c_{lz}、c_{fh}、c_{cjh}——炉渣、飞灰、沉降灰比热容，kJ/(kg·℃)。

锅炉热效率为

$$\eta = 100 - (q_2+q_3+q_4+q_5+q_6)\quad(\%)$$

（七）锅炉热效率的修正

由于经过风机后空气有一定的温升，因此基准温度取的位置不一样，锅炉效率也不一样，基准温度取空气预热器入口空气温度时，锅炉效率比取送风机入口温度要高。

进风温度偏离设计时对排烟温度有影响，为此在进风温度与设计偏差较大时需对排烟温度及排烟热损失进行修正。

修正后的排烟温度为

$$\theta_{py}^b = \frac{t_0^b(\theta_{ky}'-\theta_{py})+\theta_{ky}'(\theta_{py}-t_0')}{\theta_{ky}'-t_0'}\quad(℃)$$

式中　t_0^b、t_0'——保证的空气预热器入口风温及试验时空气预热器入口风温，℃。

新国标修正后排烟热损失为

$$q_2' = \frac{V_{gy}c_{gy}+V_{H_2O}c_{H_2O}}{Q_{net,ar}}(\theta_{py}^b-t_0^b)\times100\quad(\%)$$

原国标修正后排烟热损失为

$$q_2' = \frac{V_{gy}c_{gy}+V_{H_2O}c_{H_2O}}{Q_{net,ar}}(\theta_{py}^b-t_0^b-\Delta t)\times100\quad(\%)$$

式中　Δt——空气经过一、二次风机的综合温升，℃。

$$\Delta t = \frac{m_1\Delta t_1+m_2\Delta t_2}{m_1+m_2}$$

式中　m_1、m_2——一次风、二次风质量流量，kg/s；

Δt_1、Δt_2——经一次风机及送风机后一、二次风温升，℃。

三、锅炉燃料量的计算

$$D(i_{gq}-i_{gs})+D_{zq}'(i_{zq}''-i_{zq}')+D_{zj}(i_{zq}''-i_{zj})+D_{ps}(i_{bs}-i_{gs})=\eta BQ_{net,ar}$$

$$B = \frac{100}{\eta Q_{net,ar}}[D(i_{gq}-i_{gs})+D_{zq}'(i_{zq}''-i_{zq}')+D_{zj}(i_{zq}''-i_{zj})+D_{ps}(i_{bs}-i_{gs})]$$

式中　D、D_{zq}'、D_{zj}、D_{ps}——主汽、再热器入口蒸汽、再热器减温水、排污流量，kg/h；

i_{gq}、i_{gs}、i_{zq}''、i_{zq}'、i_{zj}、i_{bs}——主汽、给水、再热器出口蒸汽、再热器入口蒸汽、再热器减温水、饱和水焓，kJ/kg。

常用气体及灰渣的平均比定压热容见表 3-6。

表 3-6 常用气体及灰渣的平均比定压热容 [kJ/(kg·℃)]

$T(℃)$	c_{p,CO_2}	c_{p,N_2}	c_{p,O_2}	c_{p,H_2O}	$c_{p,da}$	$c_{p,a}$	$c_{p,CO}$	c_{p,H_2}	c_{p,CH_4}	$c_{p,d}$
0	1.5998	1.2946	1.3059	1.4943	1.2971	1.3188	1.2992	1.2766	1.5500	0.0000
100	1.7903	1.2958	1.3176	1.5052	1.3004	1.3243	1.3017	1.2908	1.6411	0.7955
200	1.7873	1.2966	1.3352	1.5223	1.3071	1.3318	1.3071	1.2971	1.7589	0.8374
300	1.8627	1.3067	1.3561	1.5424	1.3172	1.3423	1.3167	1.2992	1.8861	0.8667
400	1.9279	1.3163	1.3775	1.5654	1.3289	1.3544	1.3289	1.3021	2.0155	0.8918
500	1.9887	1.3276	1.3980	1.5897	1.3427	1.3683	1.3427	1.3050	2.1403	0.9211
600	2.0411	1.3402	1.4168	1.6148	1.3565	1.3829	1.3574	1.3080	2.2609	0.9240
700	2.0884	1.3536	1.4344	1.6412	1.3708	1.3976	1.3720	1.3121	2.3768	0.9504
800	2.1311	1.3670	1.4499	1.6680	1.3842	1.4114	1.3862	1.3167	2.4981	0.9630
900	2.1692	1.3795	1.4645	1.6956	1.3976	1.4248	1.3996	1.3226	2.6025	0.9797
1000	2.2035	1.3917	1.3775	1.7229	1.4097	1.4373	1.4126	1.3289	2.6992	1.0048
1100	2.2349	1.4034	1.4893	1.7501	1.4214	1.4499	—	—	—	1.0258
1200	2.2638	1.4243	1.5005	1.7769	1.4327	1.4612	1.4361	1.3431	2.8629	1.0500
1300	2.2898	1.4252	1.5106	1.8028	1.4432	1.4725	—	—	—	1.0969
1400	2.3136	1.4348	1.5202	1.8280	1.4528	1.4830	1.4566	1.3500	—	1.1304
1500	2.3354	1.4440	1.5294	1.8527	1.4620	1.4926	—	—	—	1.1849
1600	2.3555	1.4528	1.5378	1.8761	1.4708	1.5018	1.4746	1.3754	—	1.2228
1700	2.3743	1.4612	1.5462	1.8996	1.4788	1.5102	—	—	—	1.2979

第四节 锅炉风平衡

在锅炉效率的影响因素中，由于运行调整不当或由于设备缺陷造成的调整困难占有相当比例。锅炉调整主要是风、粉的调整，其中各次风量、风率的分配不合理对锅炉效率的影响很大，为此需对锅炉各部位的风量进行测量确定，从而找出配风存在的问题，对于不易测量部位，通过风量的平衡进行计算。

对于钢球磨储仓式热风送粉系统锅炉，有

$$V = V_1 + V_2 + V_3 + V_{LT}$$

式中 V_1、V_2、V_3、V_{LT}——一、二、三次风量及炉膛漏风量，标况，m^3/h。

对于钢球磨储仓式乏气送粉系统和直吹式制粉系统，有

$$V = V_1 + V_2 + V_{LT}$$

对于钢球磨储仓式热风送粉系统，有

$$V_3 = \sum V_{rf} + \sum V_{ZFL}$$

式中 $\sum V_{rf}$、$\sum V_{ZFL}$——磨煤机进口热风量及制粉系统漏入（入口掺入）冷风量之和，标况，m^3/h。

对于钢球磨储仓式乏气送粉系统，有

$$V_1 = \sum V_{mrf} + \sum V_{ZFL} + \sum V_{PRF} + \sum V_{PCL}$$

式中　$\sum V_{mrf}$——运行磨热风量之和，标况，m^3/h；

　　　$\sum V_{ZFL}$——运行制粉系统漏入冷风量之和，标况，m^3/h；

　　　$\sum V_{PRF}$——运行排粉机入口热风量之和，标况，m^3/h；

　　　$\sum V_{PCL}$——运行排粉机入口掺入冷风量之和，标况，m^3/h。

对于直吹式制粉系统，有

$$V_1 = \sum V_{rf} + \sum V_{LF} + V_{MF}$$

式中　$\sum V_{LF}$——磨煤机掺入冷风量之和，标况，m^3/h；

　　　V_{MF}——磨煤机、给煤机密封风量中漏入系统中的风量之和，标况，m^3/h。

对于运行的钢球磨储仓式热风送粉系统，排粉机出口流量为

$$V_P = V_3 + \sum B_M \frac{1000(M_{ar} - M_{PC})}{0.804 \times (100 - M_{PC})} \quad (标况，m^3/h)$$

式中　$\sum B_M$——给煤机出力之和，kg/h；

　　　M_{PC}——煤粉水分，%。

对于运行的钢球磨储仓式乏气送粉系统，排粉机出口流量为

$$V_P = V_1 + \sum B_M \frac{1000(M_{ar} - M_{PC})}{0.804 \times (100 - M_{PC})} \quad (标况，m^3/h)$$

对于直吹式制粉系统，磨煤机出口流量为

$$V_M = V_1 + \sum B_M \frac{1000(M_{ar} - M_{PC})}{0.804 \times (100 - M_{PC})} \quad (标况，m^3/h)$$

一次风率为　　　　　　$r_1 = \frac{V_1}{V} \times 100 \quad (\%)$

二次风率为　　　　　　$r_2 = \frac{V_2}{V} \times 100 \quad (\%)$

三次风率为　　　　　　$r_3 = \frac{V_3}{V} \times 100 \quad (\%)$

—— 第四章 ——

排烟温度高的原因分析及诊断

锅炉排烟热损失是锅炉损失中占比最大的一项，主要与排烟处的烟气量及排烟温度和环境温度之差有关。排烟温度偏高是造成排烟热损失偏大的最主要原因。引起排烟温度偏高的因素有设计偏差、运行调整偏差及设备缺陷等原因，对排烟温度偏高的原因应根据运行中表现出来的运行特性进行具体分析，进而找到针对性的治理解决方法。

📑 第一节　掺入或漏入锅炉的冷风量增大

在引起排烟温度升高的原因中，由于运行中掺入或漏入锅炉的冷风量增大是其中之一，锅炉的漏风是本体及制粉系统存在负压引起的，漏点越大，泄漏处负压越高，漏入的冷风量也越多；泄漏的位置不同，引起排烟温度的增加幅度也不同。

锅炉运行中进入炉膛的风量分为两个部分，一部分是经空气预热器加热过的热风，另一部分是漏入或掺入的不经空气预热器的冷风。在一定负荷下，保持一定表盘氧量运行时，进入炉膛的总风量也一定，当漏入或掺入的冷风增加以后，经过空气预热器的热风量必然减少，但此时总的烟气量没有变化，对于空气预热器而言，加热的介质流量不变化，而冷却的介质流量减小，必然导致空气预热器出口烟气温度即排烟温度的升高。

一、空气预热器旁路风量增大后排烟温度变化的计算

为便于分析，将空气预热器的漏风忽略，对于空气预热器而言，烟气侧的换热量可用下式表示，即

$$Q_y = \alpha B V_y c_y (\theta' - \theta_{py}) + 0.9B \frac{A_{ar}}{100} c_h (\theta' - \theta_{py})$$

式中　Q_y——烟气侧换热量，kg/h；

　　　B——计算燃料消耗量，kg/h；

　　　V_y——每千克燃料量产生的理论烟气量，标况，m³/kg；

　　　c_y——烟气平均比定压热容，kJ/(m³·K)；

　　　c_h——灰的比热容，kJ/(kg·K)；

　　　A_{ar}——煤收到基灰分，%；

　θ'、θ_{py}——空气预热器入口烟温和排烟温度，℃。

空气侧的换热量可用下式表示，即

$$Q_k = (\alpha B V^0 - V) c_k (t_{rk} - t_{ck})$$

式中　V^0——每千克燃料消耗的理论空气量，标况，m³/kg；

c_k——空气平均比定压热容，$kJ/(m^3 \cdot K)$；

t_{rk}、t_{ck}——空气预热器出口热风温度和入口空气温度，℃；

V——掺入冷风量，kg/h；

α——过量空气系数。

空气预热器在稳定工况下烟气侧放热量等于空气预热器空气侧吸热量，即

$$Q_y = Q_k$$

$$\theta_{py} = \theta' - \frac{(\alpha B V_k - V)c_k}{\alpha B V_y c_y + 0.9B\dfrac{A_{ar}}{100}c_h}(t_{rk} - t_{ck})$$

$$= \theta' - \frac{\alpha V_k c_k}{\alpha V_y c_y + 0.9\dfrac{A_{ar}}{100}c_h}(t_{rk} - t_{ck}) + \frac{V c_k}{\alpha B V_y c_y + 0.9B\dfrac{A_{ar}}{100}c_h}(t_{rk} - t_{ck})$$

一定的负荷在燃料不变的情况下，θ'、$\dfrac{\alpha V_k c_k}{\alpha V_y c_y + 0.9\dfrac{A_{ar}}{100}c_h}(t_{rk} - t_{ck})$、

$\dfrac{c_k}{\alpha B V_y c_y + 0.9B\dfrac{A_{ar}}{100}c_h}(t_{rk} - t_{ck})$ 为定值，因此排烟温度与掺入或漏入的冷风量成正比

关系。

在不考虑空气预热器入口烟温度变化的前提下，掺入或漏入锅炉的冷风量与炉内烟气量的比例每增大 0.01，排烟温度增加 2.70℃，当该值由 0.04 增大到 0.10 时，排烟温度增加约 16.2℃。

冷风掺入或漏入的表现形式为：制粉系统漏风增大、乏气送粉时为保持混合物温度掺入的冷风量增大、直吹式制粉系统为保持磨出口温度掺入的冷风量增大。

二、掺入或漏入冷风进入锅炉位置不同对排烟温度的影响

不同位置的漏风对锅炉排烟温度的影响程度不同，沿炉膛烟气流向上游漏入时，影响受热面的范围广，而在下游漏入时，影响受热面的范围小。例如，在炉膛漏入时将影响整个受热面，使各级受热面换热比例变化；而从尾部烟道漏入时，主要影响漏入点以后对流受热面的换热量。炉膛漏入的冷风会降低炉膛温度，使水冷壁吸热量减小，炉膛出口烟温升高并引起空气预热器入口烟温升高，同时炉膛漏入冷风后使经过空气预热器的冷却风量减少，这说明与其他漏入或掺入的冷风相比，炉膛的漏风不但影响空气预热器旁路风量，同时还使空气预热器入口烟温升高，因此对排烟温度的影响更严重。

锅炉热力计算表明炉膛漏风系数每增加 0.1，排烟温度的增加值可达 10℃。

尾部烟道漏入冷风时，如果漏入点在氧量表之前，对空气预热器的旁路风量有影响，会使经过空气预热器的风量减少，引起排烟温度升高，由于冷风漏入后烟气温度降低，造成换热温差减小使空气预热器入口烟温降低，与空气预热器旁路风量同时作用的结果仍是使排烟温度升高，但同样漏入的冷风量引起排烟温度的升高量比炉膛漏风要

小。计算表明氧量测点前尾部烟道漏风系数每增加 0.1，排烟温度升高约 6℃。

尾部烟道漏入冷风时，如果漏入点在氧量表之后，对空气预热器的旁路风量无影响，漏风点以后烟气温度降低，换热温差减小，但烟气量增大，换热系数提高，总体影响是使排烟温度降低，但排烟损失增加。

乏气送粉的储仓式制粉系统的漏风主要影响是排挤经过空气预热器的风量；热风送粉的储仓式制粉系统的漏风除排挤经过空气预热器的风量外，漏风增大后，引起三次风量（风速）增加，使三次风中煤粉着火推迟，影响炉膛出口烟温，因此热风送粉的储仓式制粉系统的漏风造成的排烟温度升高量高于乏气送粉的储仓式制粉系统的漏风。

中速磨或双进双出磨制粉系统掺入的冷风主要影响也是排挤经过空气预热器的风量。

三、掺入或漏入冷风的表现形式

1. 制粉系统的漏风

对于钢球磨储仓式制粉系统，主要漏风如下：

（1）用开冷风门调节磨煤机出口温度。

（2）冷风门关闭不严。

（3）给煤机敞口运行。

（4）由于膨胀节、弯头外侧、排粉机入口风道磨损、防爆门破损、木屑分离器关闭不严造成制粉系统漏风量增大。

2. 炉膛漏风的表现形式

炉膛漏风主要由炉底漏风、燃烧器观火孔、打焦孔漏风、炉顶密封不严漏风组成。炉底漏风可通过关闭液压关断门后排烟温度的变化来判断，如果液压关断门关闭后，排烟温度的变化很小，可以认为炉底漏风不严重；反之，如果液压关断门关闭后，排烟温度变化较大（3～5℃），可判定炉底漏风严重。炉顶密封不严漏风可通过减小炉膛负压的方法检查，将炉膛保持微负压（0～50Pa），同时保持表盘氧量不变，观察排烟温度的变化，如排烟温度变化较大，可认定炉顶密封不严，漏风较严重。燃烧器观火孔、打焦孔漏风通过将观火孔、打焦孔门关闭严密后排烟温度的变化判定。

四、采用干渣机改造时排烟温度的变化

原来采用水力捞渣机出渣，将出渣方式改为风冷干渣机后，由于空气预热器旁路风量增大，且冷风从炉底进入，相当于增大炉底冷风漏入量，排烟温度将显著增加。

表 4-1 为某 600MW 锅炉干渣机运行中排烟温度的变化。

表 4-1　　　　　　　　　　某 600MW 锅炉干渣机运行中排烟温度的变化

项目	工况 1	工况 2	工况 3	工况 4	工况 5
试验负荷（MW）	540	555	542	548	545
给煤量（t/h）	230	230.2	230.2	230.2	

续表

项目	工况 1	工况 2	工况 3	工况 4	工况 5
空气预热器进口烟温（℃）	341.5	344.4	343.9	344.8	
空气预热器进口氧量（%）	3.6	3.2	3.8	3.5	
排烟温度（℃）	117.5	121.0	122.6	125.9	111.5
干排渣出口温度（℃）	55.6	49.7	34.3	29.1	850
干渣机出口风温（℃）	197.6	167.2	133.4	111.6	
干渣机风量（t/h）	17.7	21.3	28.4	36.5	0
锅炉总风量（t/h）	2248.8	2189.8	2251.4	2173.4	
干渣机冷风比例	0.79	0.97	1.26	1.68	0
锅炉效率（%）	94.57	94.37	94.30	94.09	94.88

由表 4-1 可以看出干渣机改造前后排烟温度变化可达 6～14℃，且随着干渣机冷风量的增加，排烟温度不断升高，干渣机冷风比例每增大 1%，排烟温度增加 10℃。干渣机冷风量在运行中不可调，使得低负荷运行时冷风比例比高负荷时更高，引起的排烟温度增大幅度更大。干渣机冷风量要根据出渣温度调整，在满足出渣温度的前提下尽量降低冷风量。

五、掺入冷风量增大的表现形式

（一）储仓式乏气送粉系统掺入冷风量增大的表现形式

采用乏气送粉时，掺入的冷风量由于在制粉系统不运行时排粉机入口风温控制偏低或一次风率偏高，会造成掺入的冷风量增加，引起排烟温度增高。

当制粉系统不运行但排粉机仍需运行时，排粉机出口风量用以输送一次风中的煤粉，对于烟煤而言，混合后的一次风粉混合物温度应按不高于 160℃ 控制，但由于排粉机设计工作温度不高于 150℃，故排粉机入口风温可按 145℃ 控制，一般电厂此时排粉机入口风温可按 70～75℃ 控制，造成掺入的冷风量增加。

（二）中速磨制粉系统掺入冷风量增大的表现形式

1. 中速磨入口风量增大

当采用中速磨制粉系统时，若一次风率增大，在磨煤机煤量、原煤水分不变的情况下，为保持相同的磨煤机出口温度，入口干燥剂温度（混合风温）必然需降低，在空气预热器出口温度不变的情况下，为使混合风温降低，必定需掺入更多冷风。

采用乏气送粉时，当制粉系统不运行而排粉机仍需运行时，若一次风率增大，为保持排粉机入口温度不变，在热风量增加时，在空气预热器出口温度不变的情况下掺入的冷风量必然增加。

（1）一次风率增加的原因。

1）运行人员担心堵磨或堵管，人为提高一次风量运行；对此应对一次风进行冷热态调平，均衡同一台磨各风管一次风速。

2）中速磨出力偏小，为适应带负荷的需要，增大磨煤机风量使磨出力提高；当磨辊磨损后期、煤粉细度偏细或加载压力偏小时，磨煤机出力会降低。对此需对磨辊定期检查，对磨损严重的磨辊进行更换，对煤粉细度进行监督，及时将细度调整合适。对加载压力也要定期进行检查。

3）中速磨石子煤量偏高，为降低石子煤排放量提高磨入口风量，应进行磨煤机风环改造，减小风环出口面积，提高风环出口风速。

4）磨入口风量测量装置测量不准，指示偏低，对此应选择测量代表性强、线性好的风量测量装置进行改造。

中速磨一般在入口设计有风量测量装置，如图 4-1 所示，但该装置测量的准确性较差，特别是在冷、热风门开度较小时，测量的准确性更差，其原因是风量测量装置离风门较近，在风门开度较小时，流场分布不均匀，门后存在一涡流区（见图 4-2）。此时测量的动压不能反映该截面平均动压，另外混合后的温度分布也不均匀，测得的混合后风温代表性较差，两种因素使得磨入口风量测量不准。

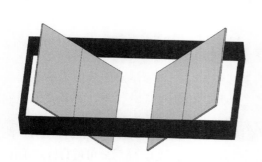

图 4-1　磨入口风量调节挡板结构　　图 4-2　风门开度较小时门后形成的涡流区

要提高磨入口风量测量的准确性，在磨运行调整时应将入口热风门的开度调整在 65％以上，其次还应对风量测量装置在不同入风门开度下进行标定，检验标定系数在不同入风门开度下是否重现性较好，确定标定系数较稳定的热风门开度区间，将该区间标定系数置入 DCS 中。对于标定系数稳定性差的风量测量装置，应对其进行改造。

在风门后加装整流格栅是消除涡流区的一种手段，通过整流格栅的整流作用使门后流场风布较为均匀，不仅使风量测量准确，而且可减少涡流损失，如图 4-3 所示。

整流器要有足够的长度，否则效果不佳，但也非越长越好，整流器过长，阻力损失增大，一般长度在 100mm 左右。

混合后风温测量准确对于风量测量系统测量的准确性也很重要，可将风温测量元件后移，使测温断面冷热风混得更加均匀，提高风温测量准确性。

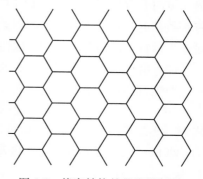

图 4-3　蜂窝结构的整流器断面

（2）中速磨风量测量装置的标定。

各种测量装置的特点如下：

机翼型测速装置具有灵敏度高、对测量装置前后直段要求短、流量系数稳定的特点，当机翼前直段达到 0.6 倍当量直径、喉部截面收缩比在 0.35～0.45、雷诺数不小于 2.5×10^5 时，其流量系数为一常数，测得的压差为气流动压的 5～8 倍。但当采用回转式空气预热器时，由于气流含有一定的灰量，机翼中容易被灰堵塞，引起测量误差。

文丘里测量装置结构尺寸较大，对直管段的要求较高，但其阻力较低，由于感压孔在测量装置的侧壁，故不易堵塞。

插入式多点均速双喉径流量测量装置将多个测量单元组合在一起，将各自的高、低压腔室连在一起，引出压差信号；具有压差大、阻力小、防堵性能好的特点，但对直管段的要求较长。

测量装置流量表达式为

$$Q_m = 3.6F\times K_d\sqrt{2\rho\Delta p} = C\times\sqrt{\Delta p}\sqrt{\frac{273}{273+t}\times\frac{101.3+p_s}{101.3}}\quad(t/h)$$

式中　F——测量断面面积，m^2；

　　　K_d——测速元件标定系数；

　　　ρ——气流密度，kg/m^3；

　　　Δp——测量装置压差，Pa；

　　　t——混合风温，℃；

　　　p_s——磨入口静压，kPa；

　　　C——流量测量装置系数。

标定测量装置系数前首先要检查 DCS 中流量的表达式是否正确，系统的传压管、测量元件是否存在泄漏及堵塞，将上述工作进行完后处理存在的问题，然后才可进行标定工作。

采用标准测速元件在测量装置附近测量风道动压，计算风道流量 Q_m，即

$$C = \frac{Q_m}{\sqrt{\Delta p}\times\sqrt{\frac{273}{273+t}\times\frac{101.3+p_s}{101.3}}}$$

标定工作要选择两个以上工况进行，按不同风门开度对应的不同流量设计工况，但最好风门开度均控制在 50% 以上。若两个工况的标定系数差别较大，应增加一个工况，将系数相近的两个进行平均，将之代入 DCS 计算公式中并将系数相近的对应风门开度段作为运行中风门开度的调整区段。

（3）磨煤机入口风量运行中的测量。

磨煤机的风量还可以通过在一次风管实测磨出口风量得到，即

$$Q_1 = Q_2 - B_M\Delta M - 3.6Q_S$$

式中　Q_1、Q_2——中速煤入口风量及出口风量，t/h。

单根一次风管的风量按下式表示，即

$$Q_i = 3.6Fv\rho$$

$$Q_2 = \Sigma Q_i$$

式中　Q_i——单根一次风管风量，t/h；

　　　F——单根一次风管面积，m^2；

　　　v——一次风管流速，m/s；

　　　ρ——一次风管气流密度，kg/m^3。

$$v = 1.414K_d\sqrt{H_d/\rho}$$

式中　H_d——一次风管动压，Pa；

　　　K_d——测速管系数。

$$\rho = \rho^0 \frac{273(p_a + p_s)}{101\ 325(273 + t)}$$

式中　p_a——大气压力，Pa；

　　　p_s——风管内静压，Pa。

风量计算采用迭代计算方式，计算时先设 ρ^0，计算出磨出口总风量 Q；按 $\rho^0 = \dfrac{\dfrac{Q_2}{B_M} + \Delta M}{\dfrac{Q_2}{1.285B_M} + \dfrac{\Delta M}{0.804}}$ 计算出 ρ^0，计算出的 ρ^0 与设的 ρ^0 之间的误差以小于 5% 为合格。

通过对磨入口风量及风煤比的测定，可以判断磨风量及风煤比是否合适，当风量及风煤比过高，且冷风门开度较大时，说明掺入冷风量偏大，排烟温度就会升高，此时可采用降低磨入口风量的办法将掺入冷风量减小，从而达到降低排烟温度的目的。

通过对磨运行参数的分析也可判断磨风量及风煤比是否过高。当在磨出力较高时，磨入口混合风温较低，冷风门开度较大且磨出口温度偏高，就能判断磨风量偏大。

磨煤机低负荷运行时风煤比比高负荷运行时要高，此时降低磨风量受磨最低风量及一次风管堵管风速的限制，因此在磨低出力降低磨入口风量时，一方面要看磨出力是否受到影响，另一方面要核实风量降低后一次风管风速是否高于 20m/s 的警戒风速。在满足最低风量的前提下，若上述两方面没有问题，方可降低风量运行。降低风量的最终目的是减少掺入的冷风量，因此在燃用高水分的煤质时，要保持磨出口温度掺入的冷风量已经很小，此时尽管磨风量偏高，但不适宜降低磨风量，因为降低风量无助于减小掺入的冷风量，且进一步降低磨风量会使磨出口温度达不到规定值，降低磨风量会使磨的干燥能力下降导致磨出力受到影响。

2. 磨煤机出口温度控制偏低

当中速磨控制出口温度偏低时，在保持一次风率（磨煤机风量）不变时，干燥剂不变，磨出口温度降低必然要使干燥剂入口温度降低，在空气预热器出口一次风温不变的前提下，掺入的冷风量必然增加。

3. 停用磨煤机热风门关闭不严

采用中速磨制粉系统，当停运磨入口热风门关闭不严时，为保证磨出口温度不超标，被迫掺入冷风。对此，应增加热风隔绝门使停用磨的热风能关闭严密。

最恶劣的情况是运行中一次风率偏高、磨出口温度偏低的情况同时存在，使冷风掺入量大幅升高，排烟温度也大幅升高。

六、漏风及掺冷风量的测量

（一）炉膛漏风量的计算及测量

空气预热器烟气侧换热量：

$$Q_Y = \phi(I'_Y - I''_Y + \Delta\alpha I^0_K)$$

空气侧换热量：

$$Q_K = \left(\beta + \frac{\Delta\alpha}{2}\right)(I''_K - I'_K)$$

$$Q_Y = Q_K$$

$$\beta = \frac{\phi(I'_Y - I''_Y + \Delta\alpha I^0_K)}{I''_K - I'_K} - \frac{\Delta\alpha}{2}$$

式中　　　　　β——空气预热器出口空气量与理论空气量之比；

　　　　　　　$\Delta\alpha$——空气预热器漏风系数；

　　　　　　　ϕ——保热系数，取 0.994；

I'_K、I''_K、I^0_K——空气预热器进、出口空气焓及漏风的焓，kJ/kg；

　I'_Y、I''_Y——空气预热器进、出口烟气焓，kJ/kg。

炉膛漏风系数：

$$\Delta\alpha_t = \alpha_t - \Delta\alpha_{zf} - \beta$$

式中　α_t、$\Delta\alpha_{zf}$——炉膛出口过量空气系数、制粉系统漏风系数。对于直吹式制粉系统，制粉系统漏风系数为 0。

　　　通过烟气分析可以测量出炉膛出口过量空气系数及空气预热器漏风系数，通过制粉系统漏风系数测定得到制粉系统漏风系数；通过对原煤进行元素分析和工业分析及对空气预热器出入口烟气温度的测量可计算出空气预热器进、出口烟气焓 I'_Y、I''_Y；通过对空气预热器进出口空气温度的测量可计算出空气预热器进、出口空气焓 I'_K、I''_K，由此可计算出炉膛的漏风系数。

　　　烟气及空气焓的计算：

$$I_Y = I^0_Y + (\alpha - I)I^0_K + I_{fh}$$

$$I^0_Y = V_{RO_2}(C_t)_{RO_2} + V^0_{N_2}(C_t)_{N_2} + V^0_{H_2O}(C_t)_{H_2O}$$

$$I^0_K = V^0(C_t)_K$$

$$I_{fh} = 0.90\frac{A_{ar}}{100}C_t$$

$$V_{RO_2} = 0.018\,66(C_{ar} + 0.375S_{ar})$$

$$V^0_{N_2} = 0.008N_{ar} + 0.79V^0$$

$$V^0_{H_2O} = 0.111H_{ar} + 0.124M_{ar} + 0.0161V^0$$

$$V^0 = 0.0889(C_{ar} + 0.375S_{ar}) + 0.265H_{ar} - 0.0333O_{ar}$$

式中　C_t——1m³（标准状况下）气体在温度为 t℃时的焓，kg/m³。

（二）储仓式制粉系统漏风率的测量及计算

制粉系统的漏风量：

$$Q_L = Q_2 - Q_1 - Q_{H_2O}$$

式中　Q_L、Q_1——制粉系统漏入风量及磨入口风量，kg/h；

$\quad\quad Q_2$——系统出口风量，kg/h；

$\quad\quad Q_{H_2O}$——系统蒸发的水蒸气量，kg/h。

$$Q_{H_2O} = 1000 B_M \cdot \Delta M$$

式中　B_M——制粉系统出力，t/h；

$\quad\quad \Delta M$——每千克原煤蒸发出的水蒸气量，kg/kg。

$$\Delta M = \frac{M_{ar} - M_{PC}}{100 - M_{PC}}$$

式中　M_{PC}——煤粉水分。

$$Q_{zxh} = Q_2 - \Sigma Q$$

式中　Q_{zxh}——再循环风量，kg/h；

$\quad\quad \Sigma Q$——一次风量或三次风总量，kg/h。

$$Q_1 = Q_{rf} + Q_{zxh}$$

式中　Q_{rf}——磨煤机入口热风量，kg/h。

磨煤机入口热风量 Q_{rf}、一次风量或三次风总量 ΣQ、系统出口风量 Q_2、系统出力 B_M 通过试验现场测量得出，原煤水分 M_{ar} 及煤粉水分 M_{PC} 通过取样分析得到。在进行制粉系统漏风测试时，磨煤机入口冷风门应关闭，并确保关闭严密。

制粉系统的漏风率：

$$L_{ZF} = \frac{Q_L}{Q_1} \times 100$$

制粉系统的漏风系数：

$$\Delta \alpha_{ZF} = \frac{\Sigma Q_L}{1.293 \times \alpha B \times V^0}$$

V^0 通过煤的元素分析计算得到；B 根据煤耗数据、电负荷及煤的发热量计算得到；L_{ZF} 一般应控制在 35% 以下，若该值超出 35% 较多，说明制粉系统漏风严重，应及时治理制粉系统漏风。

（三）掺冷风量及比例的测量及计算

1. 中速磨掺冷风量的计算

（1）中速磨干燥剂量及温度的计算。

磨煤机风煤比：

$$g_1 = \frac{Q_1}{B_M}$$

$$g_1 = \frac{3.6 q_m \varphi_{MV}}{B_M x_M} \quad (kg/kg)$$

式中　q_m——磨煤机通风量，kg/s；

　　　B_M——磨煤机出力，t/h；

　　　x_M——相当于设计出力下的负荷率，%；

　　　φ_{MV}——相当于 x_M 下的通风率，取值见表4-2，%。

表4-2　　　　　　　　　　不同磨煤机形式下 φ_{MV} 计算取值

磨煤机形式	φ_{MV} 计算公式	备注
碗式磨（HP、RP）	$x_M > 25\%$ 时， $\varphi_{MV} = (0.6 + 0.4 x_M) \times 100\%$	$x_M \leqslant 25\%$ 时， $\varphi_{MV} = 70\%$
轮式磨（MPS、ZGM）	$x_M > 40\%$ 时， $\varphi_{MV} = (0.583 + 0.417 x_M) \times 100\%$	$x_M \leqslant 40\%$ 时， $\varphi_{MV} = 75\%$
双进双出磨（BBD）	$x_M > 40\%$ 时， $\varphi_{MV} = (0.67 + 0.33 x_M) \times 100\%$	$x_M \leqslant 40\%$ 时， $\varphi_{MV} = 80\%$

（2）干燥剂初温的计算。

输入制粉系统的热量：

$$q_{in} = q_{ag1} + q_{mac} + q_s + q_{rc}$$

1）干燥剂物理热：

$$q_{ag1} = c_{ag1} g_1 t_1 \quad (kJ/kg)$$

式中　c_{ag1}——在 t_1 温度下湿空气比热容，kJ/(kg·℃)；

　　　t_1——混合后干燥剂初温，℃。

2）碾磨部件产生的热量：

$$q_{mac} = 3.6 \times 0.6 e \quad (kJ/kg)$$

式中　e——磨煤机单位电耗，kWh/t。

3）密封风的物理热：

$$q_s = \frac{3.6 Q_s}{B_M} c_s t_s \quad (kJ/kg)$$

式中　Q_s——密封风质量流量，kg/s；

　　　c_s——密封风比热容，kJ/(kg·℃)；

　　　t_s——密封风温度，℃。

4）原煤的物理热：

$$q_{rc} = c_{re} t_{rc} \quad (kJ/kg)$$

式中　c_{re}——原煤比热容，kJ/(kg·℃)；

　　　t_{rc}——原煤温度，℃。

$$c_{rc} = 4.187 \frac{M_{ar}}{100} + \frac{100 - M_{ar}}{100} c_d \quad [kJ/(kg·℃)]$$

式中　c_d——煤的干燥基比热容，取值见表4-3，kJ/(kg·℃)。

表 4-3　　　　　　　　　　　　　不同煤种的干燥基比热容 c_d　　　　　　　　　　$[kJ/(kg \cdot ℃)]$

煤种	0℃	100℃	200℃
无烟煤	0.767	0.881	0.992
贫煤	0.814	1.13	1.447
烟煤	0.883	1.221	1.541
褐煤	0.933	1.248	1.563

输出制粉系统的热量：

$$q_{out} = q_{ev} + q_f + q_{ag2} + q_5$$

5）蒸发水分消耗的热量：

$$q_{ev} = \Delta M(2491 + 1.874t_2 - 4.187t_{rc}) \quad (kJ/kg)$$

式中　t_2——磨煤机出口温度，℃。

6）加热燃料消耗的热量：

$$q_f = \frac{100 - M_{ar}}{100}\left(c_d + 4.187\frac{M_{PC}}{100 - M_{PC}}\right)(t_2 - t_{rc}) \quad (kJ/kg)$$

式中　M_{ar}——煤的收到基水分，取值见图 4-4，%。

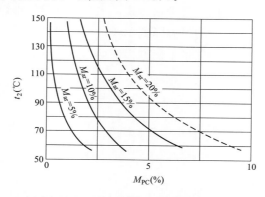

图 4-4　不同中速磨不同出口温度下的煤粉水分（烟煤、贫煤）

7）干燥剂带出的热量：

$$q_{ag2} = \left(g_1 + \frac{3.6Q_s}{B_M}\right)c_{a2}t_2 \quad (kJ/kg)$$

式中　c_{a2}——t_2温度下湿空气比热容（取值见表 4-4），$kJ/(kg \cdot ℃)$。

表 4-4　　　　　　　　　　　　气体的平均定压质量比热容　　　　　　　　　$[kJ/(kg \cdot ℃)]$

$t(℃)$	干空气	湿空气	
		$d = 10g/kg$	$d = 6.7g/kg$
0	1.0036	1.0121	1.0093
100	1.0061	1.0147	1.0119
200	1.0115	1.0202	1.0174
300	1.0191	1.0280	1.0251
400	1.0283	1.0374	1.0344

8）系统散热：

$$q_5 = 0.02q_{in} \quad (kJ/kg)$$

$$q_{in} = q_{out}$$

由上述方程可计算出混合后干燥剂初温 t_1。

则，冷风掺入量的计算：

$$r_{la} + r_{ra} = 1$$

$$r_{la}c_{la}t_{la} + r_{ra}c_{ra}t_{ra} = c_{ag1}t_1$$

由此可得到冷风份额：

$$r_{la} = \frac{c_{ra}t_{ra} - c_{ag1}t_1}{c_{ra}t_{ra} - c_{la}t_{la}}$$

式中　r_{la}、r_{ra}——冷、热风占入口混合风干燥剂的份额；

　　　c_{la}、c_{ra}——冷、热风比热容，kJ/(kg·℃)；

　　　t_{la}、t_{ra}——冷、热风温度，℃。

2. 乏气送粉方式掺冷风量的测定及计算

钢球煤储仓式制粉系统采用乏气送粉方式，当磨不运行但排粉机仍需运行输送煤粉时，一般电厂会通过掺冷风将输粉风温降到75℃。

掺入的冷风量按下面质量与热量平衡方程求得，即

$$r_{la} + r_{ra} = 1$$

$$r_{la}c_{la}t_{la} + r_{ra}c_{ra}t_{ra} = c_{ha}t_{ha}$$

$$r_{la} = \frac{c_{ra}t_{ra} - c_{ha}t_{ha}}{c_{ra}t_{ra} - c_{la}t_{la}}$$

式中　c_{ha}——混合风比热容，kJ/(kg·℃)；

　　　t_{ha}——混合风温度，℃。

由于制粉系统不运行，实际上不用按75℃控制排粉机出口温度，此时送粉温度主要考虑送粉风管不引燃及排粉机本身可承受的温度，燃用烟煤时风粉混合物温度要求低于160℃，而排粉机的耐受温度为150℃，考虑一定的温度控制余量，排粉机入口温度按145℃控制即可。将排粉机入口温度由75℃提高到145℃，由计算结果可知，单台排粉机掺入的冷风率由0.809降低至0.559，冷风掺入量大幅减少。

3. 储仓式制粉系统采用热风送粉方式燃用烟煤时掺入冷风量的计算

储仓式制粉系统采用热风送粉方式，锅炉一般燃用贫煤或无烟煤，风粉混合物温度设计较高（220～280℃），用于输粉的一次风在输送煤粉时不掺冷风，但受燃煤采购的影响，有一些工厂经常要燃用烟煤或掺烧烟煤，为降低制粉系统爆炸的风险，将磨煤机出口温度降低到75～85℃，为使一次风管不烧坏，控制一次风煤粉混合物温度不超过160℃。此种情况掺入的冷风量按下面方式计算。

输送煤粉的一次风温的求取如下：

对于煤粉混合过程，混合前后的能量平衡方程为

$$Q_1 c_1 t_1 + B_{PC} c_{PC} t_{PC} = Q_1 c_2 t_2 + B_{PC} c_{PC2} t_2$$

$$t_1 = \frac{Q_1 c_2 t_2 + B_{PC} c_{PC2} t_2 - B_{PC} c_{PC} t_{PC}}{Q_1 c_1} = \frac{\mu(c_{PC2} t_2 - c_{PC} t_{PC}) + c_2 t_2}{c_1}$$

式中　　　μ——煤粉浓度，kg/kg；

Q_1——一次风量，kg/h；

B_{PC}——给粉机粉量，kg/h；

c_{PC}——粉仓温度下煤粉的比热容，kJ/(kg·℃)；

c_{PC2}——t_2温度下煤粉的比热容，kJ/(kg·℃)；

t_{PC}、t_1、t_2——粉仓温度、一次风粉混合前温度、一次风粉混合物温度，℃。

$$c_{PC} = 0.01[c_{dc}(100 - M_{PC}) + 4.187 M_{PC}]$$

$$c_{dc} = 0.01[c_0(100 - A_d) + c_A A_d]$$

$$c_A = 0.754 + \frac{1.465 t_{PC}}{10\,000}$$

式中　c_{dc}——干燥煤的平均比热容，kJ/(kg·℃)；

A_d——干燥基灰分，%；

c_A——灰的平均比热容，kJ/(kg·℃)；

c_0——干燥无灰的煤的平均比热容，kJ/(kg·℃)。

$V_{daf} > 10\%$时，$c_0 = 0.74 + \dfrac{2.05t}{1000} + \left(0.66 + \dfrac{t_{PC}}{1000}\right)\dfrac{V_{daf}}{100}$

$V_{daf} < 10\%$时，$c_0 = 0.691 + \dfrac{0.71t}{1000} + \left(1.15 + \dfrac{1.44t_{PC}}{100}\right)\dfrac{V_{daf}}{100}$

当一次风热风温度为330℃，煤粉浓度0.5kg/kg，混合后温度降为160℃时，混合前风温由原来的330℃降为200℃，一次风掺冷风率为0.47；当煤粉浓度提高到0.7kg/kg时，混合前风温由原来的330℃降为218℃，一次风掺冷风率为0.407。通过降低一次风率，提高输粉浓度可减少掺入冷风的比例。低负荷运行时，通过减少给粉机运行台数可提高煤粉浓度，达到降低排烟温度的目的。

由上述计算数据可知，燃用贫煤的锅炉在改烧烟煤或掺烧烟煤后，由于磨出口温度及风粉混合物温度降低，需掺入大量的冷风，引起排烟温度大幅升高。

第二节　火焰中心抬高

锅炉运行中当炉膛火焰中心高度抬高时，相当于燃烧的集中放热区段上移，说明燃烧的发展推迟，将使炉膛下部温度降低，下部水冷壁吸热量减小，引起炉膛出口温度升高，最终造成排烟温度的升高。火焰中心抬高的原因多种多样，有燃用煤质变化的因素、调整的因素及设备的因素。火焰中心抬高是由燃烧放热不同高度变化和水冷壁换热不同位置变化两方面引起的。当火焰中心抬高时，必然伴随过热器减温水量的升高和各级受热面烟温的上升及屏式过热器壁温的升高，监视上述参数的变化可以判断是否存在火焰中心抬高。

一、火焰中心抬高的原因分析

（一）燃煤着火燃尽特性变差

当燃煤的着火燃尽特性降低时，易燃的挥发分含量减少，而难燃的焦炭份额增加，着火推迟，着火后燃烧的扩展速度较慢，着火初期炉膛温度降低，由于焦炭的燃烧燃尽需要更长的时间，造成火焰中心抬高，炉膛出口温度升高，引起排烟温度升高。

（二）煤粉细度偏粗

当煤粉细度与所燃煤质不适应、煤粉细度偏粗较多时，煤粉的着火燃尽特性变差，炉内火焰中心抬高，引起排烟温度升高。不同着火燃尽特性的煤种要求的煤粉细度是不同的，着火燃尽特性好的煤，煤粉细度可控制粗一些，而着火燃尽特性差的煤种，煤粉细度必须控制细一些，否则将造成炉膛火焰中心抬高和排烟温度升高。煤粉细度与燃煤的关系如表 4-5 所示。

表 4-5 　　　　　　　　　　　　煤粉细度与燃煤的关系

煤种	V_{daf}（%）	R_{90}（%）
无烟煤	4～10	$R_{90}=0.5nV_{daf}$
贫煤	10～16	$R_{90}=0.5nV_{daf}$
	16～20	$R_{90}=2+0.5nV_{daf}$
烟煤	20～37	$R_{90}=4+0.5nV_{daf}$
劣质烟煤	20～37（$Q_{net,ar}<6500kJ/kg$）	$R_{90}=4+0.35nV_{daf}$
褐煤	＞37	$R_{90}=V_{daf}$

注 n 为煤粉均匀性指数。

当采用低 NO_x 燃烧器、空气分级严重时，为控制灰渣含碳量及 NO_x 排放效果，煤粉细度需更细，R_{90} 统一按 $0.5nV_{daf}$ 控制。

（三）炉膛结渣

炉膛结渣使水冷壁吸热量降低，炉膛出口各级受热面入口烟温升高，引起排烟温度升高。从掉渣情况可以判断炉内结渣的严重程度。

（四）炉底漏风

炉底漏入冷风或采用干渣机时冷风量不仅使流经空气预热器的风量减小，同时会使炉内火焰中心抬高，引起各级受热面出口烟气温度升高，导致排烟温度升高。

（五）三次风带粉严重

采用钢球磨热风送粉系统，当细粉分离器分离效率降低时，三次风带粉严重，此时燃烧器上层粉量增加，火焰中心上移，引起排烟温度升高。

细粉分离器的效率可以估算，也可以通过测试得到，当细粉分离器效率低于 85%

时，可以认为三次风带粉严重。

1. 细粉分离器效率的估算方法

（1）对给煤机进行标定，选择刮板长度 1m 的煤量 G（kg）进行称量，用秒表计测不同给煤机转速下刮板行走 1m 所用时间 t（s），计算给煤机出力 B_M。

$$B_M = \frac{3.6G}{t} \quad (\text{t/h})$$

（2）选择机组额定负荷（100%ECR）启动所有制粉系统，保持机组负荷不变，记录下该运行方式下的给粉机转速、锅炉蒸发量 D_1（t/h）、测量排烟温度、排烟处氧量，对炉渣、飞灰、原煤进行取样分析，化验炉渣、飞灰含碳量、原煤低位发热量、原煤水分 M_{ar}、煤粉水分 M_{PC}，计算此时锅炉效率 η_1。按下式计算此工况下的燃煤量 B_1，即

$$B_1 = \frac{Q_{net,ar}^0 D_1 \eta_0}{Q_{net,ar} D_0 \eta_1} B_0 \quad (\text{t/h})$$

式中　$Q_{net,ar}^0$——设计燃料低位发热量，kJ/kg；

$\quad\quad D_0$——设计机组额定负荷时锅炉蒸发量，t/h；

$\quad\quad B_0$——设计的机组额定负荷燃用设计煤种时燃料量，t/h；

$\quad\quad \eta_0$——机组额定负荷燃用设计煤种时锅炉效率，%。

（3）保持给粉机转速不变，停运一套制粉系统，保持主汽压力，主汽、再热汽温不变，在锅炉及制粉系统运行稳定后观察机组负荷，计算该套制粉系统停运时的锅炉蒸发量 D_2（t/h）。测量排烟温度、排烟处氧量，对炉渣、飞灰、原煤进行取样分析，化验炉渣、飞灰含碳量及原煤低位发热量，计算停运该套制粉系统时的锅炉效率 η_2。按下式计算此工况下的燃煤量 B_2，即

$$B_2 = \frac{Q_{net,ar}^0 D_2 \eta_0}{Q_{net,ar} D_0 \eta_2} B_0 \quad (\text{t/h})$$

（4）细粉分离器效率 η_{cyc} 的计算。

$$\eta_{cyc} = 100 - \frac{B_1 - B_2}{(1+k)B_M(1-\Delta M)} \quad (\%)$$

式中　k——取 0～0.05。

细粉分离器效率一般设计为 88%～90.5%，当细粉分离器效率低于 85% 时，三次风带粉增加 50%，可以判定细粉分离器效率严重偏低，三次风带粉严重，应对细粉分离器进行检查，查明效率低的原因并进行处理。

三次风的带粉情况还可以从细粉分离器的阻力判断，细粉分离器效率正常时，风量正常时的阻力在 750～1000Pa 之间，当三次风带粉严重时，其阻力可达 1500Pa 以上，同时排粉机电流增加较多。当粗粉分离器出口风压及粗粉分离器阻力正常时，如细粉分离器阻力及排粉机电流增大就可以判断细粉分离器阻力及排粉机电流增大不是由于系统通风量增大所致，而是由于细粉分离器效率低下、三次风带粉严重所致。

2. 细粉分离器分离效率低的原因及治理

（1）细粉分离器下粉管的锁气器锁气效果不佳，当两个锁气器调整不好，其动作的重叠度不够或锥帽磨损、锁气器漏风时，会使粉仓与下粉管气流贯通，粉仓气流通过下粉管上串，影响分离器的分离效果；当下粉管或小筛子堵塞时，分离下来的煤粉无法正常进入粉仓，在下粉管或小筛子处积聚，在气流作用下重新回到分离器由乏气带出造成三次风带粉严重。因此，对于三次风带粉严重的，应重点检查下粉管锁气器的磨损及漏风情况，发现锁气器锥帽磨损及漏风，应及时检修；对于小筛子及下粉管堵塞的，要及时清理；对于锁气器动作不正常的，要进行检修及调整。

（2）细粉分离器选型不合理。所谓选型不合理是指细粉分离器的外筒直径选得偏大或偏小，细粉分离器外筒内切面气流上升速度正常应在 $3.0\sim3.5\mathrm{m/s}$，如直径偏大或偏小，外筒气流上升速度将偏离上述合理数值，从而造成分离效率降低。正确的细粉分离器直径应按下式计算后选取，即

$$D = \sqrt{\frac{Q_m}{2830 \times W_x}} \quad (\mathrm{m})$$

式中　Q_m——制粉系统最大通风量，$\mathrm{m^3/h}$；

　　　W_x——分离器外筒气流上升速度，$\mathrm{m/s}$，取 $3.0\sim3.5\mathrm{m/s}$。

$$Q_m = V(1000\sqrt[3]{K_{km}} + 36R_{90}\sqrt{K_{km}}\sqrt[3]{\varPhi})$$

式中　V——磨煤机筒体体积，$\mathrm{m^3}$；

　　　K_{km}——煤的可磨性指数；

　　　$\varPhi$——磨煤机钢球充球系数。

也可根据实测细粉分离器入口风量，按分离器外筒直径，计算外筒实际气流上升速度，与合理数值比较判断分离器直径是否合理。

（3）进口速度设计不合理。分离器进口速度合理数值为 $18\sim20\mathrm{m/s}$，若进口面积设计不合理，进口气流速度偏离合理值，分离作用减弱，引起分离效率降低，因此应按风量校核进口面积是否合理。

（4）内筒插入深度不足。内筒插入深度不够时，煤粉在分离器内来不及分离就被气流带出，影响分离效率。

（六）配风不良

当锅炉运行中配风不合理时也会使火焰中心抬高，如一次风速偏高、二次风配风方式欠佳、炉膛缺风燃烧。

一次风速偏高时，煤粉气流着火点推后，背火侧温度偏低，背火侧水冷壁换热量减少，使炉膛上部及出口温度升高。

对于着火特性差的煤种，如下两层二次风与一次风的距离较近，这两层二次风量较大时，二次风的混入将降低一次风火焰的温度，使该区域燃烧减弱，引起火焰中心上移。对于着火特性好的煤种，一次风煤粉气流着火后，一次风中的氧量很快被挥发分燃烧耗尽，若下两层二次风量偏小，相当于二次风补风不及时，同样使其后的燃烧推迟，

燃烧速度降低，引起火焰中心上移。

因此，一次风速及二次风的配风方式要依据燃煤的特性及设计的一、二次风间距合理调整。

在不考虑 NO_x 排放时，一次风风量（风速）的调整以满足挥发分完全燃烧为依据，着火特性好的煤可控制高的一次风速（风量），一次风率约等于煤的干燥无灰基挥发分；由于贫煤、无烟煤挥发分较低，一次风率按煤的干燥无灰基挥发分控制时，一次风管的流速偏低（18m/s），将引起一次风管煤粉沉积，造成一次风管堵管，故低挥发分煤种的一次风率高于理论值，但仍应在满足一次风管正常输粉的前提下降低一次风速（风量）。

二次风应在一次风挥发分完全燃烧后及时混入，过早或过迟都将降低混入点的炉膛温度，使燃烧发展受限，引起炉膛出口烟温及排烟温度的升高。判断各层二次风量大小是否合理的标准是该层风的大小能否使混入处炉膛温度比其他配风方式有所提高。若该层风改变混入点后炉膛温度升高，过热器后烟温降低，过热器减温水量减少，说明该层二次风降低火焰中心的调整方向是正确的。

认为二次风采用倒塔配风能降低火焰中心高度，这种认识是不完全正确的，只在燃烧着火特性较差的煤且一、二次风间距偏小的情况下才适用。燃用贫煤的锅炉若改燃烟煤，采用倒塔配风非但不能降低火焰中心高度，而只会使火焰中心抬高并引起灰渣含碳量的升高。

表盘氧量的调整对火焰中心也有影响，炉膛氧量严重不足时，后燃严重，引起火焰中心抬高。表盘氧量的大小不能完全表征炉膛燃烧风量的多少，只能表征一种趋势。当炉膛出口至氧量测点区段漏风量很大时，在表盘氧量正常的情况下，炉膛可能仍处在缺风燃烧状态。判断炉膛风量是否合适的依据是风量增大或减少后，受热面减温水量不变时高温过热器后烟温是否增大或降低，最合适的风量是高温过热器后烟温最低时的对应风量。

二、空气预热器换热效果差

当空气预热器设计受热面不足或受热面污染时，空气预热器的换热量达不到设计值，会使排烟温度升高。空气预热器换热效果的判断：

当空气预热器入口烟温不高于设计时，若烟气侧温度降低的量及空气侧温度升高的量均比设计值小，就可以判断空气预热器换热效果差。

若空气预热器入口烟温比设计高，但空气预热器出口一、二次风温升高的量比设计小，同样可以判断空气预热器换热效果差。

若空气预热器烟气侧压差正常，旁路密封间隙正常，当空气预热器换热效果不佳时，可以判断空气预热器换热效果不佳是由于空气预热器换热面积小引起的。

若空气预热器烟气侧压差偏大较多，旁路密封间隙正常时说明空气预热器堵灰较严重，换热效果差是由于受热面污染引起的。

若空气预热器烟气侧压差偏小，空气预热器换热效果差，当空气预热器入口烟温不高于设计时，可判断空气预热器换热效果差是由于旁路密封间隙大，短路流过受热面风烟气及空气量过大所致。

三、直流炉分离器出口过热度偏高

当直流炉的分离器出口过热度控制偏高时，水煤比降低，水冷壁吸热量减小，引起炉膛出口以后各级受热面入口烟温升高，使排烟温度升高。对于直流炉，分离器出口过热度的控制应在减温水有一定调整余量的情况下尽量降低过热度。

四、吹灰效果不良，受热面灰污严重

吹灰效果差或受热面灰污严重也会导致排烟温度的升高，尤其是燃料内钠、钾含量高，沾污系数较强的情况下，吹灰难以除去受热面积灰，污染严重，排烟温度显著升高。

五、隐性的排烟温度升高

在空气预热器漏风量较大时，排烟温度表面上不高，但由于空气预热器冷端漏风混入排烟的量增大，导致混合后排烟温度降低。因此，空气预热器漏风增加较多时，排烟温度的代表性变差，若按漏风量不变时换算，排烟温度可能较高，此种情况的排烟温度存在隐性偏高的可能。从近来对空气预热器漏风进行改造的数据看，在空气预热器漏风量大幅减小后，排烟温度均出现升高的情况。空气预热器冷端漏风对排烟温度影响可按下面的模型进行计算。

冷端漏风是从空气预热器的入口直接漏到烟气的出口，因此不影响空气预热器的换热，即排烟热损失不变。

$$(K_1\alpha_{py1} + K_2)\frac{\theta_{py1} - t_0}{100} = (K_1\alpha_{py2} + K_2)\frac{\theta_{py2} - t_0}{100}$$

$$\theta_{py2} = t_0 + \frac{K_1\alpha_{py1} + K_2}{K_1\alpha_{py2} + K_2}(\theta_{py1} - t_0)$$

对于空气预热器入口过量空气系数为1.20、出口过量空气系数为1.30，空气预热器入口风温为20℃、排烟温度为130℃的锅炉，当冷端漏风量增大使漏风率由7.5增大到15时，排烟温度降低7.22℃；当冷端漏风量增大使漏风率增大到22.5时，排烟温度降低13.55℃；当冷端漏风量增大使漏风率增大到30.0时，排烟温度降低19.14℃。

热端漏风使空气预热器流经的风量增大，热风温度降低，由空气预热器空气侧出口漏入烟气侧入口，造成烟气入口烟温下降，但烟气量增大，烟气及空气流速升高，换热系数增大但换热温差降低，总的换热量变化较小，排烟温度基本不变。

冷热端漏风比例的估算：冷端由于风压高于热端，烟气压力低于热端，冷端风烟气压差远高于热端。对于直吹式制粉系统，一次风冷端空气烟气压差一般为11～13kPa，

二次风冷端空气烟气压差一般为 4.2～5.2kPa，加权后冷端空气烟气压差为 5.9～7.15kPa，一次风热端空气烟气压差一般为 9～11kPa，二次风热端空气烟气压差一般为 2.2～3.02kPa，加权后冷端空气烟气压差为 3.9～5.0kPa，相同的冷、热端漏风间隙下，冷端与热端漏风的比为 1.20～1.23，冷、热端漏风分别占 54.5%～55.0% 和 45.5%～45.0%；对于储仓式制粉系统，一次风冷端空气烟气压差一般为 6.6～7.1kPa，二次风冷端空气烟气压差一般为 4.2～5.2kPa，加权后冷端空气烟气压差为 4.8～5.68 kPa，一次风热端空气烟气压差一般为 4.5～5.0kPa，二次风热端空气烟气压差一般为 2.2～3.02kPa，加权后冷端空气烟气压差为 2.78～3.5kPa，相同的冷、热端漏风间隙下，冷端与热端漏风的比为 1.27～1.31，冷、热端漏风分别占 56%～57% 和 44%～43%，故估算漏风对排烟温度的影响时，按冷端漏风对排烟温度影响后乘 0.55 即可。

— 第五章 —

灰渣含碳量高的诊断

第一节　锅炉灰渣含碳量的影响因素

锅炉燃烧时，煤粉的燃尽性能主要与燃料本身的着火燃尽特性、煤粉颗粒的平均直径、炉内平均温度水平及燃烧器区域温度水平、煤粉在炉膛中的停留时间有关。

燃料本身的着火燃尽特性由燃料的性质决定；煤粉颗粒的平均直径由煤粉细度与煤粉的均匀性指数决定；炉内平均温度水平、燃烧器区域温度水平由炉膛容积热负荷、燃烧器区域热负荷与燃料的发热量、锅炉的负荷、配风情况共同决定；煤粉在炉膛中的停留时间由炉膛容积热负荷、断面热负荷及上层燃烧器到屏底的高度决定。

一、燃料的着火燃尽特性

当燃料的挥发分降低时，煤的焦炭与挥发分比值升高，而焦炭的着火燃尽特性较差，焦炭与挥发分比值升高后，难燃尽部分的比例升高，使煤粉燃尽性能降低，导致灰渣含碳量升高。因此，不同煤种的灰渣含碳量控制的目标不一样，着火燃尽特性好的煤灰渣含碳量要求控制的目标值要低；而着火燃尽特性差的煤灰渣含碳量要求控制的目标值要高一些。

对于不同煤质灰渣含碳量的控制，由于煤质特性的差异，着火燃尽特性不同导致灰渣含碳量也不同，因此应按不同煤质根据燃烧方式控制 q_4，当炉型与所燃用煤质适应时，q_4 按表 5-1 或图 5-1 控制。

表 5-1　　　　　　　不同煤质、不同燃烧方式 q_4 的控制指标　　　　　　　（%）

灰分	燃烧方式	着火稳定性指数 $R_w(V_{daf})$（%）						
		3.86～4.02 (5～8)	4.02～4.24 (8～12)	4.24～4.40 (12～15)	4.40～4.67 (15～20)	4.67～5.21 (20～30)	5.21～5.75 (30～40)	褐煤
$A_{ar} \leqslant 10\%$	切向、对冲		1.6～1.35	1.35～1.2	1.2～0.9	0.9～0.55	0.55～0.4	
	W 火焰	1.9～1.55	1.55～1.1					
$20\% \leqslant A_{ar} \leqslant 30\%$	切向、对冲		3.4～1.8	2.9～1.55	2.6～1.2	2.1～0.75	1.45～0.5	1.2～0.4
	W 火焰	4.5～2.3	3.4～1.5					
$A_{ar} \geqslant 35\%$	切向、对冲		4.2～3.5	3.5～3.1	3.1～2.4	2.4～1.6	1.6～1.2	1.2～1.0
	W 火焰	5.3～4.3	4.2～3.3					

对应的灰渣含碳量根据实际燃用煤质的低位发热量及灰分计算，计算式为

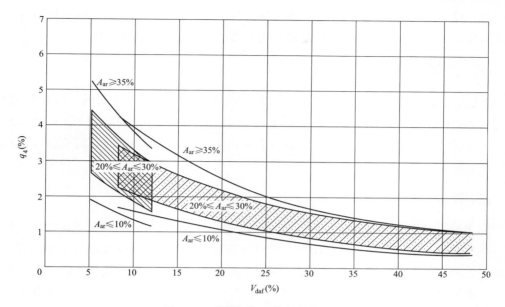

图 5-1　不同煤质 q_4 控制指标曲线

$$\overline{C} = \frac{q_4 Q_{\text{net, ar}}}{337.27 A_{\text{ar}}} \quad (\%)$$

当燃用煤质与炉型不适应时，根据燃煤挥发分及灰分做出一定的调整，如烟煤炉型实际燃用贫煤时，按贫煤炉燃用比实际更高一级灰分、更低一级挥发分的煤控制 q_4；贫煤炉燃用烟煤时，按烟煤炉燃用比实际低一级灰分、高一级挥发分的煤控制 q_4。

二、煤粉颗粒平均直径

煤粉颗粒的平均直径越大，煤粉表面积越小，着火后碳表面接触氧的面积也越小，氧在燃烧的碳表面的扩散越慢，燃烧的发展速度也越慢，由于燃烧的发展速度变慢，炉膛温度降低，因此燃尽率也降低，导致灰渣含碳量升高。煤粉颗粒的平均直径由煤粉细度与煤粉的均匀性指数决定，在煤粉细度一定的情况下，煤粉均匀性指数降低，煤粉中粗颗粒的量升高；在均匀性指数一定的情况下，煤粉细度越小，粗颗粒的量也越少。煤粉细度的控制必须与煤的着火燃尽特性及均匀性指数相联系，不同煤种煤粉细度按表4-5控制。

三、炉膛断面及燃烧器区域温度水平

炉膛断面及燃烧器区域温度水平越高，燃烧反应速度越高，在容积热负荷一定的情况下，煤粉燃尽性能越好。由于灰分、水分在炉内不但不会放出热量，还需吸热，所以燃用高灰分、高水分的煤时，炉膛温度将会降低，使煤粉燃尽性能下降。采用小的断面面积可使炉膛断面温度水平提高，将燃烧器高度压缩，可提高燃烧区域温度水平，都会使煤粉燃尽率提高，但受炉膛结渣的影响不可能将断面及燃烧器高度大幅度减小，否则

会引起炉膛结渣。因此，不同燃尽特性及结渣性的煤种的容积热负荷、断面热负荷、燃烧器区域热负荷必须匹配，才能使稳燃、燃尽及结渣控制在较理想状态。

四、上层燃烧器到屏底的距离

上层燃烧器到屏底的距离表征了上层燃烧的煤粉在炉内的停留时间，该距离越大，上层燃烧的煤粉的燃尽性能越好，不同燃尽性能的煤种对该距离的要求不同，燃尽性能越差的煤种，上层燃烧器到屏底的距离也要求越大。在燃烧器布置时，要充分考虑不同煤种对该距离的要求。

五、配风的影响

配风情况对燃烧的影响很大，对燃烧有影响的主要是一次风率、风速，二次风的分配、燃尽风的分配，三次风率、风速、炉膛的氧量等，这也是燃烧调整的主要内容。一次风率、风速偏高时，煤粉着火困难，着火点距离喷口较远，炉膛火焰中心抬高，同时由于一次风率偏高必然使二次风率降低，二次风速也降低，二次风喷入时混合强度降低，使燃烧反应速度减小，炉膛温度降低，造成煤粉燃尽率降低。二次风的分配不合理也会对灰渣含碳量造成不利影响，二次风的混入主要是要控制好混入的时机及混入的速度，在一次风中煤粉的挥发分未充分燃烧的情况下，一次风煤粉气流的温度不够高，此时混入二次风不但不能使燃烧增强，反而因混入二次风会使一次风煤粉气流温度降低，燃烧减弱。二次风只有在一次风煤粉气流因挥发分充分燃烧后提高到足够高的温度时混入才能使燃烧迅速发展，在一、二次风间距固定的情况下，二次风的风速对二次风的混合起决定作用，二次风速越高，其动量越大，对一次风的引射作用越强，混合也越早。一次风挥发分已充分燃烧后，应及时混入高速的二次风，此时燃烧会迅速发展，若混入的二次风风量（风速）不足，燃烧的发展受到影响，燃烧速率降低，炉内温度的提高幅度减小，燃尽程度会下降。

六、粉量分配的影响

上层燃烧器粉量增加必然使下层燃烧器粉量减少，使总体炉内粉量在炉内停留时间减少，引起锅炉火焰中心上移及灰渣含碳量升高。

🏭 第二节　典型情况原因分析

一、燃用着火燃尽特性好的煤质时灰渣含碳量高的原因

燃用着火燃尽特性好的煤质（$V_{daf} \geqslant 25\%$）时，对于切圆燃烧方式，配风对灰渣含碳量的影响相对较小，引起灰渣含碳量高的原因主要是煤粉细度粗、煤粉均匀性指数低及燃尽风风量过大；对于对冲燃烧方式，引起灰渣含碳量高的原因除上面所述外，主燃烧器配风方式对灰渣含碳量有一定影响，主燃烧器设计时过分追求低 NO_x 排放效果，

二次风分级配风与一次风混合太晚会引起灰渣含碳量升高。

1. 煤粉细度粗的主要原因

（1）采用双进双出磨制粉系统时，分离器挡板入口堵塞、内锥贯通、回粉管堵塞。

（2）中速磨磨辊磨损后期，磨辊与磨盘间隙增大，磨出力降低，运行人员为保持磨煤机出力，增大磨入口风量或降低旋转分离器转速。

（3）中速磨分离器内筒回粉锁气帘板卡涩（卡在关的位置），造成内锥筒不回粉。

（4）直吹式制粉系统煤粉取样代表性差。

（5）煤粉筛质量差，孔径不准确。

（6）煤粉细度未按对应煤质调整。

（7）加载压力偏低。

2. 煤粉均匀性指数低的原因

（1）采用双进双出磨制粉系统时，分离器内锥贯通。

（2）中速磨分离器内筒回粉锁气帘板卡涩（卡在开的位置）、掉落，造成内锥筒下部串风。

（3）分离器挡板开度不均匀。

（4）分离器挡板磨损。

（5）燃尽风量大。采用高位燃尽风（SOFA）布置时，高位燃尽风量过大，造成主燃区严重缺风，使主燃区炉膛温度下降，燃烧份额降低，引起灰渣含碳量升高。

3. 旋流燃烧器分级配风的影响

当旋流燃烧器一次风预混段太短、内外二次风扩展过大时，二次风混入推迟，燃烧器出口气流中段缺风严重，燃烧器出口气流末段混入强度降低，使燃烧速率下降，主燃区炉内温度降低，燃烧份额减少，引起灰渣含碳量升高。对此，应对燃烧器的一次风预混段长度进行调整，将一次风筒往炉外方向后缩，减小内、外二次风出口旋口的扩展角度，使内外二次风提前混入。

二、燃用着火燃尽特性差的煤质（贫煤、劣质烟煤）时灰渣含碳量高的原因

燃用着火燃尽特性差的煤质（贫煤、劣质烟煤）时灰渣含碳量高的原因，除燃用着火燃尽特性好的煤质时灰渣含碳量高的原因外，切圆燃烧方式配风的影响非常大，配风影响主要表现为一（三）次风速偏高、二次风的分配不合理、炉膛氧量偏低。

（一）一次风率（风速）偏高的影响

燃用着火燃尽特性差的煤种，着火温度较高，如风速增高，一次风煤粉加热到着火温度所需吸收的着火热也增加，因此煤粉的着火将推迟，着火点离喷口较远，火焰也较难稳定，由于着火推迟，挥发分析出速率降低，一次风煤粉气流着火后温度升高速率减弱，一次风煤粉气流温度升高的幅度降低。一次风速增大，一次风率随之增高；一次风率升高必然使二次风率降低，而二次风率降低引起二次风速及二次风动量减弱，二次风难以穿透着火的一次风煤粉气流，使二次风的混合强度、湍动度减弱，造成焦炭燃烧速率降低，炉膛温度升高受到制约，引起灰渣含碳量升高。一次风速不变，但由于燃烧器

投运数量增加，一次风率会增大。此时，所有一次风所携带煤粉的可燃质数量不变，运行燃烧器层数增大后，热负荷被分散，每层燃烧区域的热负荷降低，燃烧器区域炉膛温度降低，同时由于燃烧器投运数量增加，二次风投运的层数也增加，使每个二次风速降低，降低二次风的混合强度及湍动度，使燃烧速率降低，炉膛温度进一步降低，造成灰渣含碳量升高。

（1）对于中速磨制粉系统，一次风率高的原因及处理方法：

1）燃用煤质灰分、水分升高，发热量下降，需投运更多的磨煤机，使一次风率升高。

2）中速磨制粉系统煤的可磨性指数降低，磨出力下降，磨煤机投运数量增加。

3）中速磨石子煤量偏大，为降低石子煤排放量，增大磨入口风量，应对石子煤量严重超标的磨煤机进行风环改造，降低石子煤排放率。

4）中速磨入口风量测量装置测量不准确，造成一次风量偏大。应对中速磨风量测量装置进行标定，对风量系数不稳定的测量装置进行改造或更换。

5）中速磨磨辊磨损后期磨辊与磨盘间隙增大，磨出力降低，运行人员为保持磨煤机出力，增大磨入口风量。应对磨辊磨损进行定期检查，发现研磨面磨损严重时及时更换磨辊。

6）一次风管风速不均衡，风速低的一次风管易堵管，运行人员为防一次风管堵塞，提高磨入口风量运行。应进行一次风的冷、热态调平工作，在磨出口各一次风管风速均衡的情况下，降低磨入口风量。

（2）对于钢球磨热风送粉系统，一次风率高的原因及处理方法：

1）燃煤灰分、水分升高，发热量下降，需投运更多的给粉机。

2）煤粉混合器下粉不良，一次风管易堵管，运行人员为防一次风管堵塞提高一次风压运行。应对混合器的性能进行测试，发现混合器下粉不良时，应更换下粉性能良好的混合器。

3）一次风管风速不均衡，风速低的一次风管易堵管，运行人员为防一次风管堵塞提高一次风压运行。应进行一次风的冷、热态调平工作，在各一次风管风速均衡的情况下，降低一次风母管压力，从而降低一次风速。

4）燃煤发热量升高，给粉机运行台数不减少且运行人员仍按原一次风压运行。燃煤发热量升高时，在给粉机运行台数不变的情况下，单个给粉机的粉量减少，煤粉流动的附加阻力降低，在一次风压不变时，相当于增大了一次风管风的流动阻力，也就是增大了一次风量。因此，燃煤发热量升高时，为保持一次风速不变，应适当降低一次风母管压力。

5）安装风粉在线测量系统，但测量装置测量不准（测速管磨损或在风管面积大于一次风喷口面积的情况下，未将风速换算到喷口风速）。对风粉在线测量装置的测速管要定期检查，发现磨损、泄漏、堵塞要及时处理，对风速公式进行检查，检查是否换算到喷口风速。

当燃煤挥发分降低或灰分增加发热量降低时，煤的着火燃尽性能下降，一次风速应在原设计基础上降低，如仍按原设计运行相当于一次风速偏高。对于中速磨，应对磨入口风量进行负偏置设置；对于钢球磨热风送粉系统，应降低一次风压运行，这样才能使一次风率、风速与改变后的煤质相适应。

（二）二次风配风方式的影响

1. 下二次风的影响

对于难燃煤种，最下层二次风主要起托粉作用，其参与燃烧的作用较小。该层风与下层一次风应有一定距离，该距离偏小时，下层二次风与下层一次风的混合提前，在一次风挥发分未充分燃烧放出热量时混入二次风，会降低已着火的一次风煤粉气流的温度，从而使一次风煤粉气流着火燃烧性变差；在距离一定的情况下，该层二次风速（风量）越高，其与一次风的混合越提前，原因是二次风速高、动量大，对一次风有牵引作用，一次风在其引射作用下向下弯曲与之混合。对于难燃煤种，下二次风不应过大，能托住粉即可，当托粉作用不够时，如该层风量过大或与一次风距离过小，会引起燃烧稳定性降低；如下二次风量过小，其托粉能力不足，该层风必须与一次风射流角度一致，如与一次风存在射流角度的偏差同样会使其托粉能力减弱，引起炉渣含碳量升高。采用大风箱的锅炉，一般炉膛—风箱压差随锅炉负荷变化，在低负荷运行时，炉膛—风箱压差控制在 500Pa 左右，在该风门开度不变的情况下，炉膛—风箱压差由高负荷的 1000Pa 降低到低负荷的 500Pa，该层风量将减少 29.3%，若低负荷运行时减小该层风的风门开度，该层风量减少将更多，风量减少可达 40%，但低负荷运行下层给粉机的粉量减少非常有限，一般减少为 10% 左右，此时下二次风的托粉能力严重降低，引起低负荷运行时炉渣含碳量升高。因此，低负荷运行时，如炉渣含碳量偏高但燃烧稳定性较好，下二次风门不应减小开度。对该层二次风的设计主要是要与一次风喷口有适当的距离和高度，如该层风喷口高度不够，一次风中煤粉较易在下落时穿过该二次风进一步落到冷灰斗，造成渣量及炉渣含碳量升高。

2. 第二层二次风的影响

（1）下层一次风集中布置时第二层二次风的影响。在燃用着火燃尽特性差的煤时，传统的燃烧器布置方式为下两层一次风集中布置，下两层一次风中间不设二次风，第二层二次风位于第二层一次风上部，由于一次风集中布置，挥发分燃烧比较集中，一次风的着火稳定性较好，到第二层二次风位置下层一次风挥发分已燃尽，焦炭已着火燃烧，下两层一次风区域的温度也较高，因此第二层二次风应以较大风量补入才能使焦炭的燃烧加剧，否则焦炭燃烧会因缺风减弱，使炉内温度降低，引起灰渣含碳量升高。

（2）下层一次风与二次风均等配风时第二层二次风的影响。随着燃烧器技术的不断发展，燃烧器本身着火性能得到改善，在燃用低挥发分贫煤时越来越多的锅炉厂采用一、二次风均等配风方式，此时第二层二次风布置在下两层一次风之间。由于贫煤挥发分低、着火特性较差，一次风风量在燃用挥发分已有富余，而且可以提供部分焦炭燃烧所需风量，若第二层二次风风量较大，不但不会使该处燃烧加强，反而会因二次风提前混入降低该区域的温度，使燃烧发展受到影响，燃烧稳定性下降，引起灰渣含碳量升高。在燃用挥发分较高（$V_{daf} \geqslant 18\%$）、发热量也较高（$Q_{net,ar} \geqslant 18\ 500kJ/kg$）的贫煤时，煤的着火特性在贫煤范畴算是较好，低负荷燃烧的稳定性较好，此时第二层二次风可适当开启（不宜过大）；在燃用挥发分较低（$V_{daf} \leqslant 15\%$）、发热量也较低（$Q_{net,ar} \leqslant 17\ 500kJ/kg$）的贫煤时，煤的着火特性在贫煤范畴已算较差，第二层二次风应基本关闭。由于一、二次风均等布置方式下两层一次风距离比集中布置时大，一次风火焰相互支撑作用弱，即使关闭两层一次风之间的二次风，燃烧的稳定性也比一次风集中布置时要差，因此燃用挥发分 V_{daf} 低于 15% 的贫煤，下层燃烧器还宜采用集中布置方式，但第二、三、四层一次风与二次风可采用均等配风。

3. 第三层二次风的影响

（1）下层一次风集中布置时第三层二次风的影响。下层一次风集中布置时到第三层二次风位置下两层一次风煤粉的焦炭已在第二层二次风混入后燃烧了较高份额，炉内温度已很高，炉内氧的消耗也较大，氧浓度也大幅下降。此时，应补入大量高速的二次风，进一步促进焦炭的燃烧，如第三层二次风量（风速）偏小，混合强度不足，二次风难以进入火焰核心，焦炭燃烧会因氧浓度偏低强度减弱，炉内温度不能进一步升高，使下两层一次风煤粉焦炭燃尽率降低，引起灰渣含碳量升高。

（2）下层一次风与二次风均等配风时第三层二次风的影响。下两层一次风与二次风均等配风时，若第二层二次风风量配风过大，下两层一次风的着火燃烧情况就不会很好，而且由于第二层二次风的大量混入，降低下两层一次风燃烧器断面炉内温度，使焦炭燃烧份额下降。因此，到第三层二次风处焦炭燃烧也不缺风，此时第三层二次风只需中间偏少量的混入即可，若大量混入，炉膛此处的温度会降低，引起灰渣含碳量升高；若第二层二次风风量配风较小，下两层一次风的着火燃烧情况就会较好，下两层一次风燃烧器断面炉内温度较高，到第三层二次风断面氧浓度较低，此时第三层二次风主要满足下两层燃烧器煤中焦炭的燃烧，应补入高速大风量的二次风促使焦炭快速燃烧，使炉膛温度进一步升高；此时，若第三层二次风量不足，二次风难以进入火焰核心，焦炭燃烧会因氧浓度偏低强度减弱，炉内温度不能进一步升高，使下两层一次风煤粉焦炭燃尽率降低，引起灰渣含碳量升高。

4. 第四层二次风的影响

（1）一次风火嘴四层布置时第四层二次风的影响。当一次风四层布置时，在燃烧器上下分组的情况下，第四层二次风相当于上组燃烧器的下二次风，其配风方式本应按下二次风配风原则进行配风，但由于第四层二次风下部已有两层一次风燃烧器，上组燃烧器下部炉内温度已很高，上组燃烧器的下一风（第三层）火嘴煤粉的着火条件很好，第四层二次风此时不仅起托粉的作用，而且要考虑其部分参与上组燃烧器的下一次风（第三层）煤中焦炭燃烧，因此其风量应较大，但应控制不超过第三层二次风量；在燃烧器上下不分组的情况下，第四层二次风在第三次一次风火嘴上面，第三层一次风煤粉的着火条件更好，第四层二次风主要参与第三层一次风煤中焦炭的燃烧，此时第四层二次风应大风量、高速混入，促进第三层煤粉的焦炭燃烧，提高此处炉内温度，从而提高第三层煤粉的焦炭燃尽率，降低灰渣含碳量。

（2）一次风火嘴五层布置时第四层二次风的影响。一次风火嘴五层布置时，第四层二次风与一次风四层布置上下不分组的情况相同，此时第四层二次风应大风量、高速混入，促进第三层煤粉的焦炭燃烧，提高此处炉内温度，从而提高第三层煤粉的焦炭燃尽率，降低灰渣含碳量。

燃用着火特性差的煤种时，运行人员采用缩腰配风将第三、四层二次风减小，若减小过多，会使该区域因缺风燃烧强度减弱，炉内温度降低，导致灰渣含碳量升高。

当采用中部二次风反切时（下组燃烧器的上层二次风），该反切风量较小会使该处缺风，该反切风量较大会使该处炉内切圆减小，燃烧减弱，使该处炉内温度降低。

二次风采用水平方向分级时（二次风与一次风有一定偏转角），在一次风率、风速高时，二次风混入较晚，会使燃烧发展推迟，下部炉膛温度降低，引起炉渣含碳量升高。当偏转二次风风量较小时，炉内切圆直径减小，一次风煤粉颗粒的旋转路径缩短，在炉内停留时间减少，使灰渣含碳量升高。

对于旋流燃烧器，二次风扩展角过大，二次风与一次风混合推迟，虽会降低 NO_x 排放，但一次风煤粉着火后因得不到二次风的氧量补充，使燃烧中期强度降低，一次风煤粉射流末端二次风混合的湍动度降低，燃烧强度也会降低，从而使灰渣含碳量升高。

除最上层二次风外的其余层二次风的分配，均需大风量高速混入，才能使锅炉灰渣含碳量降低。

5. 最上层二次风的影响

当燃烧器无三次风时，最上层二次风与第四层二次风控制原则相同，应大风量、高速混入。当燃烧器有三次风时，最上层二次风量应降低，因为三次风紧挨最上层二次风，而三次风是贫粉气流，风量、风速很高，此处风量处于富余状态，且三次风的动量也很高，从风的量上完全可以满足最上层一次风煤中焦炭的燃烧，但由于三次风与最上层一次风的距离较远，最上层一次风煤粉在上升与三次风混合前处于缺风燃烧状态，为促进其尽快燃烧，需由最上层二次风补充一定风量，最上层二次风量的大小根据制粉系统运行的台数（三次风量大小）及三次风的位置进行调整。当运行下层三次风时，三次风与最上层一次风距离近一些，三次风与最上层一次风混入较快，最上层二次风量可减小；当运行上层三次风时，三次风与最上层一次风距离远一些，三次风与最上层一次风混入较晚，最上层二次风量应大一些；总体上有三次风时，最上层二次风的量要比无三次风时小。

6. 燃尽风的影响

采用燃尽风布置时，燃尽风量过大，会使主燃区风量减小，使主燃区燃烧份额降低，引起灰渣含碳量升高。

7. 三次风的影响

采用钢球磨热风送粉系统的锅炉，当三次风带粉严重时，一次风燃烧器的粉量降低，相当于上层燃烧器粉量增加、下层燃烧器粉量减少，总体使煤粉在炉膛内燃尽程度降低、停留时间减少，引起灰渣含碳量升高；当制粉系统漏风增大时，三次风速增大，带粉量也增加，三次风着火推迟，三次风中煤粉着火后在炉膛内的停留时间减少，使飞灰含碳量升高。

8. 周界风（燃料风）的影响

在一次风四周布置的二次风称为周界风（燃料风），该风的作用是在一次风着火后补充挥发分燃烧后期氧量不足、加强一次风的刚性及停用一次风火嘴的冷却。对于燃用高挥发分的煤种，由于一次风率低于燃煤挥发分，一次风不足以满足挥发分的燃烧，加入周界风可加强促进一次风煤粉挥发分的燃烧；但当燃煤挥发分较低时，一次风率大于燃煤挥发分，一次风量完全能满足挥发分燃烧需氧量，周界风的加入增大了一次风煤粉的着火热，同时周界风将回流的热烟气与一次风煤粉气流隔开，热烟气先加热周界风，一次风煤粉气流难以得到回流的热烟气的加热，一次风煤粉气流更难升高到着火温度，造成一次风煤粉气流的着火困难，引起燃烧稳定性变差，炉膛下部温度降低，最终使灰渣含碳量升高。低负荷运行时，炉膛温度偏低，射流回流的热烟气温度水平较高负荷低，因此低负荷运行时，一次风煤粉气流的着火条件比高负荷差。为使一次风煤粉气流顺利着火，希望炉内切圆直径大一些，使热烟气与燃烧器出口一次风煤粉气流近一些，加入周界风会使一次风气流刚性增强，炉内切圆减小，与强化一次风煤粉气流着火相违背，因此燃用着火特性较差的煤种时，低负荷运行时不能开周界风。传统的周界风控制方式是将周界风开度与中速磨或双进双出磨的负荷相关联，磨煤机负荷高，周界风开度大，该控制方式实际上没有考虑到磨煤机负荷与锅炉热负荷的不同。低负荷运行时，通过减少磨煤机运行台数可使运行的磨出力仍保持在较高的水平，燃煤发热量降低时，运行的磨煤机出力可能并没有降低，但此时炉膛温度已较低，若按磨煤机的出力控制周界风开度，将使一次风煤粉气流的着火稳定受到威胁，由于初期着火燃烧情况变差，灰渣含碳量会升高。

因此，周界风应按锅炉负荷、一次风率、燃煤挥发分情况进行控制。燃煤挥发分高于一次风率时，燃煤挥发分与一次风率的差值越大，周界风开度越大；燃用贫煤时，燃煤挥发分与一次风率比较接近，低负荷（70%以下）时应将周界风关闭，高负荷时可适当开启（20%以内）；当燃用的贫煤发热量很低时，一次风率必定高于燃煤挥发分，此时高负荷运行也不能开周界风。

三、切圆燃烧方式炉渣含碳量高的问题

有的切圆燃烧方式的锅炉飞灰含碳量较低，但炉渣含碳量很高，炉渣含碳量高过飞灰含碳量数倍。炉渣含碳量高往往不被重视，原因是认为炉渣含碳量虽高但炉渣份额很小，对固体未完全燃烧热损失的影响很小。事实是当炉渣含碳量高于飞灰含碳量数倍时，炉渣的量也比设计严重升高，炉渣份额由设计的10%升高到15%～20%，此时炉渣对固体未完全燃烧热损失的影响将显著增大，从表5-2的计算可以看出炉渣含碳量及

炉渣份额升高对锅炉效率的影响程度。

表 5-2　　　　　　炉渣含碳量及炉渣份额升高对锅炉效率的影响程度

项目	C_{lz}^c（%）	C_{fh}^c（%）	a_{lz}（%）	a_{fh}（%）	q_4（%）
$Q_{net,ar}=20\ 000\text{kJ/kg}$ $A_{ar}=30\%$	3	3	10	90	1.56
	10	3	10	90	1.97
	10	3	15	85	2.25
	15	3	10	90	2.30
	15	3	20	80	3.19
$Q_{net,ar}=16\ 800\text{kJ/kg}$ $A_{ar}=40\%$	3	3	10	90	2.48
	10	3	10	90	3.13
	10	3	15	85	3.57
	15	3	10	90	3.65
	15	3	20	80	5.07

由表 5-2 可以看出，炉渣份额增大后炉渣含碳量升高对固体未完全燃烧热损失的影响非常大，且煤的发热量越低，影响越大。对于燃用发热量为 20 000kJ/kg、灰分为 30% 的煤，飞灰含碳量保持 3% 不变，炉渣含碳量由 3% 增大到 15% 时，锅炉效率降低 1.63 个百分点，对应 300MW 机组供电煤耗升高 5.38g/kWh；燃用发热量为 16 800kJ/kg、灰分为 40% 的煤时，飞灰含碳量保持 3% 不变，炉渣含碳量由 3% 增大到 15% 时，锅炉效率降低 2.59 个百分点，对应 300MW 机组供电煤耗升高 8.55g/kWh。因此，应对炉渣含碳量升高给予足够的重视。

四、炉渣含碳量单独升高时的原因及对策

（1）下层燃烧器煤粉偏粗或煤粉均匀性指数低（主要是中速磨及双进双出磨）。应对方法是调整煤粉细度及改造分离器。

（2）下层二次风量小，托粉能力不足。应对方法是增大下二次风风量。

（3）下层二次风厚度不够，托粉能力不足。应对方法是对下二次风进行增大厚度改造。在下二次风改造之前，采取减小下层燃烧器粉量的办法可有效降低炉渣含碳量。

（4）燃用挥发分低的煤种时，下两层一次风之间的二次风风量过大或布置的二次风高度太大，使下两层一次风距离过大。应对方法是减小下两层一次风之间的二次风风量或取消两层一次风之间的二次风，使下两层一次风集中布置，提高下两层一次风煤粉燃烧器间的炉内温度（见图 5-2）。

（5）下层一次风燃烧器出口面积由于燃烧器改造（微油、等离子、双通道）扩大，出口风速降低。应对方法是将微油、等离子、双通道等的改造选择在第二层一次风火嘴上进行。

（6）下层二次风与下层一次风切角不一致，二次风对部分一次风无托粉作用。应对

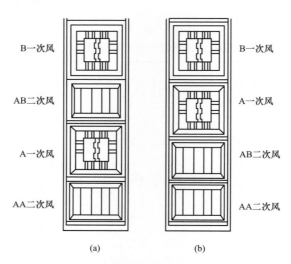

图 5-2 降低炉渣含碳量的下层燃烧器一、二次风布置方式改造

（a）改造前；（b）改造后

方法是对下层二次风切角进行改造，使之与下层一次风切角一致。

五、对冲燃烧方式炉渣含碳量高的原因

东锅对冲燃烧方式采用 HT-NR3（OPCC）燃烧器在燃用低挥发分煤种时，炉渣含碳量较高，特别是采用中速磨制粉系统时。

（一）旋流燃烧器安装同心度差

旋流燃烧器安装同心度差，二次风周向分布不均匀。应对方法是对燃烧器安装尺寸进行复核，对同心度差的燃烧器进行同心度校正。

（二）下层燃烧器风箱积灰

对冲燃烧方式下层燃烧器风箱位于自上而下的风箱末端，由于空气预热器的积灰被二次风携带后进入风道，灰粒子惯性较大，在流经中上层风道时不易被转弯的气流带进中上层二次风箱，其结果是灰粒子大部分进入下层二次风箱，风道进入风箱后为一扩口结构，灰粒子流经该扩口时减速沉降在风箱入口，随着运行时间的积累，灰在风箱内部堆积，影响靠两侧墙的燃烧器进风的均匀性（靠侧墙处进风减小），造成下层两侧墙处的燃烧器燃烧情况变差，引起炉渣含碳量升高。应对方法是在下层二次风箱设置放灰管，定期清除风箱积灰。

六、W 火焰锅炉灰渣含碳量高的原因

（一）FW 型 W 火焰锅炉灰渣含碳量高的原因

FW 型 W 火焰锅炉灰渣含碳量高的共性问题主要有以下两点：

（1）煤粉细度偏粗及煤粉均匀性指数低。

W 火焰锅炉主要用以燃用低挥发分的无烟煤，由于中速磨不适宜磨制无烟煤，因

此 W 火焰锅炉主要配置双进双出磨直吹式制粉系统及钢球磨储仓式制粉系统。随着对控制自动化水平要求的提高，W 火焰锅炉配置双进双出磨直吹式制粉系统的比例越来越高，但双进双出磨制粉系统由于其分离器在磨制掺杂软性杂物时容易堵塞及贯通，煤粉细度及煤粉均匀性指数得不到保证，容易造成 W 火焰锅炉灰渣含碳量升高。应对的方法是对分离器进行改造，解决分离器的堵塞及贯通问题。

（2）氧量指示代表性差，容易缺风燃烧。

W 火焰锅炉在宽度方向上氧量偏差较大，仅依靠尾部烟道 2～4 个氧量测点代表炉膛氧量，代表性不强。当氧量测点位置氧量较平均偏高时，按正常氧量控制会使炉膛整体风量不足，使炉内燃烧呈缺风燃烧状态，引起灰渣含碳量升高，对此应测量出锅炉不同负荷、不同燃烧器投运方式下炉膛平均氧量与代表点的偏差，对不同负荷、不同燃烧器投运方式的表盘氧量控制值进行偏差修正。

此外，FW 型 W 火焰锅炉灰渣含碳量高还有以下几点原因：

（1）一次风下冲动量不足。

W 火焰锅炉一次风下冲动量不足时，火焰较早就开始由向下运动转为向上运动，在下炉膛停留时间缩短，下炉膛由于布置有较多卫燃带，炉膛温度很高，在此空间煤粉燃尽较为容易，下冲动量减小后，本该在下炉膛燃烧掉的一部分煤粉转移到上炉膛燃烧，由于上炉膛温度远低于下炉膛，其结果是上炉膛燃尽程度下降，引起灰渣含碳量升高。

引起一次风下冲动量不足的因素有以下几点：

1）浓侧一次风速低。当乏气风挡板开度大时，乏气风量升高，使浓侧一次风速降低，造成一次风煤粉气流下冲动量减弱。

2）消旋叶片位置不合适。当浓侧一次风中消旋叶片位置不合适，浓侧一次风煤粉旋流强度较高时，浓侧煤粉气流在燃烧器出口卷吸附近的淡侧煤粉气流及二次风气流，使浓侧煤粉气流速度很快衰减，造成下冲能力减弱。

（2）燃烧器安装角度不合适。

W 火焰锅炉燃烧器安装在前后拱上，当燃烧器倾角（10°）偏大时，一次风煤粉气流由下冲改为上行提前，在下炉膛停留时间缩短，引起灰渣含碳量升高。可通过将燃烧器倾角减小，延长一次风煤粉气流在下炉膛停留时间。燃烧器的倾角保持在 5°～7° 较为合理。

（3）下炉膛高度偏小。

当下炉膛设计高度偏小时，D、E、F 风的位置与炉拱的距离减小，D、E、F 风均沿水平方向进入炉膛，均有促使一次风煤粉气流转向的作用，在 D、E、F 风的位置与炉拱的距离减小时，一次风煤粉气流转向提前，在下炉膛停留时间减少，引起灰渣含碳量升高。

（4）二次风配风的影响。

1）中间缺风状况及调整。热态试验的结果表明，W 火焰锅炉在沿炉宽方向燃烧器同一层二次风风门开度一致时，炉膛氧量表现为两头高、中间低的特征；而二次风箱从两侧进风，风压呈两端高、中间低的特征，在同样风门开度时，二次风量也是两头高、中间低，因此炉膛中间存在缺风燃烧情况。为改善炉膛中间缺风状况，同一层二次风风门的开度应调整为两头小、中间大的方式。

2）各层风的分配及调整：

A 风为拱上乏气风对应的周界二次风，该风主要在乏气中煤粉着火后补充一定量的风量，风量较大时对浓侧一次风煤粉着火有不利影响，太小时会使拱上风下冲动量不足，在燃用挥发分很低的无烟煤时，A 风挡板开度应控制在 10％～25％，燃煤挥发分越高，其开度越大。

B 风为拱上浓侧一次风对应的周界二次风，其主要作用是在浓侧一次风煤粉着火后补充部分燃烧所需氧量，该风风量较大时对浓侧一次风煤粉着火有不利影响，太小时一次风煤粉挥发分燃尽时焦炭因缺风燃烧发展受限，而且拱上风下冲动量不足，在燃用挥发分很低的无烟煤时，B 风挡板开度应控制在 10％～25％，燃煤挥发分越高，其开度越大。

C 风为油枪配风，在油枪切除后，其风门开度应控制在 10％左右。

D 风为靠拱上燃烧器最近的拱下二次风，提供煤粉焦炭燃烧所需的部分氧量，控制一次风煤粉气流的转向，该风风量大时，一次风煤粉气流的转向提前，煤粉在下炉膛停留时间减小，该层风门开度应控制在 15％～20％。

E 风为靠拱上燃烧器次近的拱下二次风，提供煤粉焦炭燃烧所需的部分氧量，该风风量大时，一次风煤粉气流的转向也会提前，煤粉在下炉膛停留时间减小，该层风门开度应控制在 15％～25％。

F 风为靠拱上燃烧器最远的拱下二次风，提供煤粉焦炭燃烧所需的大部分氧量，该风风门应保持较大开度，使风的速度较高，具有高的动量，强化风粉混合，一方面促进燃烧，使飞灰含碳量降低，另一方面有效托住下冲气流，降低炉渣含碳量。在进行宽度方向氧量偏差调整时，将 F 层风门两端开度调小、中间开度增大改善氧量宽度方向的偏差最为有效。

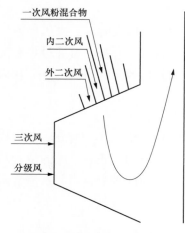

图 5-3 B＆WB 的 W 火焰锅炉燃烧器配风方式

3）F 层风射流方向改造。对于东锅生产的 W 火焰锅炉，在燃用低挥发分无烟煤时，在燃烧调整仍不能达到满意的灰渣含碳量时，可考虑对 F 层风的倾角进行改造。可将 F 层二次风的射流方向由水平改为下倾 25°，通过将 F 层二次风下倾改造，可有效延伸拱上一次风的下冲距离，延长其在下炉膛的停留时间，达到降低灰渣含碳量的目的。

（二）B＆WB 的 W 火焰锅炉灰渣含碳量高的原因

1. B＆WB 的 W 火焰锅炉燃烧器配风方式的影响

B＆WB 的 W 火焰锅炉燃烧器配风方式如图 5-3 所示。B＆WB 的 W 火焰锅炉燃烧器采用浓缩型 EI-XCL 旋流燃烧方式，旋流燃烧器也布置在前后拱上，一次风煤粉浓缩后浓侧引入拱上燃烧器，淡侧一次风引入拱下乏气风喷口，浓侧一次风率很低，为 7.5％。在浓侧一次风煤粉气流外是可调整旋流强度及风量的内二次风，在内二次风外是可调整旋流强度及风量的外二次风；在拱下布置的乏气风喷口与水平方向成 35°角下倾，在乏气风喷口下方布置有与水平方向成 25°角下倾的分级风喷口。

影响 B＆WB 的 W 火焰锅炉一次风下冲距离的因素主要是内外二次风的旋流强度及乏气风的风量。当旋流强度过大时，拱上火焰短粗，一次风煤粉气流下冲距离减小；乏气风风量增大时，拱上一次风速降低，使浓侧一次风火焰下冲距离缩短，在下炉膛停留时间缩短，引起灰渣含碳量升高，因此要对燃烧器旋流强度及乏气风开度进行调整。

2. 乏气风喷口结渣的影响

当乏气风喷口结渣时，乏气风量减少，拱上浓侧一次风煤粉浓度降低，风速增高，在旋流强度不变的情况下，拱上燃烧器浓侧煤粉气流着火性能变差，引起灰渣含碳量升高，因此乏气风喷口的冷风量要足够，乏气风喷口结渣堵塞时，有必要对乏气风冷风的风压进行重新选择，提高冷风风压，以确保燃烧器停用后对应乏气风喷口不被结渣堵塞。

（三）石子煤未完全燃烧热损失增大

石子煤未完全燃烧热损失的大小与中速磨石子煤排放率及石子煤与入磨煤的发热量比值成正比。减少石子煤未完全燃烧热损失的途径是减小石子煤排放量，降低石子煤排放率。在石子煤排放率降低时，石子煤的发热量也会降低，加速石子煤未完全燃烧热损失的减小。

1. HP 磨石子煤排放量高的原因

HP 中速磨石子煤排放量比 ZGM（MPS）高，其原因是 HP 磨的风环设计存在问题。

如图 5-4 所示，原 HP 磨风环与磨碗延伸环的固定是在风环内侧打孔用螺钉周向固定在磨碗延伸环外侧圆周上，叶轮可调罩用螺栓固定在风环外圆周上，固定风环及叶轮调节罩的螺栓容易磨损，导致风环及可调罩脱落；风环外侧节流环上面的物料在风环旋转时容易通过叶轮调节罩间隙处被甩出，形成石子煤漏入石子煤箱，而卡在间隙处的物料加剧了衬板及调节罩的磨损，衬板及调节罩磨损后间隙增大；加在风环上端面的节流环点焊处在带石子煤的气流高速冲击下容易磨损，磨损后引起节流环脱落。

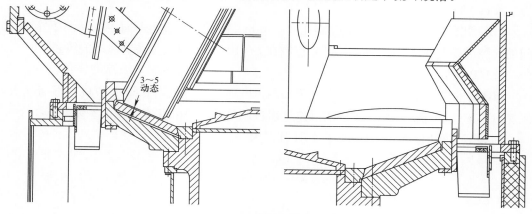

图 5-4　原 HP 磨风环结构

在节流环脱落及叶轮可调罩磨损后，可调罩与底边衬板、中间衬板之间的密封间隙进一步增大，从此间隙旁路的风量增加，使经过风环的流速降低；若节流环也存在脱落，经过风环的风速会进一步减小，造成石子煤排放量增大及石子煤发热量升高。

2. 降低 HP 磨石子煤排放率的改造

（1）改进风环与磨盘延伸环的固定方式。将风环内侧板向上延伸，在风环内侧板上端焊接向内的圆环端面，宽度与磨盘延伸环相同，在磨盘延伸环上端面及风环内侧板上端圆环端面钻孔，用螺钉将上述两端面固定。

（2）在节流环内侧至叶轮风环外侧底部加焊弧形钢板。在节流环内侧至叶轮风环外侧底部加焊材料为 65Mn、厚 15mm 的弧形钢板，使流道过渡平滑，减小阻力损失，同时避免节流环与叶轮焊接部位、叶轮调节罩固定螺栓的磨损导致的节流环、叶轮调节罩的脱落。

（3）在风环节流环上加装导流环，改变叶轮调节罩间隙气流流向。在风环处安装一个斜向上设置的导流环，导流环的底部连接在风环上部的端面节流环内侧，导流环的顶面与周向衬板顶部同高，与周向间隙保持 10mm。通过导流环来确保叶轮调节罩间隙处无物料通过，磨损减轻，叶轮调节罩与衬板下端面间隙可长期保持。

改造后的风环结构见图 5-5。

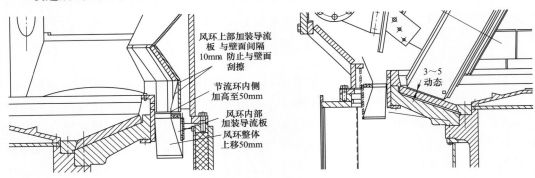

图 5-5 改造后的风环结构

3. HP 磨间隙控制

HP 磨磨辊与磨盘的间隙应控制在 3～5mm，叶轮调节罩与底边衬板及中间衬板之间的间隙应控制在 13mm 以下，最好控制在 8～10mm，以减少旁路风环的风量。

4. HP 磨节流环计算

HP 磨的风环流速应控制在 50～75m/s，风环风速过低，石子煤量将会显著增大，风速过高影响磨煤机压差。风环的风速是通过调整节流环的宽度实现的。

加装节流环后风环流通面积 F 的计算式为

$$F = \frac{Q_m}{3.6 v \rho} \quad (m^2)$$

式中 Q_m——磨煤机通风量，t/h；

v——风环风速，m/s；

ρ ——经过风环的空气密度，kg/m³。

$$\rho = 1.293 \times \frac{273}{273+t} \frac{101.3 + p_s}{101.3}$$

式中 t ——磨入口混合风温，℃；

p_s ——磨入口风压，kPa。

节流环内径为

$$r = \sqrt{\frac{F + \pi r_1^2}{\pi}} \quad (m)$$

式中 r_1 ——风环内侧外径，m。

节流环宽为

$$\Delta s = r_2 - r \quad (m)$$

式中 r_2 ——风环外侧内径，m。

中速磨的石子煤排放量并非越低越好，如原本煤中石头较多，石子煤排放量就高。石子煤发热量很低，但排放率很高，说明排出的基本是石头。若强行将石子煤排放率控制在正常水平，则需将石子磨碎，一方面石子在磨内循环次数增加后将在磨盘上浓缩，引起磨出力降低，使磨煤机单耗及磨辊、磨盘磨损速率增大，另一方面增大了入炉煤的灰分含量，引起风管、燃烧器及炉内受热面的磨损。石子煤的控制排放率应根据石子煤热损失确定。原则上以控制石子煤热损失不超过 0.3% 为限。若按此原则控制石子煤的输送不能满足要求，应对石子煤输送系统进行增容改造或对入厂、入炉煤质进行控制。

在进行入炉煤石头控制时，可采取在输煤系统加装分选装置实现，分选装置是利用煤与石头密度不同的原理将煤中石头分选出来的，使用该技术的电厂普遍反映分选效果较好，值得推广。

ZGM 磨设计的风环风速很高，磨运行中阻力较大，在磨辊磨损量正常时，石子煤排放率过低，磨辊的磨损特别严重，磨辊寿命很低，用于磨辊堆焊的费用较高，磨辊磨损后磨出力降低，煤粉细度偏粗，引起灰渣含碳量升高，因此 ZGM 磨采用过高的风环风速来降低石子煤的排放率是得不偿失的，应对 ZGM 磨风环进行降低风速的改造。

—— 第六章 ——

混 煤 掺 烧

第一节 混煤掺烧的必要性

混煤掺烧的必要性体现在以下几个方面：

（1）设计煤种供应紧张，采购不到足够数量的设计煤种，被迫掺烧非设计煤种。

（2）为降低燃煤采购成本，掺烧超出校核煤种的低质煤。

（3）为应对设备存在的问题，采用掺烧非设计煤种。如设计煤种结渣性较强，掺烧结渣性低的煤种解决锅炉结渣问题；设计为电除尘器，实际燃煤飞灰比电阻较高，除尘器效率大大降低，为满足污染物排放要求，掺烧高硫煤以降低燃煤飞灰比电阻；设计煤种挥发分较低，运行中灰渣含碳量高，影响运行的经济性，掺烧高挥发分煤种降低灰渣含碳量；设计煤种挥发分较低，低负荷燃烧不稳，掺烧高挥发分煤种解决低负荷稳燃问题等。

第二节 混煤掺烧中出现的问题

一、炉内结渣

当掺烧煤种的灰熔点温度与原燃用煤种相比降低较多时，或掺烧高硫分煤种，以及掺烧煤种在燃烧过程中与原煤种形成低灰熔点的共晶体时，将容易引起锅炉结渣。原则上掺烧低灰熔点的煤后，混煤的灰熔点下降不应超过 8％。由于混煤的灰熔点不具备加和性，有时比两种单煤都低，有时比两种单煤都高，因此掺烧时除对准备掺烧的煤种进行灰熔点测试外，还应对不同比例掺烧后的煤种进行按比例混合后的灰熔点测定，以判断掺混煤及混合后煤的结渣特性。神华煤与大同煤、兖州煤在某些锅炉上掺烧出现结渣加剧现象，原因是神华煤为高 CaO 的煤种，除与本身煤灰中形成低灰熔点共熔体外，在与高铁煤掺烧时还有多余的 CaO 与掺烧煤中的 Fe_2O_3 形成低灰熔点共熔体，从而在一定比例下出现结渣加剧的现象。应注意，神华煤与 Fe_2O_3 含量大于 7％、Fe_2O_3/CaO 大于 3 的煤比例在 20％～30％时出现结渣趋势加剧现象。掺烧高硫煤的结渣机理也是高硫煤在燃烧过程中在还原性气氛下生成低熔点的中间产物，故对于壁面还原性气氛高的锅炉不宜掺烧高硫煤。当掺烧高灰分煤种时，煤在输送过程中浓度增高，在一次风管容易沉积，引起一次风管堵管，个别管堵塞后炉内火焰出现偏斜，造成局部热负荷偏高，引起炉内结渣。

二、水冷壁高温腐蚀

在掺烧高硫煤时，炉内水冷壁容易出现高温腐蚀。燃煤硫分的高低应以折算硫分为准。燃用高硫煤时，炉内存在较高浓度的 H_2S 气体，H_2S 与炉管发生反应形成腐蚀，在壁面存在较高的 CO 浓度。炉管温度较高时，腐蚀速率加快，在进行了分离型燃尽风改造的锅炉上，由于主燃区风量不足，更易在壁面产生高的还原性气体浓度，特别是高参数的亚临界、超临界锅炉上，能在较短时间造成水冷壁破坏。

掺烧高硫煤要根据燃烧器布置的特点确定是否适合掺烧，若原燃烧器采用水平浓淡方式且一次风切圆较小，则二次风对一次风的包裹情况较好，在壁面不容易出现缺风燃烧，壁面的还原性气体浓度较低，掺烧高硫煤时不容易引起锅炉高温腐蚀，反之则容易产生高温腐蚀；对于旋流燃烧方式，如主燃烧器预混段较短，二次风扩角较大，说明二次风采用了延迟混合的分级配风方式，燃烧器火焰末端缺风燃烧严重，在侧墙壁面中部容易呈还原性气氛，掺烧高硫煤时较易出现侧墙高温腐蚀。因此，掺烧高硫煤要慎之又慎。

三、排烟温度升高

对于原来烧高挥发分煤种的锅炉，在掺烧低挥发分的贫煤或无烟煤时，由于二次风与一次风间距较近，对于掺烧后的煤种二次风的混入偏早，会造成混入初期炉内温度降低，使着火初期燃烧份额下降，而后期燃烧份额升高；或在掺混低挥发分煤种时，煤粉细度偏粗引起火焰中心抬高，引起排烟温度的升高。对此，要通过降低一次风量、提高一次风温以减少冷风掺入的比例，使空气预热器换热量增加，使空气预热器的烟气侧温降增大，以抵偿火焰中心抬高带来的排烟温度升高。

四、制粉系统爆炸及一次风管回烧

设计燃用低挥发分煤种的锅炉（贫煤及无烟煤），在掺烧高挥发分煤种时容易产生制粉系统爆炸及一次风管回烧问题。燃用低挥发分煤种时，磨煤机出口温度控制较高，贫煤磨煤机出口温度在 $90\sim130^{\circ}\text{C}$，而高挥发分的烟煤磨煤机出口温度在 $65\sim75^{\circ}\text{C}$。若采用炉前掺混的混磨方式，当掺烧高挥发分烟煤后，若磨出口温度还按原来的定值控制，将会引发制粉系统爆炸。燃用低挥发分贫煤的锅炉在采用热风送粉方式时，一次风管的煤粉混合温度在 $190\sim250^{\circ}\text{C}$ 之间，而烟煤一次风管混合后的温度应控制在 160°C 以下，掺烧烟煤后若一次风管混合物温度不降低，很容易造成一次风粉提前着火，加之挥发分提高后火焰扩张速度提高，一次风速不够时将产生一次风管回烧。对此，应在混磨的情况下，磨煤机出口温度按高挥发分的烟煤（75°C）来控制，而热风送粉的一次风混合后温度按 160°C 控制。对于热风送粉系统，应在空气预热器入口引出一根冷风管与一次风箱相连，在该冷风管上设置调门，通过冷风调门的开度调节混合器入口的风温，并在一次风煤粉混合后安装温度测点，控制煤粉混合后一次风温不超过 160°C。

五、燃烧稳定性下降，锅炉灭火

当原燃用煤种燃烧特性较好（干燥无灰基挥发分较高或发热量较高）、掺烧燃烧特性较差的煤（干燥无灰基挥发分较低或发热量较低）时，锅炉燃烧的稳定性会降低，严重者会引发锅炉灭火。锅炉设计时所采用的炉膛容积热负荷、断面热负荷、燃烧器区域热负荷、燃烧器布置方式与所采用的设计煤种相适应，设计燃用着火特性好的煤种时，炉膛容积热负荷、断面热负荷、燃烧器区域热负荷一般偏低，燃烧器区域温度也较低。当煤质下降较多以后，锅炉的原结构设计与煤质已不相适应，其原因是掺烧燃烧特性较差的煤（干燥无灰基挥发分较低或发热量较低）时，着火温度较高，煤粉气流加热到着火点所需吸收的热量较多，而供给的着火热不变时煤粉气流着火困难，必然引起燃烧不稳。因此，掺烧煤质应有一定的限制，以确保燃烧的稳定。采用分仓上煤、分磨磨制、分层送入的方法可降低掺烧低挥发分煤种带来的燃烧稳定性下降的风险。采用分仓上煤、分磨磨制、分层送入的掺烧方式时，将高挥发分煤种在下层燃烧器对应的磨煤机磨制，在下层燃烧器送入炉内，可保证锅炉底火稳定，同时将低挥发分煤种放在中上层燃烧器对应的磨煤机磨制，细度及一次风温按低挥发分煤种控制，并降低该层燃烧器一次风速，减少低挥发分煤种一次风的着火热。对于储仓式制粉系统无条件采用上述掺烧方式的锅炉，应在燃烧器下部炉膛背火侧增加卫燃带以提高炉膛下部温度，使着火热的供给质量（回流烟气的温度）提高，改善一次风煤粉气流的着火条件。

六、机组出力受限

当掺烧煤种灰分很高，使混煤的发热量大幅降低时，锅炉燃料量大幅增加，若制粉系统出力满足不了燃料量的需求时，锅炉将被迫降负荷运行；当掺烧煤种可磨性指数很低时，磨煤机出力降低，制粉系统出力满足不了燃料量的需求时，锅炉将被迫降负荷运行；当掺烧煤种灰分很高时，锅炉飞灰量增大，输灰系统出力满足不了要求时，灰无法输送到灰库，锅炉将被迫降负荷运行；当掺烧煤种硫分很高时，脱硫系统余量不足，烟气 SO_2 排放无法达到环保要求，锅炉将降出力运行。因此，应在掺烧前对掺烧煤种及掺烧份额进行详细核算，确保掺烧后机组出力不降低。

计算各种煤的掺配比例时，按以下约束条件列出方程求解：

$$X_1 V_{daf1} + X_2 V_{daf2} \geqslant V_{daf,min}$$

$$X_1 V_{daf1} + X_2 V_{daf2} \leqslant V_{daf,max}$$

$$X_1 Q_{net,ar1} + X_2 Q_{net,ar2} \geqslant Q_{net,ar,min}$$

$$X_1 A_{ar1} + X_2 A_{ar2} \leqslant A_{ar,max}$$

$$X_1 S_{ar1} + X_2 S_{ar2} \leqslant S_{ar,max}$$

$$X_1 + X_2 = 1$$

式中　X_1、X_2——掺配煤的比例。

掺配后煤的最低挥发分 $V_{daf,min}$ 主要根据炉型、燃烧器布置方式考虑锅炉的稳燃性能及燃尽性能确定；

掺配后煤的最高挥发分 $V_{\mathrm{daf,max}}$ 主要根据炉型、燃烧器布置方式考虑锅炉的汽温、结渣性能确定；

掺配后煤的最低发热量 $Q_{\mathrm{net,ar,min}}$ 主要根据制粉系统的出力确定；

掺配后煤的最高硫分 $S_{\mathrm{ar,max}}$ 主要根据脱硫系统的余量及水冷壁高温腐蚀的倾向确定；

掺配后煤的最高灰分 $A_{\mathrm{ar,max}}$ 主要根据输灰系统的输灰能力确定。

七、汽温异常及受热面壁温超限

掺烧煤种的灰分、水分及发热量的变化将导致炉膛温度的改变，掺烧煤种着火燃尽特性的变化将导致炉膛火焰中心的变化，都将使蒸发吸热及对流吸热比例发生改变，继而引起锅炉汽温特性的变化。对于汽温调节手段较好的锅炉，汽温可能仍保持正常，但对于汽温调节手段不好（如无摆动火嘴功能，或摆动机构不好用）的锅炉，掺烧后可能出现锅炉汽温异常及受热面管材壁温超限情况。因此，对于设计有火嘴摆动功能的，要使燃烧器摆动功能正常。掺烧后，还应进行配风调整，尽量使掺烧后的汽温和壁温保持正常。

八、风机运行不稳定

当掺烧煤的发热量下降较多时，燃料量显著增加，引起一次风管、烟道阻力增加，一次风机及引风机压头也随之增大，在机组负荷较低时，风机工作点原来已离失速线较近，在阻力增大以后，风机工作点有可能落到失速线以下，使风机进入不稳定区域运行，引起炉膛负压及燃烧工况不稳定，严重者 MFT 动作。

应对办法：

（1）对风机进行改造，增设防失速装置。

（2）尽量开大混合风门、热风门，减小风门节流，以降低一次风压。

第三节 混煤掺烧的燃尽问题

一、混煤的着火燃尽特性

（一）混煤的着火温度

混煤的挥发分在两种掺配煤的挥发分差别很大（烟煤和无烟煤）时，实测的挥发分低于按各组分加权的挥发分。两种煤混烧时，其挥发分的析出是非同步进行的，混煤挥发分开始析出温度与混煤中性能较优的那种煤相近，即混煤着火温度通常低于按挥发分 V_{daf} 得出的数据，如图 6-1 所示。

（二）混煤的活化能

煤的活化能代表反应物由初始稳定状态变为活化分子需要吸收的能量，比着火温度

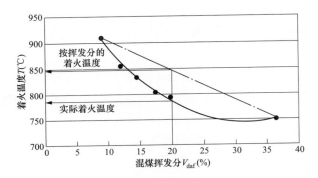

图 6-1　无烟煤和烟煤掺混后着火温度随挥发分的变化

更能从本质上表述煤的性能。图 6-2 为不同煤种在不同掺烧比例下掺混后活化能的变化。从图 6-2 中可以看出，无烟煤的活化能最高，其次为烟煤，褐煤的活化能最低。说明褐煤从初始状态到活化状态所需吸收能量最小，其着火温度最低；无烟煤从初始状态到活化状态所需吸收的能量最大，着火温度最高；烟煤着火性能介于两者之间。无烟煤随着掺入烟煤比例的增大，活化能降低，但在烟煤掺混比例超过 50% 以后，活化能的下降已不明显。当无烟煤中掺入褐煤时，活化能的变化规律与无烟煤与烟煤掺混相似。

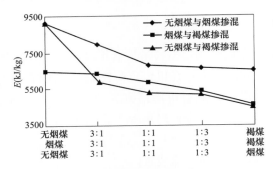

图 6-2　不同煤种在不同掺烧比例下掺混后活化能的变化

　　烟煤与褐煤活化能较为接近，当烟煤与褐煤混烧时，混煤的活化能比单一煤活化能加权平均值大，混煤的着火性能更接近烟煤。

　　从混煤的着火温度及活化能变化可以得出如下结论：在难燃煤中掺混高挥发分的煤种可改善煤的着火特性。

　　（三）混煤的燃尽特性

　　煤着火后燃烧速率越高，放出的热量越集中，越容易形成高的燃烧温度，燃烧也越稳定，在一定的炉膛停留时间内燃尽程度越高。在热天平试验中，最大失重速率表征了煤的燃烧速度。图 6-3 为不同煤种掺混后不同掺烧比例下煤最大失重率的变化趋势。

　　从图 6-3 中可以看出，无烟煤的最大失重速率最大，烟煤居中，褐煤最小。燃烧特性相差很大的无烟煤与烟煤、无烟煤与褐煤掺烧时，最大失重速率有较大幅度的减小，低于单一煤种的最大失重速率，且在某一掺烧比例时达到最小值；而燃烧特性接近的烟

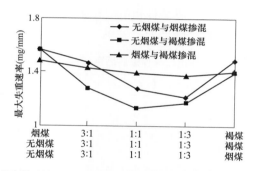

图 6-3　不同煤种掺混后不同掺烧比例下煤最大失重速率的变化趋势

煤与褐煤掺烧时，最大失重速率居于两种单一煤种的最大失重速率之间。说明燃烧特性相差较大的煤种掺混时，易燃煤种由于活性高，容易与氧反应，从而抑制了难燃煤与氧的接触与反应，且由于两者着火特性相差很大，易燃煤在较低温度下开始燃烧，而难燃煤则在较高温燃烧，这样使煤从开始燃烧到燃尽的温度范围增大，总的燃烧速度降低，引起燃尽率下降。因此，煤质燃烧特性相差很大的煤种混烧是不适宜的。

烟煤与褐煤燃烧特性接近，掺混后燃烧速度略低于单一煤种最大失重速率的加权平均值，说明性能接近的两种煤掺烧时燃烧速度呈下降趋势。

放热峰宽也能反映煤的燃烧速度，煤从开始燃烧到燃尽所需时间越短，燃烧的稳定性及燃尽性越好。图 6-4 为不同煤种掺烧时放热峰宽的变化趋势。

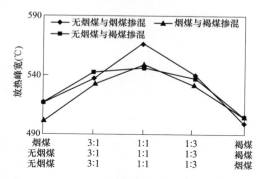

图 6-4　不同煤种掺烧时放热峰宽的变化趋势

从图 6-4 中可以看出，混煤的放热峰宽均比单一煤种的大，在一定掺烧比例时，放热峰宽达到最大值。

二、混煤的磨制特性

（一）混煤的可磨性指数

研究表明混煤的可磨性指数不是在任何情况下均为单一煤种可磨性指数的加权平均值，只有掺混的两个单一煤种的可磨性指数较为接近（HGI 相差不超过 14）时，混煤的可磨性指数才可加权平均；当掺混的两个煤种的可磨性指数差别很大时，混煤的可磨性指数低于加权平均值，且混煤的可磨性指数更接近难磨煤种。这就说明可磨性指数差别较大的煤混磨时，可磨性指数是降低的，见表 6-1。

表 6-1　　　　　不同可磨性指数煤种掺混后可磨性指数的变化

煤种	M_{ad}(%)	V_{daf}(%)	FC_{daf}(%)	A_{ad}(%)	加权平均 HGI	实测 HGI
A	1.89	8.82	91.18	14.02		59
B	0.68	16.05	83.95	15.49		94
C	1.74	18.93	81.07	14.52		108
D	0.81	36.22	63.78	37.15		92
A/C	1.19	14.65	85.35	14.80	83.5	74
B/C	0.77	18.07	82.73	16.01	101	97
A/D	0.77	19.27	82.73	21.01	75.5	63

（二）混煤磨制后的粒径偏析

可磨性指数差别很大的煤在混磨过程中会发生粒度偏析，对混磨后的煤粉样按粗细不同分类，并对其进行工业分析，然后与混合样对比，可看出混磨后不同煤粒径的偏析情况，见表 6-2。

表 6-2　　　　　　　混磨后不同煤粒径的偏析情况　　　　　　　　　（%）

煤种	M_{ad}	V_{daf}	FC_{daf}	A_{ad}
A	1.89	8.82	91.18	14.02
C	1.74	18.93	81.07	14.52
D	0.81	36.22	63.78	37.15
A/C	1.19	14.65	85.35	14.80
A/D	0.77	19.27	82.73	21.01
A/C粗	1.54	13.54	86.46	14.21
A/C细	1.68	17.28	82.72	14.12
A/D粗	0.82	16.42	83.58	17.01
A/D细	0.79	22.15	77.85	16.42

从表 6-2 中数据看出，混磨后粗粉的挥发分含量低于混合样，而细粉的挥发分含量高于混合样，说明粗颗粒中难磨的挥发分低的无烟煤占多数，细颗粒中易磨的挥发分高的烟煤占多数。这会使按混煤等效挥发分控制煤粉细度时，可磨性指数差别很大的煤混磨时，可磨性指数大的煤被磨得过细而可磨性指数小的煤磨得过粗。而无烟煤由于燃尽特性差，要求磨得更细才能使燃尽率保持在合理水平，无烟煤与烟煤混磨时这种矛盾无法避免，导致混磨掺烧时混煤中无烟煤燃尽率的降低。因此，无烟煤与烟煤混磨混烧时，燃尽率降低是由于混磨过程中粒径偏析，难磨的无烟煤细度偏粗造成的。

第四节 混煤掺烧方式的选择

一、炉外掺混、混磨混烧

该掺烧方式的掺配过程在煤场或输煤、上煤过程中进行，掺配比例容易调整，但要掺配均匀对煤场设备及输煤设备要求较高。掺配不均时容易出现诸多问题，这种掺烧方式适宜于燃烧特性及可磨性差别不大的煤种的掺烧。如可磨性指数差别很大的煤按此方式掺烧，在磨制过程中制粉系统出力降低，单耗增大；若燃烧特性及可磨性指数均差别很大的煤按此方式掺烧，由于其可磨性指数不同，可磨性指数高的煤种会被磨得过细，而可磨性指数低的煤种细度仍然偏粗，不仅制粉出力降低、单耗增大，而且会使灰渣含碳量大幅升高，引起锅炉热效率下降。因此，该掺烧方式特别不适宜跨煤种（烟煤与无烟煤、贫煤与褐煤）掺烧，最好用于同一煤种的掺烧，相邻煤种（烟煤与贫煤、烟煤与褐煤）掺烧时燃烧特性也不可差别很大（如高挥发分烟煤与低挥发分贫煤）。

二、分磨磨制，仓内掺混，炉内混烧

该掺烧方式适用于储仓式制粉系统，在上煤过程中不同的煤仓上不同的煤，在磨制完成后，煤粉在粉仓内掺混，在炉内完成混烧。由于不同煤仓上煤不同，可以避免混磨时按混煤等效挥发分控制煤粉细度时可磨性指数高的煤被磨得偏细、可磨性指数低的煤磨得偏粗的偏析及制粉系统出力降低、单耗增加问题；由于可根据不同煤的燃尽特性控制细度，不会造成难磨或燃尽特性差的煤种由于细度偏粗造成的燃尽率降低的情况出现，能够适应可磨性指数及燃烧特性差别大的煤种的掺烧。

三、分仓上煤，分别磨制、分层送入炉内掺烧

该掺烧方式适应于中速磨直吹式制粉系统、双进双出磨直吹式制粉系统及部分储仓式制粉系统。储仓式制粉系统适应的对象是相邻两层或两层半一次风管及与之相连的燃烧器位于同一粉仓。该掺烧方式除有分磨磨制、仓内掺混、炉内混烧的优点外，还可根据各层燃烧器燃煤的特点有针对性地控制各层的一次风速、风温（直吹式制粉系统）等参数，掺烧效果更好。对于储仓式制粉系统及双进双出磨直吹式制粉系统，掺烧煤种的适应性很广，如烟煤与无烟煤、烟煤与贫煤、贫煤与无烟煤；对于中速磨直吹式制粉系统，由于在磨制无烟煤时细度达不到无烟煤的要求，故不适用于无烟煤与其他煤种的掺烧。

对于混煤手段不好的电厂，可以根据设备情况选择第二种、第三种两种掺烧方式，但要求上煤管理方面有可靠的管理措施及保障手段，否则由于上煤上错仓位，不仅会使运行中锅炉效率降低，还会在运行中出现安全问题（灭火、超温、壁温超限）。

🏭 第五节　分仓上煤，分别磨制、分层送入炉内掺烧方式不同煤种送入位置的选择

一、烟煤炉型送入位置的选择

不同炉型不同的煤种掺烧时燃烧特性不同，煤种的送入位置不应相同。烟煤炉型由于上层燃烧器与屏底距离较近，在掺烧比烟煤燃尽特性差的贫煤及无烟煤时，若掺烧的燃烧特性差的贫煤或无烟煤从上层（或上组）送入，由于对于贫煤或无烟煤，燃尽距离偏小，在炉内高温环境下停留时间不够，造成炉膛火焰中心抬高，引起燃尽率降低及汽温、排烟温度升高。要使掺烧燃烧特性差的煤后锅炉效率不降低，燃烧特性差的贫煤或无烟煤应从中、下层送入，而燃尽性能好的烟煤从上层（组）送入，此时燃尽特性差的煤种在炉膛停留时间增加，不仅可以降低灰渣含碳量，而且可以保持炉膛火焰中心不升高，汽温及排烟温度的变化也较小。

烟煤炉燃烧器区域热负荷及断面热负荷较低，在采用此位置送入燃烧特性差的煤种时，燃烧的稳定性下降，低负荷运行时有灭火风险，为化解由此带来的不利影响，需降低一次风速、提高一次风温、减小中下层周界风开度，使一次风煤粉气流所需的着火热减小，同时可对下组燃烧器一、二次风布置方式进行改造，将下两层一次风集中布置，并可在下两层燃烧器以下至下层二次风下沿高度的背火侧布置适量卫燃带以提高该区域炉膛温度。

二、贫煤炉型掺烧煤种送入位置的选择

贫煤炉型掺烧无烟煤时也需将无烟煤从下组燃烧器送入，原理与烟煤炉型掺烧贫煤、无烟煤相同。贫煤炉型掺烧烟煤时，不存在燃尽及稳燃问题，从燃尽的角度出发在任何位置送入均可。掺烧烟煤从上层（组）送入，火焰中心降低较多，面临锅炉汽温降低的问题，且中上层燃烧器区域下组燃烧器的焦炭与自身高的挥发分在此位置集中燃烧放热，使该区域温度升高，容易引起炉内该区域结渣。因此，贫煤炉掺烧烟煤时，烟煤最好从中下层燃烧器送入。

🏭 第六节　混煤掺烧时的调整与控制

一、煤粉细度的调整与控制

采用混磨混烧方式时，煤粉细度按混煤中较低挥发分的煤种控制，采用分仓上煤、分磨磨制时，煤粉细度按各自的挥发分控制。不同煤种煤粉的细度按表6-3控制。

表 6-3   不同煤种煤粉细度的控制范围

项目	干燥无灰基挥发分（V_{daf}）	煤粉细度（R_{90}）
烟煤	$V_{daf}>25\%$	$R_{90}=4+0.5nV_{daf}$
劣质烟煤	$V_{daf}>20\%$，$Q_{net,ar}<16\ 500kJ/kg$	$R_{90}=4+0.35nV_{daf}$
贫煤	$10\%<V_{daf}<20\%$	$R_{90}=2+0.5nV_{daf}$
无烟煤	$V_{daf}<10\%$	$R_{90}=0.5nV_{daf}$

二、一次风速（风量）的控制

当掺烧煤种挥发分高于设计值时，适当提高一次风速（磨入口风量）；当掺烧煤种挥发分低于设计值时，适当降低一次风速（磨入口风量）。

三、磨出口温度的调整与控制

混磨混烧时，磨出口温度按挥发分高的煤种控制，分仓上煤、分层送入的掺烧方式下，根据所磨制煤种的不同，控制不同的磨出口温度，烟煤按 65～75℃控制，贫煤按95～120℃控制，无烟煤双进双出磨可最高按 150℃、最低按 100℃控制。

四、氧量的调整与控制

当掺烧煤种燃烧特性低于设计煤种时，适当提高表盘氧量；当掺烧煤种燃烧特性好于设计煤种时，适当降低表盘氧量；当设计煤种为贫煤，采用烟煤与无烟煤掺烧时，按需较高氧量的无烟煤氧量来控制。

五、二次风的调整

当掺烧煤种燃烧特性低于设计煤种时，第一层一次风与第二层一次风之间的二次风应适当减小，第二层一次风与第三层一次风之间的二次风应适当增大；当掺烧煤种燃烧特性优于设计煤种时，第一层一次风与第二层一次风之间的二次风应适当增大。

🏭 第七节 烟煤炉掺烧无烟煤改造实例

一、设备概况

某电厂 2×300MW 锅炉系东方锅炉厂设计制造的 DG 1025/18.2—Ⅱ19 型亚临界一次中间再热自然循环燃煤单炉膛汽包炉。锅炉采用平衡通风，全悬吊半露天布置，固态排渣，尾部双烟道，采用烟气挡板调节再热汽温。该锅炉主要参数见表 6-4。

表 6-4　　　　　　　　　　　　　　　　某锅炉主要参数

项　目			单位	锅炉定压运行负荷	
				MCR	ECR
锅炉参数		过热蒸汽量	t/h	1025	889.87
		过热蒸汽出口压力	MPa	17.35	17.16
		过热蒸汽出口温度	℃	540	540
		再热蒸汽流量	t/h	846.47	741.76
		再热蒸汽进口压力	MPa	3.93	3.48
		再热蒸汽出口压力	MPa	3.76	3.32
		再热蒸汽进口温度	℃	327.4	314.3
		再热蒸汽出口温度	℃	540	540
		给水温度	℃	280.4	271.2
锅炉计算效率			%	92.56	92.66
省煤器出口过量空气系数				1.2	1.2
空气预热器进口风温			℃	20	20
空气预热器出口一次风温度			℃	251.4	239.8
空气预热器出口二次风温度			℃	330.2	327.1
空气预热器出口烟气温度			℃	125.4	124.7

原设计燃用湖南资兴矿务局和资兴市煤炭公司的劣质烟煤，煤种特性见表 6-5。

表 6-5　　　　　　　　　　　　　　　　锅炉设计煤种特性

项　目	符号	单位	设计煤种	校核煤种 1	校核煤种 2
碳	C_{ar}	%	42.73	46.71	37.78
氢	H_{ar}	%	2.63	2.87	2.54
氧	O_{ar}	%	5.43	4.50	4.58
氮	N_{ar}	%	0.79	0.78	0.79
全硫份额	$S_{t,ar}$	%	0.47	0.47	0.47
收到基水分	M_{ar}	%	7.6	7.6	7.1
空气干燥基水分	M_{ad}	%	0.84	0.81	0.90
干燥无灰基挥发分	V_{daf}	%	31.15	30.70	32.03
收到基灰分	A_{ar}	%	40.35	37.07	46.74
可磨性指数	HGI		78	75	79
收到基低位发热量	$Q_{net,ar}$	MJ/kg	16.34	17.98	14.10

锅炉炉膛断面尺寸 12.8m×12.8m，高 55m，容积热负荷 106.18kW/m³，截面热负荷 4.808MW/m²，上一次风至屏底距离 20.7m。燃烧设备采用四角布置，切向燃烧，直流摆动式煤粉燃烧器。煤粉燃烧器除顶二次风喷口和三次风喷口能上下摆动±15°外，其余各层喷口均可上下摆动±30°。风、粉气流从炉膛四角喷进炉膛后，在炉膛中心形

成一个假想切圆，假想切圆直径为 790mm，燃烧设备布置见图 6-5。

　　每角燃烧器共布置 15 层喷口，包括 5 层一次风喷口、2 层三次风喷口、1 层顶二次风（OFA）喷口、7 层二次风喷口（其中 3 层布置有燃油装置）。一次风喷口和三次风喷口四周均布置有周界风，燃烧器喷口布置见图 6-6。燃烧器风箱被隔成 15 层风室，各层风室分别向对应的一次风喷口（周界风）、三次风喷口（周界风）、二次风喷口和顶二次风（OFA）喷口单独供风。为减小运行中烟气偏差，下组燃烧器上部二次风 CC 及燃尽风 OFA 反切一定角度。煤粉燃烧器的主要设计参数见表 6-6。

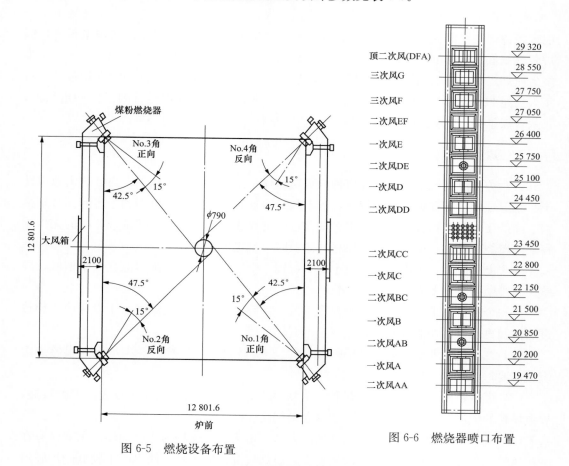

图 6-5　燃烧设备布置

图 6-6　燃烧器喷口布置

表 6-6　　　　　　　　　　　　　　　煤粉燃烧器的主要设计参数

项　　目	风速（m/s）	风温（℃）	风率（%）
一次风	26	155	17
二次风	45.0	320	46.06
三次风	50	60	24.77
周界风	26	320	8

制粉系统采用钢球磨中储式热风送粉系统，每台炉配四台型号 DTM350/700 的钢

球磨煤机。原设计煤种的煤粉细度为 $R_{90}=16.7\%$。A、B 制粉系统煤粉送入 A 煤粉仓，通过给粉机送入下两层半煤粉燃烧器，C、D 制粉系统煤粉送入 B 煤粉仓，通过给粉机送入上两层半煤粉燃烧器。

过热汽温采用三级喷水减温器调节，再热汽温采用烟气挡板调节，摆动燃烧器和再热器喷水微调减温器作为再热蒸汽温度的辅助调节手段。

二、运行情况

该厂实际燃煤种为无烟煤、贫煤、劣质烟煤，而且煤质极不稳定。由于现场不具备混煤条件，在混磨混烧时燃烧稳定性差，经常发生锅炉灭火事故且灰渣含碳量很高，锅炉效率偏低。后来电厂尝试采用分层掺烧方式，但无论是上两层半烧无烟煤、下两层半烧劣质烟煤，还是上两层半烧烟煤、下两层半烧无烟煤，锅炉运行的稳定性均很差，每年灭火达 20~30 次，严重影响机组的安全性；非但如此，锅炉运行的经济性也很差，飞灰含碳量在 10% 左右，炉渣含碳量在 15% 左右，锅炉效率低于 86%。

三、原因分析

（1）炉膛温度低。由于设计煤种为劣质烟煤，因此炉膛容积较大，而且炉内原设计不布置卫燃带，导致炉膛温度较低，既不利于保证着火稳定性，也不利于燃尽。特别是为了降低飞灰可燃物含量，在上组燃烧器投入贫煤或劣质烟煤，而把难于着火的无烟煤在下组燃烧器投入，更无法保证煤粉气流及时、稳定地着火。

由于上述原因，炉内燃烧工况不能组织到一个理想的状态，炉内温度水平偏低，导致飞灰可燃物含量偏高，燃尽不理想。

另一个不良后果就是由于炉膛温度偏低，炉膛温度出口烟气温度低于设计值，导致过热器和再热器的换热量降低，汽温达不到设计值。

一、二次风温度分别只有 305℃ 和 320℃，明显偏低，显然不能满足无烟煤燃烧组织的需要。

（2）燃尽时间短。由于设计煤种为劣质烟煤，因此炉膛横截面积较大，炉膛较矮，导致煤粉的燃尽时间偏短，飞灰可燃物含量偏高。

（3）一次风煤粉气流卷吸热烟气的能力差。由于设计煤种为劣质烟煤，东锅没有在一次风喷口处加装钝体，导致一次风卷吸高温烟气混合能力差，使得由于较低的炉膛温度造成的着火稳定性差的问题雪上加霜。

（4）一次风煤粉气流和温度较低的周界风的混合较早。一次风煤粉气流周围布置着较大量的周界风，是 ABB-CE 公司的设计特点，本来是针对着火性能较好的烟煤设计，起到推迟着火和保护喷口的作用，如图 6-7 所示。对于无烟煤，这种形式的周界风由于加强煤粉气流和温度较低的二次风的混合，阻挡了煤粉气流和温度较高的烟气的混合，因而不利于着火和燃烧。更重要的是，东锅在设计中，周界风向一次风偏转一定角度，更加剧了一次风煤粉气流和周界风的混合，恶化了着火条件。

（5）一次风煤粉气流和二次风的混合较早。一次风煤粉气流和二次风均匀地间隔布

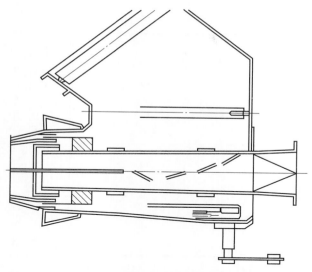

图 6-7　一次风煤粉气流和温度较低的周界风的混合示意

置，也是 ABB-CE 公司针对着火性能较好的烟煤的设计特点，起到在煤粉气流着火后及时补充氧量的作用。对于无烟煤，由于着火较晚，过早混入温度较低的二次风，只会降低煤粉气流温度，不利于煤粉气流的稳定燃烧。

（6）一次风速高。设计一次风速为 26m/s，实际运行平均一次风速达到 30m/s，远高于无烟煤、贫煤常规运行一次风速，使得着火推迟得较多，不利于煤粉气流的稳定着火。

（7）三次风速过高。由于煤质差、灰分高、制粉系统通风量偏大，导致日常运行中三次风速往往达到 70m/s 以上，不利于三次风气流的及时着火和燃尽。

（8）下组燃烧器的上部二次风 CC 反切影响燃烧的发展。下组燃烧器的上部二次风 CC 反切后，下组燃烧器在混入 CC 层二次风时，燃烧强度减弱，使下组上部炉膛温度降低，影响灰渣含碳量。

四、改造

1. 第一阶段改造

该锅炉的改造进行了两个阶段，第一阶段只进行了卫燃带改造（见图 6-8），在下组燃烧器炉膛四角敷设 100m² 卫燃带，卫燃带敷设高度从标高 18.5～23.5m（后来电厂又把卫燃带面积增加到 160m²），提高燃烧无烟煤的稳定性。

改造后试验结果表明：在炉膛增加 100m² 卫燃带改造后，在上两层半燃烧器燃用劣质烟煤和下两层半燃烧器燃烧无烟煤的掺烧运行方式下，锅炉稳燃性能得到明显改善，锅炉飞灰可燃物含量降低，经济性提高；锅炉能在 50%ECR 负荷下稳定燃烧，但锅炉存在过热蒸汽温度及再热蒸汽温度偏低、给粉不均、灰渣含碳量高、炉膛下部火焰温度低、飞灰可燃物含量高、运行经济性不理想等问题。特别是锅炉在运行中汽压波动非常

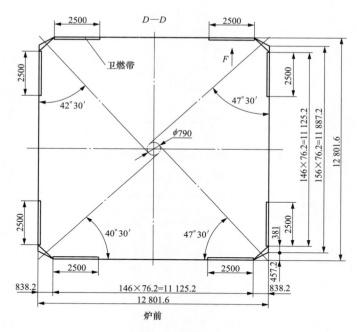

图 6-8 第一次卫燃带改造示意

大，影响锅炉的可控性和机组的经济性，锅炉仍然发生灭火事故，危及锅炉机组的安全，增加了发电成本。因此，仍需继续进一步进行燃烧系统改造。

2. 第二阶段改造

（1）增加下部燃烧区域卫燃带面积。在下部燃烧器区域标高 17.5～23.5m 范围布置 240m² 的卫燃带，以减少水冷壁吸热量，提高下部燃烧器区域炉膛温度，卫燃带的布置见图 6-9。

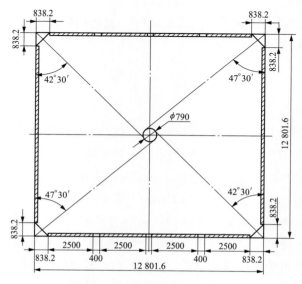

图 6-9 第二次卫燃带改造示意

（2）一次风火嘴改造。对下三层燃烧器的煤粉浓缩器进行改造，增大浓缩比，降低浓淡两侧风比，同时对喷口面积进行调整，在喷口中间设置水平钝体，将喷口面积增大11.1％，降低一次风速，使之适应无烟煤的着火稳定；保留上两层 8 个烟煤燃烧器的浓缩器，在喷口中间设置水平钝体，出口面积维持不变。通过在燃烧器出口设置水平钝体，可使一次风卷吸的高温热烟气量增加，改善一次风煤粉的着火条件。

（3）下组燃烧器二次风改造。AB、BC 两层二次风重新设计，在喷口高度方向减小其喷口面积，使这两层二次风风量减小，增大下组燃烧器一、二次风间距，推迟二次风的混合，同时使下组燃烧器相邻一次风相对集中布置；对 CC 层二次风的方向进行改造，改为与其余二次风同向的不反切方式，使该区域燃烧强度进一步增强。

（4）周界风改造。减少周界风面积，将一次风喷口向外斜翻，使周界风射流方向向外倾斜，延迟于一次风的混合。

（5）三次风的改造。增大三次风喷口面积 8.75％，降低三次风速，使三次风煤粉着火提前，同时满足了制粉系统风量的需求。

改造后燃烧器设计参数见表 6-7。

表 6-7　　　　　　　　　　　改造后燃烧器设计参数

项　目	风速（m/s）	风温（℃）	风率（％）
一次风	23/25	187.36	16.5
二次风	40.0	320	43.83
三次风	55	80	32.0
周界风	15	320	6
漏风			1.67

五、改造后的燃烧调整及运行情况

改造后下两层半燃用无烟煤，上两层半燃用劣质烟煤，燃煤分析见表 6-8。

表 6-8　　　　　　　　　　　改造后的燃煤分析

项目	M_{ar}（％）	A_{ar}（％）	V_{daf}（％）	FC_{ar}（％）	$Q_{net,ar}$（MJ/kg）
无烟煤	8.69	36.36	7.70	50.72	18.56
烟煤	5.57	54.19	32.67	27.09	12.70

改造启动后对锅炉进行了燃烧调整试验，通过改变 A、B 制粉系统的煤粉细度，发现下两层煤粉细度对锅炉运行的经济性影响很大，随着 A、B 煤粉细度变粗，灰渣含碳量大幅升高，见表 6-9。

表 6-9 煤粉细度调整结果

项目	工况 1	工况 2
锅炉负荷（t/h）	899.7	953.1
A 粉仓 R_{90}（t/h）	7.89/7.09	11.44
B 粉仓 R_{90}（t/h）	7.09	17.4
表盘氧量（%）	3.67	4.11
飞灰含碳量（%）	4.83	7.46
炉渣含碳量（%）	8.21	3.06

由于煤粉细度对锅炉运行的经济性影响很大，根据试验结果将改造后 A、B 制粉系统磨制无烟煤，煤粉细度 R_{90} 不大于 7%；C、D 制粉系统磨制劣质烟煤，煤粉细度 R_{90} 不大于 13%。在此基础上进行其余项目的燃烧调整，试验结果见表 6-10～表 6-13。

表 6-10 一次风速调整结果

项目	工况 3	工况 4	工况 5
锅炉负荷（t/h）	899.7	953.1	885.7
一次风速（m/s）	28.3	26.8	25.8
表盘氧量（%）	3.67	4.34	4.17
飞灰含碳量（%）	4.83	3.27	4.32
炉渣含碳量（%）	8.21	4.76	3.30

表 6-11 三次风速调整结果

项目	工况 6	工况 7	工况 8
锅炉负荷（t/h）	921.8	880.9	883.4
三次风速（m/s）	59.9	55.6	51.4
表盘氧量（%）	4.10	4.10	4.16
飞灰含碳量（%）	4.96	2.60	2.99
炉渣含碳量（%）	4.26	2.88	1.63

表 6-12 二次风配风方式试验结果

项目	工况 9	工况 10	工况 11	工况 12
锅炉负荷（t/h）	921.8	945.4	933.2	865.9
配风方式	缩腰	倒塔	正塔	均等
表盘氧量（%）	4.10	4.08	4.15	3.84
飞灰含碳量（%）	4.96	3.04	5.38	4.81
炉渣含碳量（%）	4.26	1.92	3.19	4.16

表 6-13 变氧量试验结果

项目	工况 13	工况 14	工况 15	工况 16
锅炉负荷（t/h）	948.2	926.0	953.1	945.6
表盘氧量（%）	2.47	3.14	4.34	4.82
飞灰含碳量（%）	4.80	3.68	3.27	3.05
炉渣含碳量（%）	3.81	4.78	4.76	2.29
q_4（%）	4.71	3.27	2.51	2.07
q_2（%）	4.91	5.28	5.20	5.42
锅炉效率（%）	89.73	90.85	91.77	91.49

通过改造，实现了烟煤炉掺烧 50% 无烟煤安全稳定运行，消除了锅炉灭火现象，经济性得到了大幅提升，锅炉热效率提高 4% 以上。

第八节 混煤掺烧应具备的条件

电厂不同煤种掺烧需要具备以下条件：

（1）煤场要足够大，满足不同煤种分堆堆放的条件，对煤场进行区域划分，并做好标识。

（2）混磨混烧时要有足够数量的堆取料机械及配煤手段，要制定行之有效的堆煤、取煤、混煤的技术保障措施，使掺混均匀，配煤比例可控在控。

（3）要建立混煤掺烧的组织机构。

（4）采用分仓上煤时要有不同煤种上到不同煤仓的监控手段。

（5）要对混煤掺烧的各过程（不同煤种堆放是否到达指定位置，不同煤种的掺配比例是否符合规定，掺配是否均匀，不同煤种是否上到指定的煤仓）进行考核并有相应的奖惩措施。

（6）最好在磨出口增设 CO 监测装置，防止制粉系统的爆炸。

（7）对燃煤采购进行相应的考核。

—— 第七章 ——

制粉系统的经济运行

第一节 制粉系统的形式及适应性

一、钢球磨制粉系统

低速钢球磨及组成的制粉系统因对煤质的适应性强被广泛应用于褐煤以外的电站锅炉的制粉系统中，钢球磨制粉系统分为储仓式热风送粉系统和储仓式乏气送粉系统，分别参见图7-1及图7-2。储仓式热风送粉系统一般用于无烟煤、贫煤及劣质烟煤，储仓式乏气送粉系统一般用于烟煤。

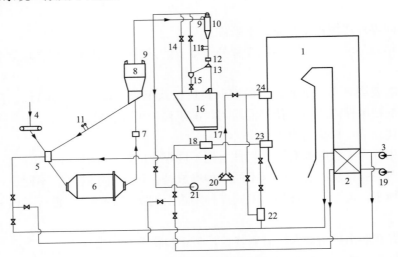

图 7-1　储仓式热风送粉系统

1—锅炉；2—空气预热器；3—送风机；4—给煤机；5—下降干燥管；6—磨煤机；7—木块分离器；
8—粗粉分离器；9—防爆门；10—细粉分离器；11—锁气器；12—木屑分离器；13—换向器；14—吸潮管；
15—螺旋输粉机；16—煤粉仓；17—给粉机；18—风粉混合器；19——一次风机；20—乏气风箱；
21—排粉风机；22—二次风箱；23—燃烧器；24—乏气喷口

二、中速磨制粉系统

中速磨制粉系统为直吹式，无中间粉仓，一般用于磨损指数 $K_e \leqslant 5.0$ 的烟煤、干燥无灰基挥发分不小于 15% 的贫煤及褐煤，其系统参见图7-3。中速磨分为 MPS（ZGM）磨、HP（RP）磨及 E 型磨。MPS 磨为轮式磨，HP（RP）磨为碗式磨，E 型磨为球环磨。

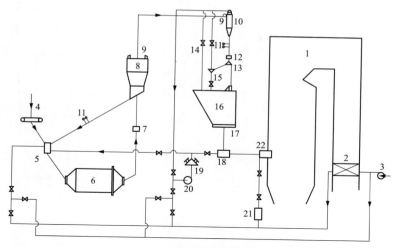

图 7-2 储仓式乏气送粉系统

1—锅炉；2—空气预热器；3—送风机；4—给煤机；5—下降干燥管；6—磨煤机；7—木块分离器；
8—粗粉分离器；9—防爆门；10—细粉分离器；11—锁气器；12—木屑分离器；13—换向器；14—吸潮管；
15—螺旋输粉机；16—煤粉仓；17—给粉机；18—风粉混合器；19—一次风箱；20—排粉风机；
21—二次风箱；22—燃烧器

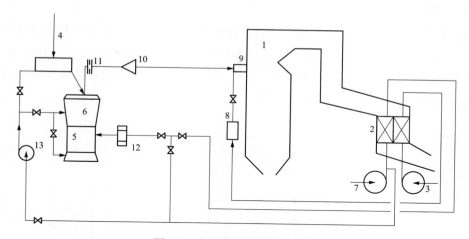

图 7-3 中速磨直吹式制粉系统

1—锅炉；2—空气预热器；3—送风机；4—给煤机；5—磨煤机；6—粗粉分离器；7—一次风机；
8—二次风箱；9—喷燃器；10—煤粉分配器；11—隔绝门；12—风量测量装置；13—密封风机

三、双进双出磨直吹式制粉系统

双进双出磨直吹式制粉系统适用于除褐煤以外的其他煤质，但由于采用直吹方式，磨的负荷与机组负荷相适应，磨煤机出力不是总在最大出力下运行，制粉系统的单耗较高，其系统见图 7-4。

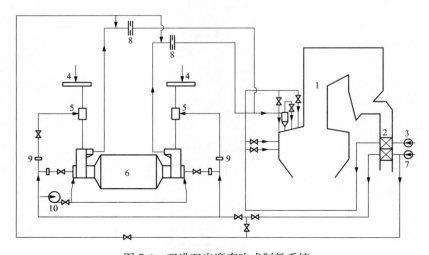

图 7-4　双进双出磨直吹式制粉系统

1—锅炉；2—空气预热器；3—送风机；4—给煤机；5—下降干燥管；6—磨煤机；

7——次风机；8—隔绝门；9—风量测量装置；10—密封风机

四、风扇磨直吹式制粉系统

风扇磨直吹式制粉系统主要用于褐煤，针对煤水分的不同，分为三介质及两介质干燥系统，分别参见图 7-5 及图 7-6。当水分不小于 40% 时，为保证燃烧的稳定，必须对乏气进行分离，将乏气引入炉膛燃烧器上部，故采用的制粉系统是带乏气分离的风扇磨三介质直吹式制粉系统，见图 7-7。

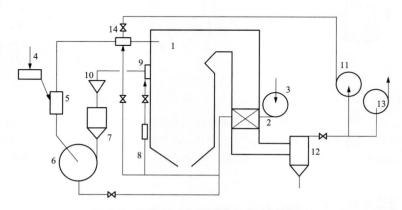

图 7-5　风扇磨三介质干燥直吹式制粉系统

1—锅炉；2—空气预热器；3—送风机；4—给煤机；5—下降干燥管；6—磨煤机；

7—粗粉分离器；8—二次风箱；9—喷燃器；10—煤粉分配器；11—冷烟风机；

12—除尘器；13—吸风机；14—烟风混合器

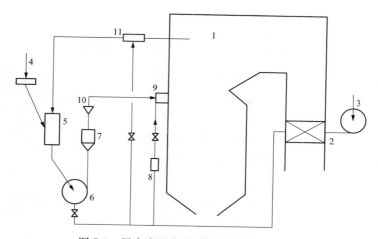

图 7-6 风扇磨两介质干燥直吹式制粉系统

1—锅炉；2—空气预热器；3—送风机；4—给煤机；5—下降干燥管；6—磨煤机；7—粗粉分离器；

8—二次风箱；9—喷燃器；10—煤粉分配器；11—烟风混合器

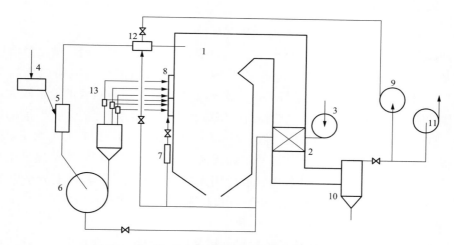

图 7-7 带乏气分离的风扇磨三介质直吹式制粉系统

1—锅炉；2—空气预热器；3—送风机；4—给煤机；5—下降干燥管；6—磨煤机；7—二次风箱；8—喷燃器；

9—冷烟风机；10—除尘器；11—引风机；12—烟风混合器；13—乏气分离装置

🏭 第二节 制粉系统的选择

一、细度的选择

1. 无烟煤对磨煤机的选择

对于无烟煤，由于挥发分低、燃尽性能差，为保证着火燃尽特性，煤粉细度一般要求为 6%～8%，中速磨及风扇磨无法达到上述细度要求，故燃用无烟煤的制粉系统只能采用钢球磨及双进双出磨。

2. 贫煤对磨煤机的选择

干燥无灰基挥发分小于15%的贫煤对煤粉细度的要求是8%～10%，中速磨及风扇磨同样不能达到要求的细度，该挥发分的贫煤的着火燃尽特性稍好于无烟煤，但仍属着火燃尽特性差的煤种，故对制粉系统的要求与无烟煤相似，只能采用钢球磨和双进双出磨。

干燥无灰基挥发分不小于15%的贫煤对煤粉细度的要求是10%～15%，钢球磨、双进双出磨及中速磨均能满足细度要求。

3. 烟煤对磨煤机的选择

烟煤对煤粉细度的要求是15%～22%，钢球磨、双进双出磨及中速磨均能满足细度要求。

4. 褐煤对磨煤机的选择

褐煤对应的煤粉细度较粗，钢球磨、双进双出磨、中速磨、风扇磨均能满足要求。

二、燃烧器布置的要求

1. 无烟煤及干燥无灰基挥发分小于15%的贫煤

无烟煤及干燥无灰基挥发分小于15%的贫煤，若采用乏气送粉，磨出口温度受轴瓦温度及防爆要求的限制一般不能超过130℃，使一次风混合后风粉混合温度也在130℃以下，加之乏气中水分含量较高，一次风加热到着火所需吸收的能量较大，同时为保证制粉系统较低的单耗，磨一般在对应钢球量的最大出力下运行，此时磨的通风量也很高，使一次风混合后煤粉浓度较低，对应的一次风速较高，两者的影响使得一次风煤粉所需的着火热较高，所以无烟煤及干燥无灰基挥发分小于15%的贫煤采用钢球磨储仓式乏气送粉时燃烧的稳定性较差。故燃用无烟煤及干燥无灰基挥发分小于15%的贫煤时，只采用钢球磨储仓式热风送粉系统和双进双出磨直吹式制粉系统。

2. 干燥无灰基挥发分不小于15%的贫煤

干燥无灰基挥发分不小于15%的贫煤，可采用中速磨、双进双出磨直吹式制粉系统及钢球磨储仓式热风送粉系统。

3. 烟煤

烟煤由于着火特性好，对乏气的送入位置无太高的要求，采用中速磨、双进双出磨直吹式制粉系统及钢球磨储仓式乏气送粉系统。

4. 褐煤

对于主要全水分不小于40%的褐煤，需采用带乏气分离的风扇磨三介质直吹式制粉系统；对于外水分不大于19%的褐煤，可采用中速磨直吹式及风扇磨直吹式系统；对于外水分大于19%的褐煤，可采用风扇磨三介质干燥直吹式系统。

三、磨煤机煤冲刷磨损指数的适应性

双进双出磨及钢球磨适应冲刷磨损指数范围很广，所有煤种均能适应，中速磨能适应冲刷磨损指数不大于 5.0 的煤种，风扇磨可以适应冲刷磨损指数不大于 3.5 的煤种。

四、防爆要求

褐煤及高挥发分的烟煤容易自燃，爆炸性高，对于系统部件多、容易沉积停留煤粉的钢球磨储仓式制粉系统，爆炸的危险性高于直吹式系统，贫煤有一定的爆炸风险，无烟煤无爆炸风险。从控制风险的角度出发，高挥发分的烟煤、褐煤应采用直吹式系统，而无烟煤、贫煤采用直吹式及储仓式制粉系统，风险均不大。

五、运行电耗

双进双出磨直吹式制粉系统运行电耗最高，钢球磨储仓式制粉系统电耗次之，中速磨直吹式制粉系统电耗较低，风扇磨直吹式制粉系统电耗最低。

六、不同煤种制粉系统的选择

综合各种因素后，不同煤种应按表 7-1 选择制粉系统的形式。

表 7-1 不同煤种制粉系统选择参照

煤种	燃煤特性					制粉系统形式
	V_{daf}（%）	IT（℃）	K_e	M_f（%）	R_{90}（%）	
无烟煤	6.5～10	800～900	不限	≤15	4～6	钢球磨储仓式热风送粉系统 双进双出磨直吹式系统
贫煤	10～15	800～900	不限	≤15	4～6	钢球磨储仓式热风送粉系统 双进双出磨直吹式系统
	15～20	700～800	＞5.0	≤15	～10	钢球磨储仓式热风送粉系统 双进双出磨直吹式系统
	15～20	700～800	＜5.0	≤15	～10	中速磨直吹式系统， 3.5＜K_e＜5.0，MPS（ZGM）中速磨直吹式系统
烟煤	20～37	500～800	＞5.0	≤15	10～20	双进双出磨直吹式系统 钢球磨储仓式乏气送粉系统
		500～800	＜5.0	≤15	10～20	中速磨直吹式系统， 3.5＜K_e＜5.0，MPS（ZGM）中速磨直吹式系统
褐煤	＞37	＜600	≤5.0	≤19	30～35	中速磨直吹式系统， 3.5＜K_e＜5.0，MPS（ZGM）中速磨直吹式系统
		＜600	≤3.5	＞19	40～50	风扇磨三介质或两介质直吹式
		＜600	≤3.5	M_t＞40	50～60	带乏气分离的风扇磨直吹式系统

对于混煤，应按着火特性较差的煤种细度要求及磨损性高煤种的对应要求选择制粉系统的形式。

第三节　磨煤机型号的选择

制粉系统中磨的型号的选择与制粉系统运行的经济性和机组出力有关，磨型号选择大时，制粉系统的备用容量较大，但运行的经济性降低；磨型号选择偏小时，对于有备用磨的，当磨出现故障时，制粉系统无备用余量，机组无法带额定负荷，对于无备用磨的，直接影响机组负荷。因此，正确选择磨煤机型号尤为重要。

一、制粉系统台数及余量

1. 直吹式制粉系统的磨煤机台数和出力

（1）当采用高、中速磨煤机时，应设备用磨煤机；200MW 及以上锅炉装设的中速磨煤机宜不少于 4 台，200MW 以下锅炉装设的中速磨煤机宜不少于 3 台，其中一台备用。

（2）当采用双进双出钢球式磨煤机时，不宜设备用磨煤机。每台锅炉装设的磨煤机宜不少于 2 台。

（3）每台锅炉装设的风扇磨煤机宜不少于 3 台，其中一台备用。

（4）当每台锅炉正常运行的风扇式磨煤机为 3 台及以上时，可有一台运行备用和一台检修备用。

（5）磨煤机的计算出力应有备用余量。

1）对于高、中速磨煤机，在磨制设计煤种时，除备用外的磨煤机总出力应不小于锅炉最大连续蒸发量时燃煤消耗量的 110％；在磨制校核煤种时，全部磨煤机检修前状态的总出力不应小于锅炉最大连续蒸发量时的燃煤消耗量。

2）对于双进双出钢球式磨煤机，磨煤机总出力在磨制设计煤种时应不小于锅炉最大连续蒸发量时燃煤消耗量的 115％；在磨制校核煤种时，应不小于锅炉最大连续蒸发量时的燃煤消耗量；当其中一台磨煤机单侧运行时，磨煤机的连续总出力宜满足汽轮机额定工况时的要求。

3）磨煤机的计算出力，对于中速磨煤机和风扇式磨煤机，按磨损中后期出力考虑；对于双进双出钢球式磨煤机，宜按制造厂推荐的钢球装载量取用。

2. 钢球式磨煤机储仓式制粉系统的磨煤机台数和出力

每台锅炉装设的磨煤机台数不少于 2 台，不设备用磨煤机。

每台锅炉装设的磨煤机按设计煤种的计算出力（大型磨煤机在最佳钢球装载量下），应不小于锅炉最大连续蒸发量时所需耗煤量的 115％；在磨制校核煤种时，也应不小于锅炉最大连续蒸发量时所需耗煤量。

当一台磨煤机停止运行时，其余磨煤机按设计煤种的计算出力应能满足锅炉不投油情况下安全稳定运行的要求。

二、磨煤机计算出力

1. 钢球磨出力计算

钢球磨出力按下式计算，即

$$B_m = B_0 \times f_{km} \times f_{gq} \times f_{mf} \times f_{tf}$$

式中 B_0——磨煤机计算标准出力，t/h；

f_{km}、f_{gq}、f_{mf}、f_{tf}——煤可磨性指数修正系数、钢球装载量修正系数、煤粉细度修正系数、通风量修正系数。

磨煤机计算标准出力已系列化，不同型号的磨煤机计算标准出力参考值按表 7-2 查取。

表 7-2   不同型号的磨煤机计算标准出力参考值

序号	型号	$V(\text{m}^3)$	$G_{max}(\text{t/h})$	ψ_{max}	ψ_{zj}	$B_0(\text{t/h})$
1	320/470	37.80	44	0.2376	0.184	20.8224
2	320/580	46.646	55	0.2406	0.184	25.8893
3	350/600	57.727	64	0.2263	0.187	30.6870
4	350/700	67.348	69	0.2273	0.187	35.8989
5	380/650	73.717	75	0.2076	0.184	37.4516
6	380/720	81.656	90	0.2249	0.184	43.5321

$$f_{km} = K_{km} \frac{S_1 S_2}{S_{ps}}$$

$$S_1 = \sqrt{\frac{M_{ar,max}^2 - M_{pj}^2}{M_{ar,max}^2 - M_{ad}^2}}$$

$$S_2 = \frac{100 - M_{pj}}{100 - M_{ar}}$$

$$M_{ar,max} = 1 + 1.07 M_{ar}$$

$$M_{pj} = \frac{M'_m + 3 M_{mf}}{4} \; (\%)$$

$$M'_m = \frac{M_{ar}(100 - M_{mf}) - 100(M_{ar} - M_{mf}) \times 0.4}{(100 - M_{mf}) - 0.4(M_{ar} - M_{mf})} \; (\%)$$

式中 K_{km}——煤的可磨性指数；

      S_1——原煤水分对可磨性指数的修正系数；

      S_2——原煤质量换算系数；

     S_{ps}——原煤粒度对可磨性指数的修正系数，按表 7-3 查取；

$M_{ar,max}$——原煤收到基最大水分，%；

    M_{pj}——磨筒体平均水分，%；

    M_{mf}——煤粉水分，%；

$M'_{\rm m}$——磨入口水分，%。

表 7-3   原煤粒度对可磨性指数的修正系数 $S_{\rm ps}$

$R_{5.0}$（%）	10	15	20	25	30	35	40
$S_{\rm ps}$	0.92	0.966	0.994	1.024	1.046	1.066	1.08
$R_{5.0}$（%）	45	50	55	60	65	70	75
$S_{\rm ps}$	1.094	1.108	1.114	1.128	1.136	1.148	1.156

注 $R_{5.0}$ 为原煤在筛孔尺寸为 5mm×5mm 的筛子上的筛余量。

$f_{\rm gq}$ 与磨钢球系数 ψ 和该磨的最大磨钢球系数 $\psi_{\max}$ 的比值相关，可按表 7-4 查取。

表 7-4 $f_{\rm gq}$ 取值参照

$\psi/\psi_{\max}$	0.75	0.76	0.77	0.78	0.79	0.80	0.81
$f_{\rm gq}$	0.8415	0.8482	0.8549	0.8615	0.8681	0.8747	0.8812
$\psi/\psi_{\max}$	0.82	0.83	0.84	0.85	0.86	0.87	0.88
$f_{\rm gq}$	0.8877	0.8942	0.9007	0.9071	0.9135	0.9198	0.9262
$\psi/\psi_{\max}$	0.89	0.90	0.91	0.92	0.93	0.94	0.95
$f_{\rm gq}$	0.9325	0.9387	0.9450	0.9512	0.9574	0.9636	0.9697
$\psi/\psi_{\max}$	0.96	0.97	0.98	0.99	1.00		
$f_{\rm gq}$	0.9758	0.9819	0.9880	0.9940	1.000		

注   表中 ψ、$\psi_{\max}$ 分别为磨煤机实际钢球系数和最大钢球系数。

$$\psi = \frac{G}{4.9V}$$

式中 G——钢球装载量，t；

V——磨筒体体积，$\rm m^3$。

$f_{\rm mf}$ 与煤粉细度有关，按表 7-5 查取。

表 7-5 $f_{\rm mf}$ 取值参照

R_{90}（%）	5	6	7	8	9	10	11
$f_{\rm mf}$	0.9182	0.9475	0.9746	1.000	1.0242	1.0473	1.0697
R_{90}（%）	12	13	14	15	16	17	18
$f_{\rm mf}$	1.0914	1.1126	1.1334	1.1538	1.1740	1.1939	1.2136
R_{90}（%）	19	20	21	22	23	24	25
$f_{\rm mf}$	1.2332	1.2527	1.2722	1.2916	1.3109	1.3303	1.3498
R_{90}（%）	26	27	28	29	30		
$f_{\rm mf}$	1.3693	1.3889	1.4086	1.4284	1.4484		

通风量对出力的修正系数 $f_{\rm tf}$ 与实际通风量与最佳通风量的比值对应，按表 7-6 查取。

表 7-6　　　　　　　　　　　　　通风量对出力的修正系数 f_{tf}

Q/Q_{zj}	0.4	0.5	0.6	0.7	0.8	0.9	1.0	1.1	1.2	1.3	1.4
f_{tf}	0.66	0.75	0.83	0.87	0.93	0.96	1.00	1.01	1.03	1.05	1.07

注　表中 Q_{zj}、Q 分别为磨煤机最佳通风量和实际通风量，m^3/h。

$$Q_{zj} = \frac{38V}{n\sqrt{D}}(1000\sqrt[3]{K_{km}} + 36R_{90}\sqrt{K_{km}} \times \sqrt[3]{\psi_{zj}})$$

式中　n——磨煤机转速，r/min；

　　　D——磨煤机筒体直径，m；

　　　ψ_{zj}——磨煤机最佳钢球系数。

2. 轮式磨 MPS（ZGM）出力计算

轮式磨（MPS、ZGM）出力按下式计算，即

$$B_m = B_0 \times f_H \times f_R \times f_M \times f_A \times f_g \times f_e$$

式中　　　　　　B_0——磨煤机对应哈氏可磨性指数为 50、煤粉细度 R_{90} 为 20%、

　　　　　　　　　　　原煤水分为 10% 的出力，也称基点出力；

f_H、f_R、f_M、f_A、f_g——哈氏可磨性指数、煤粉细度、原煤水分、灰分、粒度对出

　　　　　　　　　　　力的修正系数，对于轮式磨，$f_g = 1$；

　　　　　　　f_e——磨碾磨部件磨损后期对出力的降低系数，在磨损后期，在

　　　　　　　　　　　加载压力增大 10% 时，出力降低 5%，f_e 取 0.95。

各修正系数按下式计算，即

$$f_H = \left(\frac{HGI}{50}\right)^{0.57}$$

$$f_R = \left(\frac{R_{90}}{20}\right)^{0.29}$$

$$f_M = 1.0 + (10 - M_t) \times 0.0114$$

$M_t \leqslant 18\%$ 时，$f_A = 1.0 + (20 - A_{ar}) \times 0.005$；

当 $A_{ar} \leqslant 20\%$ 时，$f_A = 1$。

磨制全水分超过 18% 的烟煤及褐煤，其出力要通过试磨来确定。

表 7-7 和表 7-8 所示分别为沈阳重型机械集团有限责任公司（简称沈重）MPS 磨参数、北方重工业集团有限责任公司（简称北重）ZGM 磨参数。

表 7-7　　　　　　　　　　　　　　　沈重 MPS 磨参数

型号	基点出力 （t/h）	磨盘直径 （mm）	磨辊直径 （mm）	转速 （r/min）	最大通风量 （kg/s）	阻力 （Pa）	密封风量 （kg/s）
MPS180	29.12	1800	1400	27.0	14.38	6170	1.30/0.87
MPS190	34.04	1900	1500	26.2	16.75	6380	1.30/0.87
MPS200	38.86	2000	1560	25.6	18.55	6570	1.42/0.95

型号	基点出力 (t/h)	磨盘直径 (mm)	磨辊直径 (mm)	转速 (r/min)	最大通风量 (kg/s)	阻力 (Pa)	密封风量 (kg/s)
MPS212	43.81	2120	1650	24.8	21.65	6770	1.42/0.95
MPS225	50.86	2250	1750	24.1	24.74	6970	1.53/1.02
MPS245	62.65	2450	1910	23.1	31.43	7290	1.65/1.10
MPS255	69.43	2550	1980	22.6	32.98	7450	1.65/1.10
MPS265	76.56	2650	2060	22.2	37.79	7610	1.74/1.16

表 7-8 北重 ZGM 磨参数

型号	基点出力 (t/h)	磨盘直径 (mm)	磨辊直径 (mm)	转速 (r/min)	最大通风量 (kg/s)	阻力 (Pa)	密封风量 (kg/s)
ZGM95K	29.1	1900	1380	26.4	14.38	5550	1.33
ZGM95N	33.3	1900	1480	26.4	16.45	5740	1.33
ZGM95G	37.9	1900	1575	26.4	18.69	5910	1.33
ZGM113K	43.8	2250	1620	24.2	21.63	6230	1.50
ZGM113N	50.9	2250	1750	24.2	25.14	6410	1.50
ZGM113G	56.8	2250	1850	24.2	28.02	6540	1.50
ZGM123K	63.0	2450	1900	23.2	31.08	6780	1.62
ZGM123N	69.6	2450	2000	23.2	34.37	6930	1.62
ZGM133G	76.6	2650	2060	22.3	38.82	7150	1.75

3. 碗式磨（HP、RP）出力计算

碗式磨（HP、RP）出力按下式计算，即

$$B_m = B_0 \times f_H \times f_R \times f_M \times f_A \times f_g \times f_e$$

式中　B_0——磨煤机对应哈氏可磨性指数为 55、煤粉细度 R_{90} 为 23%、原煤水分为 8% 的出力（基点出力）。

对于碗式磨，$f_g = 1$；f_e 取 0.90。

各修正系数按下式计算，即

$$f_H = \left(\frac{HGI}{55}\right)^{0.85}$$

$$f_R = \left(\frac{R_{90}}{23}\right)^{0.35}$$

$$f_M = 1.0 + (12 - M_t) \times 0.0125$$

对于低热值煤，$M_t \leqslant 12\%$ 时，$f_M = 1.0$；

对于高热值煤，$f_M = 1.0 + (8 - M_t) \times 0.0125$；

$M_t \leqslant 8\%$ 时，$f_M = 1.0$。

$$f_A = 1.0 + (20 - A_{ar}) \times 0.005$$

当 $A_{ar} \leqslant 20\%$ 时，$f_A = 1$。

高热值煤与低热值煤按表 7-9 划分。

表 7-9　　高热值煤与低热值煤的划分标准

煤种	含水无矿物基热值（MJ/kg）	干燥无矿物基固定碳（%）
高热值煤	32.6～37.2	40～86
低热值煤	25.6～32.6	40～69
次烟煤	19.3～25.6	40～69
褐煤	<19	40～69

含水无矿物基热值：

$$Q = \frac{Q_{gr,ar} - 0.116S_{ar}}{100 - (1.08A_{ar} + 0.55S_{ar})} \times 100 \ (\text{MJ/kg})$$

式中　$Q_{gr,ar}$——收到基高位发热量，MJ/kg；

　　　S_{ar}——收到基中的硫含量，%。

干燥无矿物基固定碳：

$$FC_{dmmf} = \frac{FC_{ar} - 0.15S_{ar}}{100 - (M_{ar} + 1.08A_{ar} + 0.55S_{ar})} \times 100 \ (\%)$$

当所磨煤种为次烟煤及褐煤时，$M_t \leqslant 30\%$ 时，无需进行水分的修正；$M_t > 30\%$ 时，磨煤机出力取决于热平衡计算的结果。上海重型机械厂有限公司（简称上重）HP 磨参数见表 7-10。

表 7-10　　上重 HP 磨参数

型号	基点出力（t/h）	磨盘直径（mm）	磨辊直径（mm）	转速（r/min）	最大通风量（t/h）
HP823	41.8	2200	1300	38.4	62.7
HP843	44.4	2200	1300	38.4	66.6
HP863	47.1	2200	1300	38.4	70.6
HP883	49.9	2400	1400	35.0	74.8
HP903	52.8	2400	1400	35.0	79.1
HP923	55.7	2400	1400	35.0	83.6
HP943	58.8	2400	1400	35.0	88.2
HP963	62.0	2600	1500	33.0	93.0
HP983	65.3	2600	1500	33.0	98.0
HP1003	68.7	2600	1500	33.0	103.0
HP1023	72.2	2800	1600	30.0	108.3
HP1043	75.8	2800	1600	30.0	113.6
HP1063	79.5	2800	1600	30.0	119.2
HP1103	87.2	2800	1600	30.0	130.8
HP1163	99.6	3100	1800	27.7	149.4
HP1203	108.4	3100	1800	27.7	162.6

4. 双进双出磨出力计算

双进双出磨出力根据磨的哈氏可磨性指数、煤粉细度、煤粉终了水分按线算图查取，如图 7-8 所示。BBD 双进双出筒式磨煤机的基本参数见表 7-11。

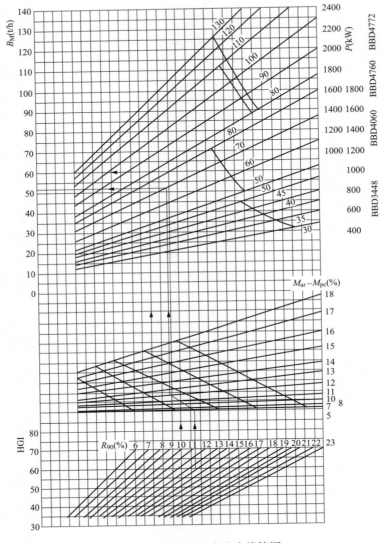

图 7-8 双进双出磨出力线算图

表 7-11   **BBD 双进双出筒式磨煤机的基本参数**

项　目	BBD 双进双出筒式磨煤机的型号规格					
	BBD3854	BBD4060	BBD4062	BBD4366	BBD4760	BBD4772
内径（mm）	3750	3950	3950	4250	4650	4650
筒长（mm）	5540	6140	6340	6740	6140	7340

项　目	BBD 双进双出筒式磨煤机的型号规格					
	BBD3854	BBD4060	BBD4062	BBD4366	BBD4760	BBD4772
双锥型分离器直径（mm）	2400	2900	2900	3050	3200	3500
磨煤机转速（r/min）	17	16.6	16.6	16	15.3	15.3
功率（kW）	1200	1400	1600	1800	2140	2550
磨机出力（t/h）	52	60	62	79	90	105

第四节　制粉系统的煤粉细度控制

一、煤粉质量的表征

制粉系统运行时要求磨制满足锅炉燃烧所需细度和出力的煤粉，储仓式系统还要求在最大出力下运行。

（1）细度的表征。采用一定筛孔尺寸的筛子进行筛分，用筛子上剩余量占总量的百分数表示细度，常用筛孔尺寸为 200、90、75 μm，对应细度分别记作 R_{200}、R_{90}、R_{75}。

国外常用 200 目通过率表示煤粉粗细程度，200 目的筛子与国内 75 μm 孔径筛子基本一致。

200 目的通过率＝$100-R_{75}$。

（2）煤粉均匀性指数 n。煤粉均匀性指数是反映煤粉粒度分布均匀性的系数，按下式计算，即

$$n=\frac{\lg\ln\dfrac{100}{R_{200}}-\lg\ln\dfrac{100}{R_{90}}}{\lg200-\lg90}$$

R_{90} 一定时，n 值越大，R_{200} 越小，表示粗粉减少；R_{200} 一定时，n 值越大，R_{90} 越大，表示细粉减少。n 值越大，煤粉粒度分布越均匀；n 值越小，煤粉粒度分布越不均匀，煤粉中过粗、过细的量比较多。

一般钢球磨制粉系统的 n 值为 1.05～1.2，一般中速磨制粉系统及双进双出制粉系统的 n 值为 0.9～1.0。

（3）煤粉细度的换算。不同的细度表示方法按下式换算，即

$$R_{x_2}=100\times\left(\frac{R_{x_1}}{100}\right)^{\left(\frac{x_2}{x_1}\right)^n}$$

（4）煤粉颗粒的平均直径。煤粉平均颗粒直径与煤粉细度及均匀性指数有关，不同细度下均匀性指数变化时煤粉颗粒的平均直径（μm）见表 7-12。

表 7-12　　　　　　不同细度下均匀性指数变化时煤粉颗粒的平均直径　　　　　　（μm）

R_{90}	n						
	0.8	0.9	1.0	1.1	1.2	1.3	1.4
10	82.68	75.84	71.64	68.97	67.25	66.16	65.48
20	128.05	112.42	102.22	95.36	90.55	87.09	84.53
30	179.68	154.33	136.41	124.03	115.26	108.83	103.98

从表 7-12 可以看出，在相同的煤粉细度下，均匀性指数降低时，煤粉颗粒的平均直径增大。

二、不同煤种对煤粉细度的要求

（一）以前的要求

考虑不同煤种煤粉的着火燃尽特性及以前煤价因素，原来不同煤种的煤粉细度按以下要求控制：

烟煤：$R_{90} = 4 + 0.5nV_{daf}$，$V_{daf} \geqslant 20\%$，$Q_{net,ar} \leqslant 16\,500kJ/kg$；

劣质烟煤：$R_{90} = 4 + 0.35nV_{daf}$，$V_{daf} \geqslant 20\%$；

贫煤：$R_{90} = 2 + 0.5nV_{daf}$，$12\% < V_{daf} \leqslant 20\%$；

无烟煤：$R_{90} = 0.5nV_{daf}$，$V_{daf} \leqslant 12\%$。

（二）目前的要求

锅炉的 NO_x 排放量随着煤粉细度变细而降低，锅炉热效率随着煤粉变细而升高。随着国家对锅炉 NO_x 排放控制越来越严格及燃煤价格的不断提高，煤粉细度也控制得越来越细，目前采用低 NO_x 燃烧器的锅炉煤粉细度统一按下式控制，即

$$R_{90} = 0.5nV_{daf}$$

三、煤粉细度的调节

（一）储仓式制粉系统煤粉细度的调整

储仓式制粉系统运行中在对应最佳钢球装载量下以最大出力运行，在煤质不变的情况下，通风量也一定，煤粉细度主要与粗粉分离器出口的挡板开度有关，通过调整挡板开度调节煤粉细度。随着挡板开度的减小，细度变细，反之煤粉变粗。

（二）中速磨煤粉细度的调整

中速磨在运行中的出力是随机组负荷变化的，相应的磨煤机风量也在变化，磨出力越大，磨通风量也越大，在出口挡板开度一定的情况下，煤粉细度随着磨出力的增大而变粗。因此，在低出力时煤粉细度合格，高出力时可能偏粗，中速磨的细度控制要达到高出力时也能合格的水平，这样低出力时细度比高出力时偏细一些，正好应对低出力对应锅炉低负荷时炉膛温度降低、煤粉着火燃尽特性变差的情况。HP863 磨细度随出力变化可参见图 7-9。

直吹式制粉系统取样存在诸多问题，使得取样的代表性不强，依据代表性较差的煤

粉样化验结果调整煤粉细度，将会使调整出现偏差。

（1）磨出力的随意性。取样时对磨煤机出力不控制，使每次取样磨出力不同，按此方法取样不能得到煤粉细度变化的趋势，因为出力不同，比较的基础不一样。

（2）取样的等速性。取样时不能保证等速取样，使粉样煤粉颗粒分布的代表性差。

等速取样就是在取样时保证取样管内压力（内压）、管外压力（外压）相等，此时取样管内工质速度与粉管内工质速度相等。在实际取样时，通过调整取样器进气量的大小，辅以观察差压计的示值是否为零来实现，参见图 7-10。

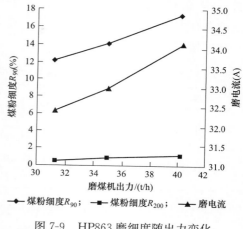

图 7-9 HP863 磨细度随出力变化

若取样管速度大于一次风管速度，取样管压力小于一次风管压力，则会在取样管嘴处造成煤粉气流的收缩现象，如图 7-11 所示，此时边缘流束中夹有的一部分粗煤粉会因惯性力的作用而脱离正在改变流向的收缩气流，因而导致煤粉样品中细粒组分增加，这样所取试样比实际煤粉细。同样地，若取样管速度低于一次风管速度，取样管压力大于一次风管压力，取样管嘴处会出现煤粉气流向四周扩张的现象，此时改变流向脱离管嘴的流束中会有部分粗煤粉受惯性力的作用冲入取样管嘴，因而增加了样品中的粗粒组分，所取试样比实际煤粉粗。

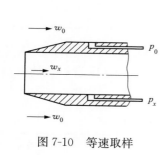

图 7-10 等速取样

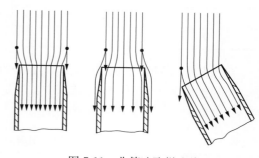

图 7-11 非等速取样流线

对于电厂的煤粉取样装置，应对其进行标定，由于取样速度主要与取样压力有关，因此对电厂取样装置的标定主要规定其取样压力，使取样时尽量接近等速。

（3）取样的煤粉管数量偏少，不能代表整个磨出口的平均粉样颗粒分布。直吹式制粉系统每台磨出口对应 4～5 根一次风管，有的厂并非每根风管都有煤粉取样装置，由于磨出口风管的煤粉量分配存在差异，偏差可达 30%，一般规律是粉量大的管对应的煤粉粗，而粉量小的管对应的煤粉细，即每根粉管的煤粉细度并不一致，如不是在每根粉管取样加权平均得出该磨的煤粉细度，则细度的代表性较差。

（4）取样位置的选取。取样位置要选择在距上游局部阻力件 5 倍粉管直径、下游阻力件 2～3 倍粉管直径以上，取样位置首先要尽量避开弯头，选择在直管段上。如距离弯头或缩孔太近，将会使取样的代表性变差。表 7-13 是一台中速磨煤粉细度随取样位置变化的情况。

表 7-13 　　　　　　　某台中速磨煤粉细度随取样位置变化的情况

项目	粉管	取样位置	R_{90}（%）	R_{200}（%）
原来取样位置	A1	距上游弯头 0.8m	0.88	0.11
	B6	距上游弯头 0.8m	3.01	0.24
变更后取样位置	A1	距上游弯头 1.8m	27.12	3.50
	B6	距上游弯头 3.7m	19.40	1.73

从表 7-13 可以看出正确选择取样位置的重要性。

（5）一次风量的控制。在相同的磨出力及分离器挡板开度下，中速磨的煤粉细度随风量的增大而变粗，因此如果磨风量偏大较多，煤粉细度会变粗，进行煤粉细度调整时首先要将风量控制在合理的范围，然后才对磨进行取样。

（三）双进双出磨煤粉细度的调整

双进双出磨出力随着容量风的增大而增加，在分离器挡板开度、料位不变的情况下，煤粉细度随磨出力的增大而变粗，见表 7-14。

表 7-14 　　　　　　　BBD4366 双进双出磨煤粉细度随出力变化趋势

磨出力（t/h）	R_{75}（%）	R_{90}（%）	R_{200}（%）
50	10.0	7.25	0.25
55	10.75	8.25	0.5
61	13.5	12.75	1.25

双进双出磨的煤粉细度还与磨的料位有关，在出力及分离器挡板开度不变的情况下，煤粉细度随着磨料位的增高而变细（见表 7-15），其原因是随着料位的升高，煤粉在磨内停留时间增加，碾磨次数增加。

表 7-15 　　　　　　　BBD4366 双进双出磨煤粉细度随料位的变化趋势

料位（Pa）	磨出力（t/h）	R_{75}（%）	R_{90}（%）	R_{200}（%）
400	50	22.8	18.3	3.1
600	50	21.2	17.4	2.9
800	50	19.4	16.6	2.8
1000	50	15.6	12.6	1.8

双进双出磨煤粉细度的调整也应在高出力下进行，同时要考虑料位的影响，料位不宜太低，也不宜太高，太高时容易堵磨，较好的料位在 650Pa 左右。

第五节　煤粉细度异常的原因分析及处理

煤粉细度异常指采用常规的调节手段，煤粉细度达不到规定要求。对于不同的磨，煤粉细度异常的原因也不同，与磨煤机分离器的结构形式有关，需根据其特点进行分析。

一、钢球磨制粉系统煤粉细度偏粗的原因分析及处理

（一）分离器内锥贯通或堵塞

钢球磨采用径向及轴向Ⅰ型分离器时，分离器内锥有回粉，内锥下部有锁气器，当锁气器被杂物缠绕时，容易出现不能回关或关闭后不能开启的情况。锁气器若被卡死在关闭位置，分离出来的粗粉将回不到磨中，在内锥筒逐渐堆积至分离器挡板高度，使分离器失去作用；若锁气器卡在开启位置，风粉由锁气器向上进入内锥筒不经分离器挡板直接至出口，同时也破坏内锥筒的流场，使分离作用减弱。两种情况均会造成煤粉偏粗。径向分离器及轴向分离器Ⅰ型分别参见图 7-12 和图 7-13。

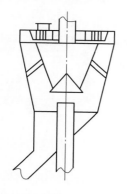

图 7-12　径向分离器

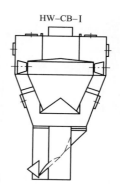

HW-CB-Ⅰ

图 7-13　轴向分离器Ⅰ型

应对内锥锁气器进行定期检查，发现锁气器卡涩及时处理。也可根据煤粉的均匀性指数的变化进行判断，发现均匀性指数严重偏低时对内锥锁气器进行检查。必要时可对分离器进行改造，换用封闭内锥的其他形式分离器。

（二）回粉管堵塞

当回粉管堵塞时，分离出来的粗粉回不到磨内重新碾磨，在外筒下部回粉筒堆积，堆积到与分离器进粉管高度时，分离出来的粗粉将重新被带出分离器，造成煤粉细度偏粗。应对粗粉分离器回粉锁气器动作情况进行检查，发现回粉锁气器不动作时，及时对堵塞的回粉管进行疏通。

二、中速磨煤粉细度偏粗的原因分析及处理

（一）落煤管破损

中速磨分离器的结构如图 7-14 和图 7-15 所示。

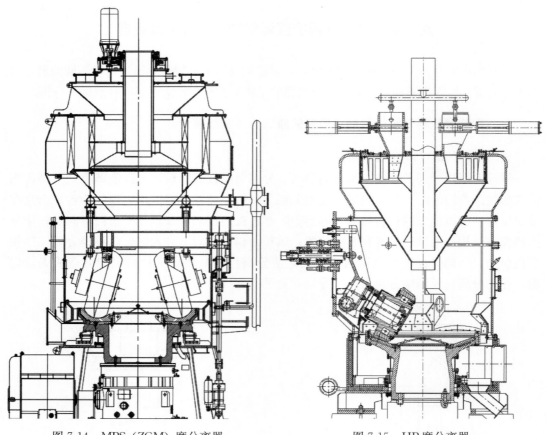

图 7-14　MPS（ZGM）磨分离器　　　　　　图 7-15　HP 磨分离器

　　MPS 磨的落煤管从分离器内锥中心进入磨内，在内锥下部有一倒锥体，内锥下部周向设置帘形锁气器，在无粉或粉量较少时，帘形锁气器依靠压差作用将倒锥体与内锥下部的环形通道封闭，当内锥粉量达到一定量时，在粉的重力作用下锁气器开启，将内锥中粗粉回到磨盘上重磨。

　　当落煤管长期运行磨烂后，煤落到磨盘上时，有部分直接从落煤管磨烂的部位进入内锥，煤的粒度较大时，这部分煤直接将倒锥体与内锥下部形成的环形通道堵塞，使分离出来的粗粉回不到磨盘上，粗粉积存后在内锥中堆积，达到分离器挡板高度后，分离器失去分离作用，造成煤粉细度偏粗。HP 磨落煤管破损后也与 MPS 磨一样，煤粉细度将会偏粗。

　　（二）锁气器帘板脱落、卡涩（MPS 磨）

　　MPS 磨的锁气器帘板脱落时，锁气器失去作用，造成内锥下部气流贯通，内锥中流场破坏，分离效率降低，部分粗颗粒煤粉分离不出来，使煤粉细度变粗。

　　锁气器帘板卡涩时，分离出来的粗粉回不到磨盘将在内锥中堆积，达到分离器挡板高度后，分离器失去分离作用，造成煤粉细度偏粗。

　　（三）内锥筒磨损穿孔

　　当内锥筒外壁无可靠防磨措施时，长期运行后，内锥筒将会磨损穿孔，部分煤粉气流直接从穿孔处进入内锥，使内锥流场破坏，分离效率降低，引起煤粉细度变粗。

针对上述原因导致的煤粉细度异常，应对办法是利用停磨机会，对分离器、落煤管、内锥筒进行检查，及时发现并处理存在的设备缺陷。

三、双进双出磨煤粉细度偏粗的原因分析及处理

双进双出磨及中速磨在运行中易出现煤粉细度逐渐变粗的问题，其原因是分离器内部出现了问题。双进双出磨及中速磨采用径向分离器分离后的粗粉经内锥体回到磨煤机，内锥体下部有锥形锁气器，煤中的软性杂物容易卡涩锁气器。锁气器若被卡死在关闭位置，分离出来的粗粉将回不到磨中，在内锥筒逐渐堆积至分离器挡板高度，使分离器失去作用；若锁气器卡在开启位置，风粉由锁气器向上进入内锥筒不经分离器挡板直接至出口，同时也破坏内锥筒的流场，使分离作用减弱。两种情况均会造成煤粉偏粗。因此，对于双进双出磨及中速磨，如发现煤粉细度明显变粗，要对分离器进行检查清理，使锁气器动作灵活，开关到位，另外软性杂物还容易缠在分离器挡板入口，堵塞挡板流道，同样会造成分离作用减弱，煤粉偏粗，因此挡板的清理也必不可少。

分离器入口挡板端部与内锥筒上端面的相对位置不合理是造成挡板入口端部挂堵杂物的原因，原结构煤粉气流由上升气流经 90°转向后从挡板端部沿水平方向进入，杂物易挂在挡板入口端，挡板入口端下部是内锥筒上端面，而挡板端部与内锥筒筒体有30~40mm 的距离，随着挡板端部杂物积聚，内锥上端面对杂物起支撑的作用，使挡板上的杂物不能脱落，另外挡板间距偏小，特别是有吊杆的间隔容易在吊杆处挂杂物，随着运行时间的积累造成堵塞；内锥锁气板要求开关灵活，但当转轴及挡板有杂物缠绕时，无法正常开关，造成运行中内锥贯通使煤粉细度偏粗。回粉管堵塞的原因是回粉管设计过细，容易堵塞，加之采用内置锁气器，堵塞以后在运行中无法疏通。

1. 双进双出磨分离器改造

（1）减少挡板入口杂物堵塞的改造措施：

1）将挡板由原来入口位置向外延长至内锥筒上端面外沿，使内锥筒上端面无法支撑积聚在挡板端部的杂物。

2）拆除内锥体与分离器顶部的吊挂杆，吊挂杆所在挡板间隔增大。内锥体采用十字抻与外锥体固定。

3）对分离器挡板的固定形式进行改进，由原螺栓固定改为螺钉固定，螺钉端部采用点焊方式防止松动，消除螺栓伸出部分挂住杂物。

4）内锥人孔取消，在内外锥体下部增设一级轴向分离挡板，对煤粉进行初级分离，减少进入上部分离挡板的煤粉及杂物数量，减轻上部分离的压力。

（2）消除回粉管及回粉锁气器堵塞的改造措施：

1）改进回粉管形式，将原方形截面改为圆形，同时加大回粉管尺寸至 $\phi350$。

2）改进回粉管锁气器形式，将原内置锁气器改为斜板外置重锤锁气器（Dg350mm），使锁气器卡住时运行中就可以处理。

2. 解决内锥锁气板卡涩及气流贯通的改造措施

内锥回粉由内锥筒下部通过 $\phi300$ 管道 45°角引出分离器筒体,然后与磨入口回粉口连接,在连接管上串接一斜板外置重锤锁气器(Dg300mm),解决内锥锁气板卡涩及气流贯通问题。

第六节　制粉系统经济运行分析及调整

一、钢球磨制粉系统经济运行分析及调整

钢球磨一般配储仓式制粉系统,钢球磨运行的特点是钢球磨及其内钢球本身重量庞大,耗用功率较大,在制粉时辅加功率较小。上述特点使得钢球磨储仓式制粉系统在出力较大时磨煤电耗较小。排粉机的电耗主要与其流量、压头及风机本身的效率有关,降低排粉机电耗主要是要在最佳钢球量下磨达最大出力的前提下降低排粉机风量、减少制粉系统阻力、提高风机运行的效率。

(一)影响制粉系统出力的因素

钢球磨储仓式制粉系统的出力是磨的研磨出力、干燥剂的携带出力、干燥剂的干燥出力及粗粉分离器分离效率同时作用的结果,其中任何一种因素的制约均会造成系统出力的降低。

1. 影响磨煤机研磨出力的因素

(1)钢球装载量的影响。钢球磨在最大钢球量以下,随着钢球量的增大,出力增大,但钢球量达到一定量以后,如继续增大钢球量,磨的出力增加缓慢,耗电量却增加较快,磨煤单耗反而增大,因此每一种磨均有一个是磨煤单耗最小的钢球量,也称最佳钢球量。采用传统衬瓦不同型号磨煤机对应计算最佳钢球量如下:

320/470 型:34.1t;

320/580 型:42t;

350/600 型:52.87t;

350/700 型:61.68t。

制粉系统调整时,首先要将钢球量调整到最佳,实际最佳钢球量可在计算最佳值附近选几个不同钢球量进行试验,试验时保持分离器挡板开度及磨出口温度不变,根据制粉电耗最低确定实际最佳钢球量。在进行电耗比较时,要将不同钢球量的磨出力换算到同一细度。

为确定实际运行磨中钢球已装载的数量,选一台磨进行不同装球量与磨电流对应关系的试验。试验时按钢球量 0、30%、50%、70%、90%计算最佳钢球量时启动磨煤机空转,稳定后记录下磨煤机电流,由此做出钢球量与电流对应关系图,可根据所做的钢球量与电流对应关系图中磨的电流得出磨中已装钢球量。

采用新的台阶形衬瓦及采用合理的球径级配,最佳钢球装载量可在原来基础上减少30%,磨煤单耗降低 20%。

（2）钢球直径配比的影响。钢球磨的钢球直径配比对磨煤机出力及球耗影响很大，小直径钢球的研磨作用强、球耗高，大直径钢球的破碎作用大、球耗低。因此，对于原煤颗粒较大的厂，大钢球比例要求大，而原煤颗粒较小的厂可适当减小大直径钢球的比例；对于煤粉细度要求较细的厂，也可减小大钢球比例。一般而言，对于烟煤，钢球的平均直径按 50mm 控制，选用 40、50、60mm 三种钢球配比，配比为 3∶4∶3；对于无烟煤和贫煤，选用 30、40、50mm 三种钢球配比，配比为 3∶4∶3，可得到较大出力及合适的煤粉细度。若小直径钢球比例过大，对煤的破碎作用减弱，使出力下降；若大直径钢球比例过大，对煤的研磨作用减小，使细度偏大。一般要求每运行 2500～3000h 对磨内钢球筛选一次，将直径小于 20mm 的小球甩出，通过添加钢球将各种钢球配比重新恢复到要求的比例。如果长时间不进行钢球筛选，小球太多，一方面会使出力下降，另一方面会使球耗上升，正常的钢球消耗一般为每吨粉 110～150g。

煤质为低挥发分煤种时，煤粉细度要求较细，当磨内钢球平均直径偏大时，钢球之间的空隙率较高，钢球表面积减小，钢球破碎能力较好，但研磨能力不足，会使煤粉细度达不到要求。应减少大直径钢球（60mm）比率，增加中小直径钢球（30～40mm）比例。

（3）钢球质量对制粉系统的影响。钢球质量不佳主要表现为两个方面，一是易碎，二是内外硬度偏差大。钢球如果破碎分成两半，将使球对煤的破碎及研磨能力迅速降低，制粉出力会显著下降。

有些钢球厂的钢球表面硬度较高，但内部硬度较低，在表层磨掉后，钢球磨损较快，导致磨内钢球质量减轻，磨电流下降，在补加钢球至原来电流后，磨内钢球体积增加，使钢球下落高度减小，球对煤的破碎能力下降，导致磨煤出力下降。因此，要利用停炉机会对磨内钢球进行检查，挑出劣质钢球，同时把好钢球质量关口，为制粉系统经济运行创造条件。质量好的钢球应内外硬度相差不大，内外磨损速率一致。

（4）可磨性指数的影响。各种煤由于成分不同，可磨性差别很大，对于可磨性指数小的煤，磨煤机的磨煤出力较小，相应制粉电耗较高；可磨性指数差别很大的两种煤混磨，其综合可磨性指数更接近可磨性指数较低的煤种，可磨性指数高的煤会被磨得过细，使磨煤机出力低于两种煤单磨时的加权出力。原煤外在水分是影响可磨性指数的一种因素，当外在水分增大时，在磨制过程中钢球的部分能量被煤的塑性变形吸收，使钢球下落对煤的砸碎能力减弱，引起磨煤机碾磨能力降低。

（5）细度的影响。不同着火燃尽特性的煤，其煤粉细度的要求不同，若煤粉细度对于燃用煤种来说控制过细，将使碾磨出力降低，因此煤粉细度的控制要按燃用煤的着火燃尽特性来控制。

市场上的煤粉筛质量参差不一，使煤粉细度化验的准确性受到影响，如果由于筛子质量较差，煤粉的真实细度减小，将使制粉系统出力降低，制粉电耗会上升。因此，要对筛子进行检验和比对，确保筛子化验的煤粉细度准确。

2. 影响制粉系统的干燥剂携带及干燥能力的因素

磨煤机的研磨能力能否成为制粉系统的出力还要取决于制粉系统的干燥剂携带及干燥能力。如果磨煤机研磨能力很高，但磨煤机筒体的干燥剂通风量不足，磨制的合格煤粉带不出来，同时筒体通风量不足时，粗颗粒的原煤主要集中分布在磨的入口，后面钢球的作用不能充分发挥，碾磨出力也会降低，所以通风量偏小时，制粉系统的出力达不到正常水平；如果干燥剂通风量很高，不但将合格的煤粉带出了筒体，同时还将超过正常量的不合格煤粉带到粗粉分离器，过量不合格煤粉经分离器分离后又返回磨内，故携带出力过大并不能增大制粉系统的出力，只是增大了无益的粗颗粒循环。这种无益循环越多，系统阻力越大，此时风量及压头的同时增大将引起排粉机电耗、单耗增加。对此，应进行通风量的调整，使系统通风量控制在最佳值附近。最佳通风量调整时，保持分离器挡板开度不变，选择在计算最佳通风量附近改变几个通风量，将制粉系统出力调整至最大，并按统一的煤粉细度换算系统出力，系统单耗最小的通风量即为最佳通风量。

保持合理通风量主要靠通过控制排粉机入口挡板门开度控制排粉机电流实现。正常运行时，要保持排粉机电流在合理范围内。锅炉负荷较低时，由于热风风压较低，排粉机电流在控制值范围取上限；在高负荷时，热风风压较高，排粉机电流在控制值范围取低限，这样可使制粉系统通风量不管在什么负荷均保持相对合理稳定。

在相同的筒体通风量下，入口干燥剂温度越高，磨入口风速越大，入口粗大煤颗粒的集中程度越低，沿程的钢球利用越充分，同时煤的外在水分失去越快，钢球下落过程中消耗在形变的能量越小，有效利用能量越大，故磨的碾磨能力也越高，带出的合格粉也越多。因此在通风量不变的情况下，提高干燥剂入口温度将使携带出力和碾磨出力同时增大。提高干燥剂入口温度可通过减小再循环风量、增加热风量的办法实现。

制粉系统再循环风门用来调节磨出入口温度及风量，长时间运行以后，易被含粉气流冲刷产生磨损，磨损后不易被发现，会造成再循环风量偏大，挤占热风份额，使干燥能力不足，磨煤机出口温度下降，导致整个系统干燥出力不足，引起系统出力降低。因此，要定期检查再循环风门的磨损情况，尤其是制粉系统在冷风门关闭严密、系统漏风不大、再循环门已全关、排粉机入口门开度比原来还大的情况下，磨出口温度仍旧偏低，此时更要重点检查。

3. 粗粉分离器对系统出力的影响

粗粉分离器是将经过磨煤机磨制后气粉混合物中粗颗粒煤粉分离出来的装置，其作用是将分离出来的粗粉送回磨煤机重新磨制，将合格煤粉送到细粉分离器。其结构的完善程度对制粉系统的经济运行影响很大。结构完善程度高的粗粉分离器具有阻力低、煤粉调节性能好、回粉中合格粉量少的特点。结构形式不完善的分离器如径向型分离器，分离器效率低，分离效率为35%~40%，早期轴向分离器分离效率一般为40%~50%，回粉中合格粉量较高，使带出的合格粉量减少，引起系统出力降低。同时，由于回到磨中的合格粉被反复研磨会增加磨研磨的负担，使用于不合格粗粉的研磨能量减弱，造成磨碾磨出力降低。采用先进的串联双轴向分离器通过降低入口速度，加装下级轴向挡板及内锥体下部结构形式优化，可大幅降低循环倍率，分离效率可提升到65%左右。

轴向分离器已经历了几代的发展，轴向分离器Ⅰ型的特征是加高分离器出口筒体高度，将分离器挡板由径向改为轴向，内锥回粉形式仍保持原来径向分离器形式；Ⅱ型的特征是在Ⅰ型的基础上将内锥封闭，取消内锥回粉，内锥下部改为倒三角锥形式；Ⅲ型的特征是将内锥下部倒三角锥形式改为倒圆台形式；串联双轴向型是在Ⅲ型的基础上增加下级轴向分离挡板，参见图 7-16。

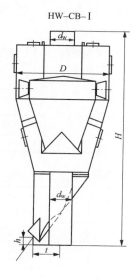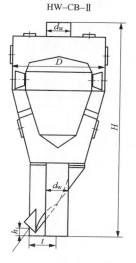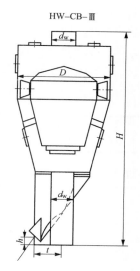

图 7-16　轴向分离器

通过将结构不合理的径向分离器及早期轴向Ⅰ型、Ⅱ型改造为串联双轴向型分离器，可大幅增大系统出力，降低制粉单耗，参见图 7-17。

分离器的尺寸对系统出力也有很大影响，分离器选小以后，制粉系统的通风量被限制，使携带出力减小，若强行增大通风量，要保证煤粉细度会造成分离器循环倍率增大，大量合格煤粉被分离出来，通过回粉管重回磨煤机，造成无益循环，降低系统出力。分离器选大后，风速偏低，挡板调节特性差，细度不易调节。因此分离器的选型一定要依据磨的可磨性指数、要求的细度及所选分离器的形式对应的容积强度确定分离器的直径。

粗粉分离器形式很多，不同形式的分离器的结构系数不同，选型时，不同形式所取的容积强度也不同，在设计选型过程中上述因素容易被忽略，使所选的分离器直径与整个系统不匹配。

分离器直径按下式确定，即

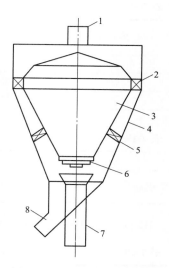

图 7-17　串联双轴向分离器
1—气粉混合物出口管；2—轴向分离挡板；3—内锥体；4—外锥体；5—分离挡板；6—锁气器；7—气粉混合物进口管；8—回粉管

$$D = \sqrt[3]{\frac{Q_{zj}}{qK}}$$

$$q = \frac{Q}{V}$$

$$V = KD^3$$

式中　Q_{zj}——制粉系统通过分离器的风量，m^3/h；

　　　K——分离器结构系数，径向型分离器结构系数取值参见表 7-16，轴向型分离器结构系数 $K = 0.789$；

　　　q——分离器容积强度，不同类型分离器容积强度选取可参照表 7-17～表 7-19；

　　　V——分离器容积，m^3。

表 7-16　　　　　　　　　　　　径向型分离器结构系数

型号	HG-CB/CF-Ⅱ	HG-CB/CF-Ⅲ	DG-CB	WG-CB/CF
结构系数	0.49	0.518	0.43	0.518

表 7-17　　　HG-CB、WG-CB 系列径向型分离器容积强度选取　　　$[m^3/(m^3 \cdot h)]$

R_{90}	$\phi2500$、$\phi2800$、$\phi3400$、$\phi3700$	$\phi4000$、$\phi4300$	$\phi4700$、$\phi5100$、$\phi5500$
6～15	1400～1800	1100～1500	950～1250
15～28	1800～2200	1500～1850	1250～1550
28～40	2200～2600	1850～2150	1550～1850

表 7-18　　　　径向型 DG-CB 系列分离器容积强度选取　　　$[m^3/(m^3 \cdot h)]$

R_{90}	$\phi2500$、$\phi2800$、$\phi3400$、$\phi3700$	$\phi4000$、$\phi4300$	$\phi4700$、$\phi5100$、$\phi5500$
6～15	1750～2250	1600～2000	1300～1600
15～28	2250～2750	2000～2400	1600～1900
28～40	2750～3250	2400～2800	1900～2200

表 7-19　　　　　　　　轴向型分离器容积强度选取　　　　　　$[m^3/(m^3 \cdot h)]$

R_{90}		4～6	6～15	15～28
容积强度	普通型	900～1100	1100～1500	1500～2000

串联双轴向型分离器的选择可参照表 7-20 进行。

表 7-20　　　　　　　串联双轴向型 TPRI-ZF 系列分离器选取

型号	最大通风量（m^3/h）		
	$R_{90}=4\%～6\%$	$R_{90}=6\%～15\%$	$R_{90}=15\%～28\%$
TPRI-3100	21 000	26 000	36 500
TPRI-3400	27 500	34 500	48 000
TPRI-3700	35 500	44 500	62 000
TPRI-4000	45 000	56 000	78 500
TPRI-4300	55 000	69 500	97 500
TPRI-4700	72 500	91 000	127 000
TPRI-5100	93 000	116 000	162 500
TPRI-5500	116 500	145 500	204 000

4. 粗粉分离器性能的评估

粗粉分离器的性能主要通过循环倍率、分离效率、煤粉细度调节系数、阻力反映。当各项指标接近最佳值时，性能较好；反之，性能较差。

制粉系统的循环倍率是分离器进口粉量与出口粉量的比值，按下式计算，即

$$K = \frac{R_{90,\text{re}} - R_{90,2}}{R_{90,\text{re}} - R_{90,1}} = \frac{R_{90,\text{re}} - 0.85R_{90}}{R_{90,\text{re}} - R_{90,1}}$$

式中　$R_{90,\text{re}}$——回粉管煤粉细度，%；

$R_{90,2}$——粗粉分离器出口煤粉细度，%；

$R_{90,1}$——粗粉分离器入口煤粉细度，%；

R_{90}——细粉分离器下煤粉细度。

不同煤种的最佳循环倍率不同，无烟煤为 3，贫煤、烟煤为 2.2。

粗粉分离器效率按下式计算，即

$$\eta_{\text{Cla}} = \eta_{\text{Cla,fi}} - \eta_{\text{Cla,cr}}$$

式中　η_{Cla}——粗粉分离器效率，%；

$\eta_{\text{Cla,fi}}$、$\eta_{\text{Cla,cr}}$——粗粉分离器细粉带出率、粗粉带出率，%。

$$\eta_{\text{Cla,fi}} = \frac{100 - R_{90,2}}{(100 - R_{90,1})K} \times 100$$

$$\eta_{\text{Cla,cr}} = \frac{R_{90,2}}{R_{90,1}K} \times 100$$

$$R_{90,2} = R_{90}\eta_{\text{Cyc}}$$

$$\eta_{\text{Cla}} = \frac{100(R_{90,1} - 0.85R_{90})}{(100 - R_{90,1})R_{90,1}K} \times 100$$

式中　η_{Cyc}——细粉分离器效率，%，取 85%。

粗粉分离器效率较高时可达 64% 左右。

通过对粗粉分离器入口煤粉、回粉及成粉进行取样，分析各自的细度，可得到循环倍率及分离器效率。

煤粉细度调节系数按下式计算，即

$$\varepsilon = \frac{R_{90,1}}{R_{90,2}}$$

ε 较佳在 5 左右，该值越高，分离器细度调节能力越强。

阻力的计算式为

$$\Delta p = p' - p'' \quad (\text{Pa})$$

式中　p'、p''——分离器进、出口静压，Pa。

较佳的分离器阻力在 800~1000Pa。

5. 制粉系统漏风的影响

储仓式制粉系统一般为负压运行方式，不严密处容易漏入冷风。当磨入口漏入冷风时，若要得到相同的干燥能力，热风量要增大，为维持磨入口负压，排粉机的出力需增

127

大，使排粉机电耗上升，同时分离器风量增大，当分离器出口挡板开度不变时，煤粉细度变粗；若仍要维持煤粉细度不变，需关小出口挡板开度，引起循环倍率升高，系统出力降低及排粉机电耗增加。若仍保持排粉机出力不变，热风量减少，干燥剂温度降低，制粉系统干燥能力下降，同时使筒体风速减小，干燥剂携带能力降低，引起系统出力下降。

磨出口至分离器入口段漏风增大以后，若保持排粉机出力不变，会使通过磨的风量减小，携带出力及干燥能力减小，系统出力降低；若增加排粉机出力，分离器风量增大，在分离器挡板开度不变时，煤粉细度变粗；若改变挡板开度维持煤粉细度不变，则循环倍率升高，同样引起系统出力降低及排粉机电耗增大。因此，制粉系统的漏风对系统的出力、细度及单耗均会带来不利影响。要对容易产生泄漏的排粉机入口门处、风粉管道转弯处的外侧、防爆风门、膨胀节、磨煤机出入口、分离器、小筛子、锁气器等处进行检查，尽力消除泄漏，给煤机观察口的盖板要关闭。对于投运时间很长的机组，粗、细粉分离器筒体存在磨穿的风险，由于外壁有保温层覆盖，穿孔不易被发现，应进入筒体进行检查，及时发现并处理筒体存在的漏风。

（二）排粉机电耗的影响因素

排粉机的电耗与排粉机的出力、压头、运行效率有关，当排粉机效率不变时，排粉机电耗与排粉机风量压头的乘积成正比；当排粉机风量压头的乘积不变时，排粉机电耗与排粉机效率成反比。排粉机单耗又与系统出力有关，排粉机功率一定时，单耗与系统出力成反比。降低排粉机单耗的途径主要是降低系统的阻力、在使系统出力最大化的同时减小排粉机出力、提高风机运行的效率。

排粉机为离心式风机，采用入口挡板调节方式，当风机选型偏大时，运行中风机入口挡板开度偏小（50%以下）时，挡板的节流较为严重，风机消耗在入口挡板上的能量较大，对此应进行减小出力的改造。

若排粉机效率较高，可通过减小叶轮直径，降低其出力，使入口调节挡板开度增大，降低调节挡板的节流损失，从而达到节电的目的。通过对运行时风量、挡板前后压差测量，重新改造后确定排粉机的风量及压头，改造后风量不小于 1.05 倍最佳通风量，压头不小于 1.1 倍对应最佳通风量时的有效压头，然后按相似原理进行改造后叶轮直径的计算，确定需切割叶轮的量。

$$\frac{H_0}{H} = \frac{Q_0^2}{Q^2} = \frac{d_0^2}{d^2}$$

$$\Delta r = \frac{1}{2}(d_0 - d)$$

式中 H_0、H——风机原设计压头和改造后预计压头，Pa；

  Q_0、Q——风机原设计流量和改造后预计流量，m^3/h；

  d_0、d——风机原设计叶轮直径和改造后叶轮直径，mm。

为使改造后的风机效率基本不变，切割量应小于 10%。若切割量大于 10%，风机效率降低较多，切割后电耗变化较小。

改造后功率变化为

$$\Delta P = P_0 - P = P_0 - \left(\frac{d}{d_0}\right)^3 P_0$$

改造后排粉机单耗的减小量为

$$\Delta e = \frac{\Delta P}{B}$$

若排粉机效率较低，同时运行中节流严重，改造时应对排粉机进行重新选型，并减小其出力。

（三）制粉系统被迫降出力运行对单耗的影响

1. 断煤的影响

给煤机断煤时，制粉系统降出力运行，制粉电耗增大。制粉系统在断煤又无法及时恢复时，要关小排粉机入口挡板门，减小排粉机功率，在来煤正常时重新将排粉机入口挡板恢复，同时给煤量要增大到比原来还大的程度，在磨出、入口差压接近正常值时，恢复到原来的给煤量，这样可以减少断煤故障造成的对制粉系统出力的下降时间，减少制粉系统运行经济性的损失。同样地，若需短时减少制粉系统出力，也应关小排粉机入口门，不要只采用开大再循环、减小热风门的运行方式，这样一方面可减少降出力时的排粉机功率，另一方面又可在降出力时得到更细的煤粉细度。

断煤主要有两方面的原因，其一是煤仓空仓，其二是煤仓落煤斗堵塞。对于空仓引起的断煤，主要是通过加强上煤量解决；对于煤仓落煤管堵塞造成的断煤，主要控制煤的水分及发生堵煤时及时疏通。

煤仓堵煤常发生在下料仓段煤斗的出口部位。当煤的含水量增加到一定值，其堵塞的概率会迅速增加。煤中水分增加，煤的团聚性急剧增大，煤在煤斗内向下流动的过程中受到仓壁的挤压力越来越大，本来松散的颗粒被挤压团聚，特征尺寸变得很大，当煤团的特征尺寸达到一定的临界值时，煤斗内部煤的流动就从整体流流动状态转变成漏斗流流动状态。而漏斗流煤斗的堵塞概率要比整体流煤斗的堵塞概率大得多。另外，潮湿的煤在下料口内仓壁上的沾污板结也使得下料口变得日益狭窄，堵塞的概率随之增加，参见图 7-18。

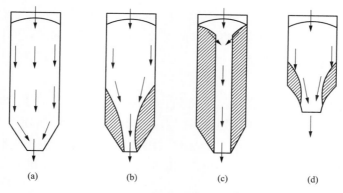

(a)	(b)	(c)	(d)

图 7-18　煤斗内煤粉的不同流态

（a）整体流；（b）漏斗流；（c）管状流；（d）扩散流

原来采取的较直接措施有加装仓壁振打器、空气炮和人工清堵等。仓壁振打器的破堵原理和人工击打相同,但振打装置若设置不当,振打器振打含水量高的煤会使其越振越密实,不能彻底解决堵煤问题,破堵效果有限。人工清堵包括通过捅煤孔捅煤、大锤敲击堵煤部位、在易堵煤处仓外设置撞钟式重锤等,缺点是耗费人力、短时间无法疏通、效果有限。

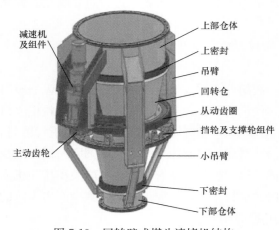

图 7-19　回转壁式煤斗清堵机结构

通过在煤仓上安装回转壁式煤斗清堵机可有效解决煤仓的堵塞问题。回转壁式煤斗清堵机由三部分组成:上部为固定仓(其上口与筒仓相连);中部为回转仓;下部为固定仓(与给煤机入口相连)。其中回转仓段处于整个物料仓的易堵段,如图 7-19 所示。

其工作原理是利用大速比减速机通过齿轮传动,驱动回转仓绕煤仓中心线转动,与仓内安装的防堵组件共同构成一个特殊的防堵清堵体系。当煤斗发生堵塞时,断煤信号触发回转壁式煤斗清堵机启动信号,回转仓体开始转动,物料和仓壁发生相对运动,此时物料在仓壁内侧无法与仓壁形成稳定的拱,发生堵塞的基础被瓦解,拱坍塌堵塞消除,进而保证整个物料仓物料呈整体流动,从根本上解决原煤仓堵煤问题。

2. 粉仓粉位不平衡的影响

一般每个粉仓对应两台磨,当其中一台磨运行时由于落粉管不在粉仓中间位置,使粉仓粉位不平衡,呈现一侧高、另一侧低的状况,为防止高的一侧粉仓冒粉,运行的磨只有停运(同时启动另一台磨)或降出力运行。启停一套制粉系统,从启动到正常运行或从正常到停运需 20min 左右,这一时间段内制粉系统不是在经济方式下运行,将使制粉系统出力降低,引起制粉单耗升高。

可按图 7-20 的方式对下粉管进行交叉改造,通过下粉管进入粉仓位置的切换解决粉仓粉位不平衡的问题,从而减少磨启停的次数,达到降低制粉单耗的目的。

(四)制粉系统的运行调整

1. 冷风门的调整

制粉系统入口冷风门用于在制粉系统发生故障、磨出口温度高于防爆规定的安全温度时紧急降温,正常运行时,不能用冷风门来调节磨出口温度。若用冷风门调节磨出口温度,相当于锅炉在炉膛漏入冷风,会导致排烟温度的升高,使锅炉排烟热损失增大,降低锅炉运行的经济性。正常调节磨出口温度应用再循环与热风门联合调节,开大再循环、关小热风门可降低磨出口温度。

采用乏气送粉的制粉系统不运行时排粉机出口温度的控制:燃用烟煤采用乏气送粉的钢球磨储仓式制粉系统,当制粉系统运行时,一般维持磨出口温度为 70℃,当制粉

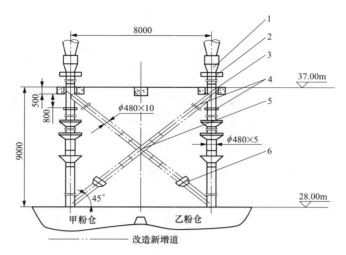

图 7-20 下粉管交叉改造示意

1—轴向分离器（局部）；2—方形木屑分离器；3—裤衩管；4—角行程电动风门；
5—弯管；6—板式锁气器

系统不运行而排粉机仍需运行维持送粉时，排粉机出口温度应维持在 145℃，这样排粉机入口掺入冷风量会减小，能显著降低排烟温度。各厂一般将排粉机出口温度维持在 70℃，此时排粉机入口掺入的冷风量很大，使排烟温度上升。

2. 低负荷时仓储式制粉系统运行方式

低负荷时一般采用三层或两层半给粉机运行，要尽量在低负荷的前半段减少给粉机运行少的粉仓对应制粉系统的运行时间，可在低负荷到来前将该粉仓保持高粉位，然后停该侧制粉系统运行，在低负荷的后半段该侧粉位较低时启动该制粉系统，将该粉仓在高负荷前保持高粉位，减少高负荷时制粉系统的运行时间，这样一方面可降低制粉电耗，另一方面考虑到了分时上网电价对全厂经济性的影响。

3. 煤质变化时制粉系统的调整控制原则

在制粉系统通风量即排粉机电流确定以后，逐渐增大给煤量，通过试验可以找出不发生堵磨的最大磨出入口差压，正常运行时采用维持这一最大压差的方法来控制给煤量。

当磨压差减小且磨出口温度基本不变时，说明煤的可磨性指数增大，煤变得较容易磨，可采用增大给煤量、关小再循环、增大热风的方法，提高出力并维持磨出入口压差、出口温度、入口负压不变。

当磨压差增大且磨出口温度不变时，说明煤的可磨性指数降低，煤变得难磨，可采用减小给煤量、增大再循环、减小热风的方法，降低出力并维持磨出入口压差、出口温度、磨入口负压不变。

当磨压差基本不变且磨出口温度下降时，说明煤中水分增大，应关小再循环，开大热风，使干燥能力提高以维持出口温度及入口负压。

当磨压差基本不变且磨出口温度上升时，说明煤中水分减小，应开大再循环，减小热风，使干燥能力减小以维持出口温度及入口负压。

机组在加负荷过程中，由于热风风压提高，磨进风量、磨出入口压差增大，磨入口负压会减小，应关小热风门，开大再循环，维持入口负压、磨出口温度及磨出入口压差不变。

在机组减负荷过程中，由于热风风压降低，磨进风量、出入口压差会减小，磨入口负压会增大，应开大热风门，减小再循环，以维持入口负压、磨出口温度及磨出入口压差不变。

二、中速磨制粉系统的经济运行分析及调整

磨煤机出力、磨入口风量及一次风机风压决定中速磨制粉系统的运行电耗水平，因此要使中速磨制粉系统经济运行，必须提高磨煤机出力，保持一次风机合理的风量，降低一次风机出口风压。

（一）中速磨出力低的影响因素及对策

1. 加载压力偏低

中速磨加载压力偏低时，磨的研磨能力不足，使磨出力减小。加载压力低表现为磨电流偏小。应通过加载压力调整使出力恢复正常。

2. 磨辊磨损

磨辊磨损后期，研磨能力降低，使磨出力减小。应对磨辊使用周期进行统计或对磨辊磨损情况进行定期检查，对磨损后期的磨辊及时更换。

3. 煤粉偏细

煤粉偏细，使合格的煤粉经分离后重新回到磨内的比例增大，使磨的循环倍率增大，能带出细度合格的煤粉量减小，引起磨出力下降。应对煤粉细度定期取样化验，发现煤粉偏细时，及时调整分离器挡板开度。

4. 个别磨辊不转

当个别磨辊卡涩不转时，磨的研磨能力降低，使磨出力减小。个别磨辊卡涩表现为磨煤机电流明显降低。对磨电流降低明显的磨进行磨辊检查，消除磨辊缺陷。

5. 通风量偏小

磨通风量偏小时，无法将磨出的合格煤粉带出研磨空间，粉在磨内积存使磨内存煤量增加，使磨出力降低。磨通风量偏小表现为磨出口风压、磨出口温度（或冷风门开度小）偏低。应通过调整磨入口风量，增大携带能力，使磨出力恢复正常。

6. 磨辊与磨盘间隙偏大

磨辊与磨盘间隙太大时，加载力会减小，使磨研磨能力降低，引起磨出力下降。因此，磨辊与磨盘间隙应按要求调整到设计状态。

7. 煤的可磨性指数减小

当煤中矸石或石头较多时，若不能通过石子煤排放系统排出（风环风速较高，如ZGM磨），石子煤将在磨内浓缩，将磨辊垫起，使研磨煤的能力降低，造成磨出力下降。应设法通过煤的采购限制煤中石头和矸石数量，或对风环进行改造，加大石子煤排

放量。

8. 风环磨损

当中速磨风环为固定形式时，风进口侧风压高，另一侧风压低。风压高的一侧进风量大，另一侧进风量小，使风进口侧磨损严重而另一侧磨损轻微，风环不均匀磨损后，磨周向进风量更加不均匀，磨损严重处进风量进一步增大，磨损轻微侧进风量进一步减小，造成进风量小的一侧带粉能力变差，引起磨出力降低。应对磨损严重的固定风环及时更换或将固定风环改造为旋转风环。采用旋转风环的磨出力将比固定新风环的磨出力增大 10%，而固定风环磨损后期比新风环的出力降低 10%。

9. 原煤水分增大

中速磨对原煤水分的适应性比其他磨差，要求入炉煤水分不高于 15%，当原煤水分较大时，煤较易塑性变形，磨制过程中有较多能量消耗在煤的塑性变形上，使磨的出力降低。因此，要对中速磨入炉煤的水分进行控制。

10. 掺入难磨的煤混磨

中速磨掺混无烟煤或断口较整齐的煤种时，由于其滑动摩擦力小，进入磨内的煤磨辊不易咬住，在旋转离心作用下很容易不经碾压被甩到风环处，使磨辊对煤的研磨能力降低，引起磨出力下降。此种效应以 HP 磨最为严重，因此 HP 磨不能掺混无烟煤及断口较整齐的煤种，ZGM 磨对无烟煤或断口较整齐的煤种的适应性好于 HP 磨，但掺入无烟煤或断口较整齐的煤种比例高时，磨出力也会大幅降低。哈氏可磨性指数测定时采用的研磨方式与中速磨不同，因此哈氏可磨性指数不能完全代表煤在中速磨中的可磨性。对于无烟煤，哈氏可磨性指数在中速磨磨制时的代表性较差。

（二）一次风机电耗高的原因及对策

1. 磨出力低，磨运行台数增加

磨出力偏低时，磨运行台数增加，一次风量随之增大，一次风机出口风压增高，使一次风机电耗水平升高。应对磨煤机进行检修或调整，提高磨煤机出力。在满足锅炉负荷的前提下，应尽量提高磨的出力，减少磨运行台数。

2. 燃煤发热量低，磨运行台数增加

当燃煤发热量低时，磨运行台数增加，一次风量随之增大，一次风机出口风压增高，使一次风机电耗水平升高。可对燃煤发热量进行控制。

3. 磨入口风量大

磨入口风量大时，一次风机风量及出口风压增大，会使一次风机电耗增加。一次风量增大虽可降低二次风量，但由于一次风压头高，二次风压头低，对于相同风量的一、二次风，一次风为提升到所需压头消耗的电量大于二次风，因此一次风量增大时，相当于用高耗能风量置换低耗能风量，一次风机与送风机电耗总量升高。应通过调整使磨入口风量降低到合理水平。

4. 磨入口风道石子煤堵塞

当磨煤机石子煤排放量大时，若石子煤排放不及时，石子煤将会在入口风道处形成堵塞，使磨煤机压差增大，引起一次风机出口风压增高，导致一次风机电耗上升。磨入

口风道石子煤堵塞表现在磨煤机压差在磨入口风量正常情况下严重偏高。入口风道一旦堵塞，再进行石子煤排放不能将入口风道处形成的堵塞疏通，只能停磨采用人工方法清理。应及时进行石子煤排放，在石子煤排放不及时时应通过风环改造降低石子煤的排放率。

5. 磨入口风门节流严重

在磨出力及磨入口风量正常时，磨入口风门节流（开度较小，60%以下），会使一次风机出口风压增大，同样使一次风机电耗增大。应降低一次风压同时增大磨入口风门开度，在保持磨入口风量不变的情况下减小磨入口风门节流，从而降低一次风机电耗。

6. 煤粉细度偏细

当煤粉细度偏细时，分离器挡板开度偏小或旋转分离器转速偏高，分离器阻力增加，导致磨入口风压升高，引起一次风机出口风压上升，使一次风机电耗增高。应通过对煤粉细度取样化验，对煤粉细度进行确认，发现煤粉偏细时，调整分离器挡板开度或降低旋转分离器转速，使煤粉细度保持合理水平。

7. 风环形式落后

对于早期的中速磨，风环为固定式，风环阻力较高，造成磨的阻力较高。应进行旋转风环改造，通过旋转风环改造还可进一步降低风环阻力，从而降低一次风机出口风压，减少一次风机电耗。

8. 空气预热器漏风严重

空气预热器漏风严重时，尽管磨煤机风量正常，但一次风机出口风量增加，会使一次风机电耗增大。由于一次风压远高于送风机风压，因此漏风增加主要体现在一次风漏风量增大，漏到烟气侧的部分可以通过空气预热器漏风测定判断，也可以通过一次风机及引风机电流的增大判断。空气预热器一次侧漏到二次侧的泄漏量增大时，从空气预热器的漏风测定无法判断，此时应通过一次风机电流增大、送风机电流减小、引风机电流不变加以判断。对于严重漏风的空气预热器，应通过调整密封间隙或密封改造来改善其漏风情况。

9. 空气预热器堵灰

当空气预热器堵灰时，空气预热器换热元件阻力增大，使一次风机出口风压升高，造成一次风机电耗升高。空气预热器烟气侧阻力设计为 300MW 锅炉 1.0kPa，600MW 和 1000MW 锅炉 1.4kPa，当烟气侧阻力在额定负荷超过上述数据较多时，可以判断为空气预热器堵灰严重。对于严重堵灰的空气预热器，应及时对其进行疏通。燃用高硫煤的电厂空气预热器堵灰的概率较高，应根据入炉煤含硫情况，适时投入热风再循环或暖风器以提高空气预热器入口风温，使受热面壁温高于酸露点温度 10℃以上，确保不发生冷端腐蚀。

（三）MPS（ZGM）磨提高出力、降低单耗的改造

中速磨制粉系统的锅炉在实际使用煤质变差（发热量降低或可磨性指数下降）时，往往无备用磨，而中速磨由于可靠性较差，机组运行过程中经常需要检修，造成磨检修时机组降出力运行；在锅炉为适应低 NO_x 排放而进行低 NO_x 燃烧器改造后，锅炉的灰

渣含碳量会明显升高，使锅炉热效率降低，为减少由于低 NO_x 燃烧器改造后锅炉效率的降低，将煤粉细度减小是有效的手段，但将煤粉磨得更细时会使磨煤机出力下降，引起磨运行台数增加或无备用磨的情况发生。如能实现磨煤机出力的增容，则可解决上述问题。

中速磨的煤粉均匀性指数较低，在控制相同的煤粉细度时，往往还有大颗粒存在，燃用燃尽性能较差的贫煤时灰渣含碳量较高，另外随着出力增大，煤粉变粗，无法在不同磨出力下保持煤粉细度不变。采用动态分离器不但可使分离效率提高，增大磨出力，还可大幅提高煤粉均匀性指数。

1. 旋转分离器改造

旋转式粗粉分离器的分离机理主要是依靠转子旋转产生的离心力将粗粒子分离，而挡板式分离器主要依靠挡板的撞击作用实现分离，虽然因挡板角度的影响也存在离心分离，但因其切向速度较低，产生的离心力不足以将合格煤粉分离出来。当煤粉粒子受到的离心力大于气流的曳引力时，较大粒子就会分离出来。转子转速越高，粒子受到的离心力越大，即转子转速越快，所分离出来的煤粉细度也越细。

分离器转子采用变频器调节转速，变频器频率可以在 $0\sim50Hz$ 范围内调节，保证转子转速在 $0\sim120r/min$ 无级调节。

旋转式粗粉分离器在分离过程中可将磨煤机磨出来的合格的煤粉基本送入出粉管内，分离效率可达 85% 以上，可大大减少合格煤粉的回粉量，减少煤粉的循环倍率，从而降低制粉电耗，约降低制粉电耗 10%。

2. MPS（ZGM）中速磨提速增容改造

在理论模型中，磨辊一次研磨合格煤粉的产量与磨辊下通过的物料厚度、磨辊压入物料的速度、研磨压力和研磨面积成正比。

$$B = K \times S \times V \times F \times M$$

式中　K——系数；

　　　S——煤层厚度；

　　　V——磨辊压入物料的速度；

　　　F——研磨压力；

　　　M——研磨面积。

在磨煤机研磨面积一定的情况下，煤层稳定时，研磨出力与磨辊压入物料的速度成正比，而磨辊压入物料的速度与磨的转速有关，转速越高，旋转产生的离心力越大，离心加速度越高，物料到达磨辊处的速度越大（磨辊压入物料的速度），据此可以通过提高磨煤机转速来增大磨煤机的出力。此外，转速增加，磨盘离心力增大，有利于将高密度的高岭岩排除，也有利于提高磨煤效率。

目前长春发电设备总厂在引进德国 MPS 磨技术时，磨转速在原来的 MPS 磨基础上提高了 20%，出力比原来同型号的磨提高了 20%；北京电力设备总厂在原来的基础上将磨转速分别提高 10%、20%、30%，磨出力在原来的基础上分别提高 10%、20%、30%。

MPS（ZGM）磨减速机由一级伞齿机、二级行星齿轮传动（见图 7-21），提高一级传动输入锥齿轮（伞齿轮）与输出锥齿轮的传动比可提高输出转速，改造时主要靠增加一级传动输入齿轮的齿数及减少一级传动输出齿轮的齿数实现。为使改造后的性能得以发挥，还应进行以下配套改造。

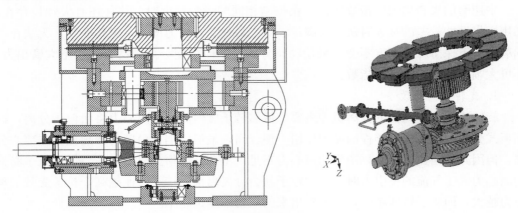

图 7-21　MPS（ZGM）磨减速机传动方式

（1）加载压力的调整或加载方式的改造。转速提高后，最大出力增大，增大出力时加载力应相应提高。对于已采用变加载方式的，需将加载力的上限增大，通过调整比例溢流阀的开度即可实现；对于原来采用定加载方式的，需将定加载方式改为变加载方式。

（2）电机容量的改造。通过改造前最大出力下实际电功率的测定，预计改造后所需功率，然后与电机铭牌功率进行比较以确定是否需要对电机进行增容改造。如改造后所需功率小于电机铭牌功率，则不对电机进行增容改造；若改造后所需功率大于电机铭牌功率，则需对电机进行增容改造。对电机进行增容改造，拆除原有定子部分，根据增容要求重新设计新的线圈。

第八章

锅炉结渣、沾污及防治

📖 第一节 结渣及沾污的机理

一、结渣

1. 结渣的影响及危害

锅炉结渣是熔渣或高温黏结灰附着在炉膛水冷壁及高温受热面上的行为，结渣一旦发生，会不断加剧。大块渣在积聚长大后自身重量不断增加，当其与壁面的黏结力不足以支撑其重力时，渣从受热面壁面脱离掉入炉底，落渣时对炉底灰斗形成较大的冲击，严重时会砸坏灰斗。在落入冷灰斗时，热渣在水中粒化放出热量将炉底捞渣机中的水大量汽化，而大量汽化的水蒸气上行到达燃烧器下部时，引起燃烧器下部炉膛温度降低，给燃烧的稳定带来不利影响，严重时引起锅炉灭火。炉内的结渣使结渣部位受热面换热量减少，引起其后受热面入口烟气温度升高，改变了各级受热面的换热比例，引起受热面壁温或汽温超限及排烟温度升高。因此，锅炉结渣危及锅炉运行的安全性，也给经济性带来负面影响。

2. 结渣的条件

造成锅炉水冷壁严重结渣的基本原因：大量灰渣接触到水冷壁或屏式过热器后，其温度超过煤灰的熔点或软化温度。

结渣发生的条件如下：

（1）灰向水冷壁的输运。

（2）灰在到达壁面时仍为熔融或软化状态。

（3）灰在壁面冷却为固态时有足够的黏结强度。

灰向水冷壁的输运与炉内空气动力工况相关；灰到达壁面的状态与灰的熔点温度的高低及灰到达壁面前的冷却条件相关；灰的黏结力与灰的成分及状态相关。灰熔点温度与煤中灰的成分及炉内气氛性质有关。

3. 结渣的微观过程

灰粒向水冷壁的输运过程主要有以下三类：

第一类为挥发性灰的气相扩散，对于尺寸小于 $1\mu m$ 的颗粒和气相灰分，费克扩散、小粒子的布朗扩散和湍流旋涡扩散是重要的输运机理。

第二类为热迁移，对于尺寸小于 $10\mu m$ 的颗粒，热迁移是一种重要的输运机理。热迁移是由于炉内温度梯度的存在而使小粒子从高温区向低温区运动。研究表明，热迁移是造成灰分沉积的重要因素之一。

第三类为惯性迁移，对于尺寸大于 $10\mu m$ 的灰粒，惯性力是造成灰粒向水冷壁面输运的重要因素。当含灰气流转向时，具有较大惯性动量的灰粒离开气流而撞击到水冷壁面。灰粒撞击水冷壁面的概率取决于灰粒的惯性动量、灰粒所受阻力、灰粒在气流中的位置及气流速度。在典型的煤粉锅炉中，气流速度为 $10\sim25m/s$ 时，直径为 $5\sim10\mu m$ 灰粒就有脱离气流冲击水冷壁面的可能性。

初始沉积层主要是由于灰粒的扩散和热迁移作用而形成的。结渣倾向比较大的煤，初始沉积层主要由挥发性灰冷凝而形成，具有较低熔点的碱金属和碱土金属硫酸盐呈液态，容易捕捉飞灰。

电站锅炉炉内中心温度为 $1500\sim1700℃$，煤粒燃烧时，其本身温度要比炉内温度高 $200\sim300℃$，因而煤灰在炉膛中心几乎为液态。在液态灰颗粒受惯性作用而向水冷壁运动过程中，由于灰颗粒运动速度快，受到的冷却效果差，熔融的灰颗粒很容易黏附，使渣层迅速积聚长大。因此，惯性撞击灰粒在撞击水冷壁时的状态对渣的结聚、长大具有重要影响。由于初始沉积层对锅炉的安全运行不构成影响，并且控制初始沉积层几乎是不可能的，因此要控制锅炉的结渣，就要避免煤灰粒子向水冷壁惯性撞击。

煤灰粒子的冷却过程取决于炉内总体温度水平及水冷壁附近温度水平。当炉内温度较低时，煤粒呈熔化或软化状态的概率较小。当炉内温度水平较高，但是水冷壁附近温度较低，且温度分布较平缓时，煤灰粒子在碰撞水冷壁前可以得到较好的冷却，温度降低，与水冷壁碰撞时，被捕捉的概率降低。温度对炉内结渣具有非常重要的影响，研究结果表明，温度增高，结渣程度将按指数规律增长。

锅炉结渣机理可参见图 8-1。

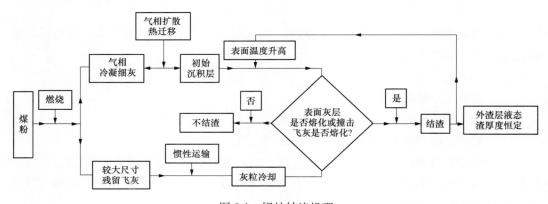

图 8-1　锅炉结渣机理

4. 控制结渣的原则

影响结渣的因素如下：

（1）煤潜在的结渣性。

（2）灰粒惯性输运过程。

（3）炉内温度水平及分布。

解决结渣的途径是通过炉内空气动力工况的合理组织，降低灰抵达壁面的概率；通过炉内配风的组织，改善炉内近壁区气氛条件，提高灰熔点温度，使灰在到达壁面时已由熔化或软化状态转变为固态。

二、沾污

煤灰的沾污分为高温和低温两种，高温沾污主要指屏式对流过热器之后受热面的沾污。煤灰中易挥发的物质在高温下挥发后凝结在受热面上而形成的烧结或黏结的灰沉积，这类沉积多发生在屏式过热器和对流过热器等受热面上，其内层往往是易熔的共熔物，或由碱金属化合物的灰粒黏结而成。高温沾污后锅炉汽温下降较多，使机组运行的经济性降低。

🏭 第二节　煤种对锅炉结渣的影响

煤的灰成分对煤的潜在结渣性起决定作用。煤的灰成分主要由十余种氧化物组成，包括二氧化硅（SiO_2）、三氧化二铝（Al_2O_3）、三氧化二铁（Fe_2O_3）、氧化钙（CaO）、氧化镁（MgO）、氧化钠（Na_2O）、氧化钾（K_2O）、二氧化钛（TiO_2）、三氧化硫（SO_3）、二氧化锰（MnO_2）、氧化磷（P_2O_5）。灰的熔化温度主要取决于灰的成分及各成分含量的比例，由于灰中各成分的占比不同，灰的熔融特性温度不同，由此呈现出不同的潜在结渣特性。

一、煤灰熔融特性温度与结渣判别

煤灰熔融特性温度用于固态排渣煤粉炉判别结渣倾向。灰的熔融性在弱还原气氛中测定，主要由三个特性温度表达，即①DT 变形温度；②ST 软化温度；③FT 流动温度。

$\Delta T = FT - DT > 149℃$ 时，炉内结渣为长渣；反之为短渣。

氧化性气氛中，灰的熔点会提高 $100\sim150℃$。

当灰粒处于变形温度时，具有轻微黏结性，一般只会在受热面上形成疏松的干灰沉积。当灰粒处于软化温度时，将出现大量结渣；而在流动温度下，则灰渣沿黏附壁面流动或滴落。因而，可用软化温度作为是否结渣的判别界线，具体如下：

ST≥1390℃时，轻微结渣；

1260℃≤ST＜1390℃时，中等结渣；

ST＜1260℃时，严重结渣。

该指标的分辨率为 83%。

二、灰中各成分对灰熔点及结渣的影响

Al_2O_3 是增高灰熔点的主要成分，当其含量大于 20% 时，一般 ST＞1250℃；当其含量大于 30% 时，ST＞1350℃；当其含量大于 45% 时，ST＞1400℃。

SiO_2 也是增高灰熔点的主要成分，但它能与灰中其他组分共熔，使熔点降低，

SiO_2 为 $40\%\sim60\%$ 时，SiO_2 的增减对 ST 无明显影响。

煤中硫如果以黄铁矿（FeS）形式出现，黄铁矿首先与水反应生成 FeO，再与 FeS 作用形成极易熔化的共熔体，黏附到水冷壁上凝固形成原生层。燃用含黄铁矿且潮湿的煤时，炉内如果有还原性气氛，则具有严重的结渣倾向。铁在灰中呈多种状态存在，即有金属铁（Fe）、二价铁（FeO）和三价铁（Fe_2O_3）。一般认为，煤灰中 Fe_2O_3 的增加，灰熔点单调下降。因为铁的氧化物的熔点较低，且 FeO 是生成低熔点共熔体的重要组分。因此，Fe_2O_3 的增加，使结渣倾向加重。灰中 Fe_2O_3 含量高，红色越明显，灰熔融性越低，红色灰的熔点一般 ST$<1350℃$。

CaO 是降低灰熔点的成分，因为它与二氧化硅形成低熔点的硅酸盐，但当 CaO 含量大于 35% 时，由于单体 CaO 的出现，又使灰熔点升高。

MgO 是降低灰熔点的成分，其含量一般不超过 10%。

$Al_2O_3/CaO+Fe_2O_3$ 比值大于 4 的煤，ST 均大于 $1400℃$；比值大于 5.7 的煤，ST 均大于 $1500℃$；比值小于 1 的煤，ST 均小于 $1300℃$。

灰的组成成分主要有 SiO_2、Al_2O_3、FeO、Fe_2O_3、Fe_3O_4、CaO、MgO 及 K_2O、Na_2O 等。这些纯净氧化物的熔化温度一般都较高，基本都在 $1500℃$ 以上，有的甚至高达 $2800℃$，不易结渣。但是，由于煤灰是各组成成分的复合化合物和混合物，故其熔化温度并不是各组成成分熔化温度的算术平均值。一般，煤灰中的 SiO_2 和 Al_2O_3 的含量越高，则灰的熔化温度就越高。当 SiO_2 的含量与 Al_2O_3 的含量之比大于 1.18 时，自由 SiO_2 易于与 CaO、MgO、FeO 等形成共晶体，这些共晶体的熔化温度较低（见表 8-1），从而降低了灰的熔化温度。

表 8-1　　　　　　　　　　　几种复合化合物的熔化温度

复合化合物名称	$Na_2O \cdot SiO_2$	$2FeO \cdot SiO_2$	$Ca \cdot MgO \cdot 2SiO_2$	$CaO \cdot FeO \cdot SiO_2$
熔化温度（℃）	877	1065	1391	1100

碱金属 Na、K 对结渣的影响：煤灰中的 K_2O 和 Na_2O 都是降低灰熔点的组分。对于锅炉燃烧的煤灰来说，碱金属含量增加，灰熔点降低。如煤灰中含有较多的碱性物质，则更易产生积灰，特别是当煤中含硫量也较高时，积灰将更为严重。除炉膛水冷壁外，在烟气温度达到 $600\sim700℃$ 区域内的管屏和对流过热器管束都会产生结焦现象。

三、结渣判别指数

1. 硅比 G

$$G = \frac{100SiO_2}{SiO_2 + Fe_2O_3 + CaO + MgO}$$

式中　SiO_2、Fe_2O_3、CaO、MgO——灰中 SiO_2、Fe_2O_3、CaO、MgO 的份额，下同。

$G>78.8$ 时，不结渣；

$66.1 \leqslant G \leqslant 78.8$ 时，中等结渣；

$G<66.1$ 时，严重结渣。

该指标的分辨率为 67.1%。

2. 碱酸比 B/A

$$B/A = \frac{Fe_2O_3 + CaO + MgO + Na_2O + K_2O}{SiO_2 + Al_2O_3 + TiO_2}$$

碱酸比 B/A 是判定煤灰结渣性的一个重要指标，它是综合反映熔融性、黏度与烧结强度的一个指标。

$B/A < 0.206$ 时，轻微结渣；

$0.206 \leqslant B/A \leqslant 0.4$ 时，中等结渣；

$B/A > 0.4$ 时，严重结渣。

该指标的分辨率为 68.6%。

3. SiO_2/Al_2O_3

$SiO_2/Al_2O_3 < 1.87$ 时，轻微结渣；

$1.87 \leqslant SiO_2/Al_2O_3 \leqslant 2.65$ 时，中等结渣；

$SiO_2/Al_2O_3 > 2.65$ 时，严重结渣。

该指标的分辨率为 61.4%。

4. 铁钙比 Fe_2O_3/CaO

$Fe_2O_3/CaO < 0.3$ 时，不结渣；

$0.3 \leqslant Fe_2O_3/CaO \leqslant 3.0$ 时，中等结渣；

$Fe_2O_3/CaO > 3.0$ 时，严重结渣。

5. 沾污判别指标：灰中当量氧化钠含量

烟煤型灰（高铁）：$Fe_2O_3 > (CaO + MgO)$。

褐煤型灰（高钙）：$Fe_2O_3 < (CaO + MgO)$。

灰中当量氧化钠含量按下式计算：

$$Na_2O = (Na_2O + 0.659K_2O) \times \frac{A_d}{100}$$

表 8-2 显示了煤灰钠含量作为锅炉沾污判别指标的分级界限。

表 8-2 煤灰钠含量作为锅炉沾污判别指标的分级界限

烟煤型灰		褐煤型灰	
灰中 Na_2O 含量（%）	锅炉沾污程度	灰中 Na_2O 含量（%）	锅炉沾污程度
<0.3	低	<0.5	低
0.3~0.4	中	0.5~1.0	中
0.4~0.5	高	1.0~1.5	高
>0.5	严重	>1.5	严重

6. 综合结渣指数

$$R = 1.24B/A + 0.28\frac{SiO_2}{Al_2O_3} - 0.0023t_2 - 0.019G + 5.4$$

式中 t_2——软化温度，℃。

$R < 1.5$ 时，轻微结渣；

$1.5 \leqslant R < 1.75$ 时，中偏轻结渣；

$1.75 \leqslant R < 2.25$ 时，中等结渣；

$2.25 \leqslant R < 2.5$ 时，中偏重结渣；

$R > 2.5$ 时，严重结渣。

该指标的分辨率为 90.0%。

强结渣性煤的煤质及灰成分分析可参见表 8-3。

表 8-3 强结渣性煤的煤质及灰成分分析

	项目	符号	单位	神府	哈密	义马	黄陵	靖远	小龙潭
工业分析	全水分	M_t	%	16.45	12	13.4	3	9.75	35.55
	空干基水分	M_{ad}	%	2.68	10.63	5.87		2.15	
	收到基灰分	A_{ar}	%	7.19	5.4	24.89	16.7	22.34	11.84
	干燥无灰基挥发分	V_{daf}	%	30.85	33.14	33.9	36.11	28.58	53.41
收到基低位发热量		$Q_{net,ar}$	MJ/kg	22.90	25.35	19.66	25.12	21.74	12.35
哈氏可磨性指数		HGI		63	54	70		59	44
元素分析	收到基碳	C_{ar}	%	61.74	67.75	49.44	64.5	54.91	35.83
	收到基氢	H_{ar}	%	3.35	3.64	2.67	3.71	2.97	2.4
	收到基氧	O_{ar}	%	9.95	10.43	8.05	6.58	8.75	12.04
	收到基氮	N_{ar}	%	0.69	0.76	0.70	1.11	0.71	0.98
	收到基硫	S_{ar}	%	0.63	0.12	0.85	1.11	0.57	1.39
灰熔点	变形温度	DT	℃	1120	1150	1250	1180	1168	1060
	软化温度	ST	℃	1150	1190	1310	1250	1198	1100
	流动温度	FT	℃	1180	1250	1380	1310	1220	1130
灰成分分析	二氧化硅	SiO_2	%	44.99	39.38	53.2	46.3	51.69	20~25
	三氧化铝	Al_2O_3	%	18.07	23.63	25.75	22.64	14.99	12~25
	三氧化二铁	Fe_2O_3	%	9.98	10.25	6.52	3.91	11.17	9~11
	氧化钙	CaO	%	11.79	12.67	5.06	13.20	8.5	35~50
	氧化镁	MgO	%	2.21	5.13	1.35	1.4	3.85	3~5
	氧化钠	Na_2O	%	1.08	1.13	0.11	0.29	2.47	
	氧化钾	K_2O	%	1.02	0.92	0.72	1.09		
	三氧化二硫	S_2O_3	%	9.8	3.97	3.74	3.37	6	2~4
	氧化钛	TiO_2	%	0.83	1.23	0.05	0.805	0.53	
	其他		%		1.69	3.5	7		

第三节 切圆燃烧锅炉空气动力工况对炉内结渣的影响

一、切圆直径对结渣的影响

当炉膛断面尺寸一定后，炉内切圆直径的大小实际上表征了射流偏转的程度，切圆越大，射流偏转越严重，结渣的可能性也越高。为比较不同断面尺寸的射流偏转程度，采用相对切圆直径进行衡量。

相对切圆直径的计算式为

$$D_{xd} = \frac{D}{D_{dx}}$$

式中　D——炉内气流切圆直径；

　　　D_{dx}——炉膛等效直径。

炉膛等效直径的计算式为

$$D_{dx} = \frac{2ab}{a+b}$$

式中　a、b——炉膛深、宽。

对于不采用偏转二次风设计的切圆燃烧方式：

$D_{xd} < 0.475$ 时，轻微结渣；

$0.475 \leqslant D_{xd} \leqslant 0.5875$ 时，中等结渣；

$D_{xd} > 0.5875$ 时，严重结渣。

对于一、二次风同向等切圆的锅炉，有

$$D_{xd} = 1.45 \left(\frac{D}{D_{dx}} \right)^{1.56} \left(\frac{h}{b} \right)^{0.87} \left(\frac{s}{b} \right)^{-0.7} \left(\frac{mv_2}{mv_1} \right)^{0.25}$$

式中　$\dfrac{h}{b}$——燃烧器高宽比；

　　　$\dfrac{s}{b}$——燃烧器间隙比；

　　　$\dfrac{mv_2}{mv_1}$——二次风与一次风动量比。

二、炉膛温度对结渣的影响

炉膛温度越高，在相同的冷却条件下，灰抵达壁面的温度越高，越容易超过灰软化温度造成结渣。为衡量炉膛温度对结渣的影响，采用炉膛平均温度与灰软化温度的比值的大小进行判定。

结渣炉膛平均温度　　　$t_{pi} = 1144 + 249\ln(0.86 q_{FZ})$

其中，q_{FZ} 的计算式为

$$q_{FZ} = \frac{Q_{net,ar} B_j}{\sqrt{2ab(a+b)n_f c \xi}} \times \frac{1}{1000}$$

式中　q_{FZ}——炉膛截面折算热负荷，MW/m^2；

　　　B_j——锅炉计算燃料量，kg/s；

　　　n_f——一次风喷嘴层数；

　　　c——各一次风喷嘴中心平均距离，m；

　　　ξ——卫燃带面积修正系数。

各一次风喷嘴中心平均距离的计算式为

$$c = \frac{h_1}{n_f - 1}$$

式中　h_1——上下一次风喷嘴中心距离，m。

卫燃带面积修正系数的计算式为

$$\xi = 1 - \frac{0.535 F_w}{2(a+b)(h_1+3)}$$

式中　F_w——卫燃带面积，m^2。

$t_{pi}/ST < 0.97$ 时，轻微结渣；

$0.97 \leqslant t_{pi}/ST \leqslant 1.065$ 时，中等结渣；

$t_{pi}/ST > 1.065$ 时，严重结渣。

三、炉内气氛条件对结渣的影响

炉内燃烧的气氛条件对灰熔点有较大影响，当炉内气氛为还原性时，灰熔点温度会有较大幅度的降低。原来抵达壁面时灰可能已冷却到熔点温度以下，变成了固态，灰熔点下降后，可能在抵达壁面时仍呈液态，造成炉内结渣。表 8-4 是不同气氛条件下不同煤种灰熔点变化情况。

表 8-4　　　　　不同气氛条件下不同煤种灰熔点变化情况　　　　　（℃）

灰样	氧化性气氛			弱还原性气氛			温度影响差		
	DT	ST	FT	DT	ST	FT	ΔDT	ΔST	ΔFT
1	1250	1365	1390	1070	1135	1280	180	230	110
2	1280	1410	1430	1115	1250	1310	165	160	120
3	1250	1380	1410	1115	1250	1315	135	130	95

因此，可利用主燃区近壁处过量空气系数来判断结渣的影响：

主燃烧区近壁处过量空气系数不大于 0.8 时，严重结渣；

主燃烧区近壁处过量空气系数在 0.8～1.2 时，中等结渣；

主燃烧区近壁处过量空气系数不小于 1.2 时，轻微结渣。

🔺 第四节　结渣的诊断

在锅炉结渣后，首先要对结渣部位进行观察，区分是炉膛水冷壁结渣还是屏式过热器结渣。对于炉膛水冷壁结渣，要区分是四面墙全面结渣还是个别部位结渣。对于切圆燃烧方式，若是个别部位结渣，主要是炉内气流偏斜所致；若是全炉膛四面墙都存在结渣，主要是炉内气流切圆偏大、炉内燃烧严重缺风、燃烧区域温度偏高所致。对于旋流燃烧方式，前后墙燃烧器区域的结渣主要是燃烧器旋流强度偏大所致；侧墙结渣主要是二次风分级严重，煤粉气流着火后不能及时补充氧量使燃烧后延，火焰燃烧后期缺风形成还原性气氛使灰熔点降低所致。对于屏式过热器结渣，主要是由于烟气抵达屏式过热器时冷却程度不够，烟气中灰的温度高于灰熔点温度所致。

一、切圆燃烧锅炉结渣

（一）炉内切圆偏斜导致的结渣

1. 气流偏斜——射流的偏转特性

（1）补气条件不同导致的偏转射流的偏转四角布置的燃烧器射流与两边炉墙的夹角不同，如图 8-2 所示。

射流喷出后不断卷吸两侧的高温烟气，在射流的两侧形成负压，炉膛中的高温烟气不断补入该负压区，由于 $\beta > \alpha$，即侧墙的自由空间大，补气条件好，补气阻力小，补气量大，该处静压也高；在前墙处补气条件差，静压低，这样在射流两侧形成静压差，使射流偏转。假想切圆直径越大，α 越小，射流偏转程度越严重；当切圆直径一定时，炉膛的深宽比越大，α 越小，长边射流偏转程度越严重，越容

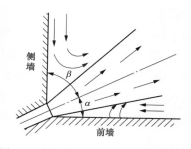

图 8-2　补气条件不同导致的气流偏转

易造成长边向火侧结渣。当燃烧器切角安装偏差较大使某一边切圆变大时，该边与射流的夹角变小，该边射流偏转加剧，造成该边向火侧气流刷墙，引起向火侧结渣。

（2）上游气流的冲击。上游邻角气流喷出后对下游射流产生一个冲击，这个冲击比射流两侧夹角不等所产生的静压差大很多，是促使射流偏转的主要因素。正常情况下，射流喷出后，由于两侧夹角不同产生的偏转不明显，射流基本按轴线运动，在前进一定距离后，因受上游气流的冲击才产生明显的偏转，冲击点越靠近射流根部，射流的偏转越严重，实际的切圆也越大，补气条件差异产生的射流偏转尽管不大，但它使上游气流对射流的冲击点前移，在两种因素的共同作用下，射流的偏转更加严重。若上游气流动量偏大或本角射流动量偏小，射流的偏转将加剧，严重时射流刷墙，造成局部结渣。

炉内切圆偏斜导致的结渣的特点是结渣只发生在局部位置，炉内射流严重偏转的位置就是容易发生局部结渣的位置。通过炉内空气动力场试验可以观察炉内气流的偏斜刷墙情况。炉内气流偏斜主要由同层四角一次风速不平、同层四角二次风不平、燃烧器切角安装不符合要求、长边对应燃烧器与该边设计切角偏小（假想切圆偏大）等因素造成，主要通过一次风速调平，同层二次风速调平校正燃烧器安装角度、减小长边燃烧器假想切圆直径等方法解决。在停炉时要对二次风门进行检查，消除二次风门的缺陷，使风门调节特性良好，特别要注意检查风门与轴的连接是否牢固、有无相对运动，要做到表盘指示与就地实际开度一致。

2. 安装偏差造成的气流偏斜

对于安装偏差造成的气流偏斜，需要对燃烧器安装切角进行复核，发现安装偏差超标时要进行校正。若锅炉两短边上不结渣，仅两长边向火侧结渣，说明长边上射流偏转较严重，应通过减小长边切圆直径减轻长边射流的偏转。

燃烧器安装切角的复核方法如下：

（1）确定炉膛中心位置。在炉膛高于燃烧器区域的同一平面内，确定四面墙的中心，然后拉中心十字线，四面墙中心十字线的交点即为炉膛中心，在炉膛中心的交叉处系上带有重锤的细线，细线通过燃烧器区域。

（2）切圆直径的确定：

1）喷口中心空置。在燃烧器水平方向和垂直方向找出一个平面，对该平面沿燃烧器轴线方向进行平分，并标记出两个平分点。将激光发生器安置在燃烧器水平面上，打开激光，调整激光器方向，使激光器的垂直光束通过燃烧器水平面上的两个平分点。测量炉膛垂直中心线与燃烧器轴线方向射出的激光束垂直的距离，该距离即为燃烧器假想切圆半径。喷口中心空置示意见图 8-3。

2）喷口中心位置有隔板。采用平行线的原理测量切圆直径。图 8-4 中虚线为喷口轴线，由于激光的射出位置不能与喷口轴线重合（遮挡），将射线相对中间隔板平移 L（mm）。测量炉膛垂直中心线与燃烧器轴线方向射出的激光束垂直的距离，即偏移切圆半径，然后扣除偏移的 L，即可得到喷口实际切圆半径。

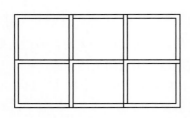 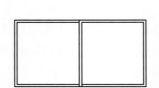 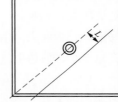

图 8-3　喷口中心空置　　　　图 8-4　喷口中心位置有隔板与激光测量喷口平移

（3）燃烧器切圆调整方法。解体燃烧器箱体，调整导粉管角度，使燃烧器切圆符合要求。

（二）切圆偏大引起的结渣

切圆整体偏大造成的结渣，基本上四面墙上均有结渣存在，可通过冷态试验测量炉内切圆的大小，计算相对切圆直径，判断切圆是否过大。若切圆直径过大，可对燃烧器进行切角调整（检修时），通过减小假想切圆直径的方法消除结渣。

1. 同心切圆燃烧方式的锅炉结渣

CFS-Ⅰ型燃烧器一、二次风采用同向切圆布置，一次风小切圆、二次风大切圆，当二次风与一次风的偏转角过大（25°）时，采用该布置方式的初衷是形成风包粉的气流结构，达到减轻结渣、降低 NO_x 排放的目的。但实际情况是该燃烧器切圆布置方式下炉内气流形成的切圆偏大，相对切圆直径 D_{xd} 可达 0.8 以上，在燃用结渣性较强的煤种时炉膛结渣严重。其原因是一次风动量小、二次风动量大，一次风被同角二次风卷吸很快就汇合到主气流中，加之上游以二次风为主体的混合射流的撞击作用，使一次风煤粉气流产生严重偏转造成一次风中煤粉气流刷墙，达不到风包粉效果，引起炉膛结渣。因此，在燃用中等以上结渣性煤种时，设计 CFS-Ⅰ系统时要对二次风与一次风的动量矩（M）比进行核算，对于中等结渣的烟煤，偏转角保持在 15°以内，M 应保持在 0.8~1.2 的范围内。

$$M=\frac{\rho_2 F_2 v_2^2 r_2}{\rho_1 F_1 v_1^2 r_1}$$

式中　ρ_1、ρ_2——一、二次风气流的密度，kg/m³；

　　　F_1、F_2——一、二次风喷口面积，m²；

　　　v_1、v_2——一、二次风喷口速度，m/s；

　　　r_1、r_2——一、二次风切圆半径，m。

对于采用 CFS-I 布置方式的锅炉，在燃用结渣性较强的煤种时，若炉内结渣情况严重，在煤的着火特性较好时，可将燃烧器改为一、二次风同心反切的 CFS-Ⅱ布置方式。

2. 一、二次风同心反切的 CFS-Ⅱ布置方式的防结渣性能

采用一、二次风同心反切的 CFS-Ⅱ 布置方式，由于二次风与炉墙之间夹角较大，射流两侧补气情况较好，射流不易偏转，对结渣性强的煤种具有良好的防结渣性能。燃烧器一次风小切圆、二次风反向大切圆布置，一、二次风偏转角为 15°~22°。尽管炉内气流形成的切圆较大，相对切圆直径可达 0.9。尽管炉内切圆直径较大，但该系统炉内一次风煤粉浓度的切圆直径小于一次风气流速度切圆直径，又均小于二次风气流速度直径，风包粉的效果较好，煤粉颗粒不易刷墙，故防结渣效果较好。但在燃用着火特性较差的低挥发分煤种时，一次风率及风速较低，二次风与一次风的动量比很大，二次风反切角度过大时，一次风煤粉气流容易被同角二次风牵引和上游气流撞击产生偏转后刷墙引起炉内结渣；同时，二次风反向偏转角大虽然稍微延迟了与同角一次风的混合，但却使上游二次风提早进入并剧烈撞击煤粉气流。由于贫煤、无烟煤的着火距离一般比较远，如果此时煤粉气流尚未着火，则加大了煤粉着火的难度，对锅炉的稳定燃烧极为不利。因此，对于着火特性较差的低挥发分煤种，如采用 CFS-Ⅱ 布置方式，要减小一次风煤粉气流切圆直径，减小二次风与一次风的偏转角，才能使防结渣及稳燃性能同时保持良好水平。

3. 部分二次风采用偏转二次风（CFS）布置的锅炉结渣

对于主燃区一、二次风同向切圆且部分二次风采用偏转二次风（CFS）设计时，一般为紧靠一次风的二次风带有一定偏转角，当偏转角过大时，一次风煤粉气流容易受偏转二次风的影响产生偏转，造成煤粉气流刷墙，引起炉内结渣。结渣性较强的煤种采用部分 CFS 配风布置时，运行中要通过减小中上层 CFS 风量减小切圆直径，从而减轻炉内结渣。

（三）炉膛主燃烧区域过量空气系数对结渣的影响

燃烧器进行低氮改造，增设高位燃尽风后，主燃烧器区域过量空气系数降低（0.8），特别是采用上下浓淡方式的燃烧器在主燃烧区域近壁处存在较高浓度的还原性气氛，会使灰熔点温度大幅降低，引起炉内主燃烧区域结渣。对此设法降低壁面还原性气体浓度是减轻炉内结渣的有效手段。如燃烧器采用同心反切（CFS）布置方式或在中部及上部二次风喷口增设贴壁风，见图 8-5。

（四）卫燃带布置引起的结渣

卫燃带主要是针对着火特性很差的煤种为强化其着火性能而采用的提高炉内温度的装置，卫燃带表面粗糙，容易黏附灰粒，同时卫燃带上表面温度很高，灰粒在到达其表面时冷却能力变差，不易在到达其表面时冷却到软化温度以下，灰仍呈液态，很容易黏附在其表面形成结渣。在无卫燃带时结渣通常在高度方向上，主要在燃烧器区域及其上方 2～3m 的高度段；在水平方向上，主要发生在该角向火侧水冷壁上（如 C 角），其结渣是由上游临角（即 B 角）煤粉气流冲刷 C 角向火侧水冷壁所引起的，如图 8-6 中粗线所示。不同锅炉粗线所覆盖的水冷壁上发生结渣或高温腐蚀的程度不同，粗线箭头所指方向的分界面不同。

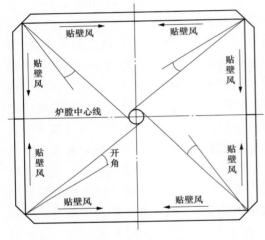

图 8-5　贴壁风示意

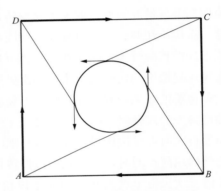

图 8-6　炉膛燃烧器区域结渣部位

在某些敷设卫燃带的炉膛可以观察到一明显的现象，卫燃带上结渣严重，而水冷壁则无结渣。可见，卫燃带为炉内结渣的策源地，因此在稳燃能力尚可的情况下不应布置卫燃带。若一定要布置卫燃带，应对卫燃带的布置位置及面积进行优化。应利用燃烧器区域旋转气流边界层的特点，合理布置卫燃带，尽可能将卫燃带布置在燃烧器下部背火侧，且应将卫燃带分割成小块布置方式，这样既可稳燃，又可避免卫燃带上的严重结渣。对于已投运的布置有卫燃带的锅炉，减少卫燃带面积，特别是减少向火侧易结渣区域的卫燃带面积是缓解炉内结渣程度的技术措施。

（五）防止结渣的运行调整

1. 二次风的调整

大型锅炉的燃烧器整体高度很高，燃烧器的高宽比可达 8～15，当燃烧器布置上下不分组时，中部射流背火侧补气条件较差，射流易偏转，射流偏转后炉内切圆变大，煤粉气流容易刷墙，造成炉内结渣。因此，对于结渣性较强的煤种，燃烧器高宽比较大时应将燃烧器上下分组布置，两组燃烧器之间拉开一定距离，改善燃烧器中部补气条件，使射流不易偏转。对于设计不分组的燃烧器，在运行中炉内结渣时可通过减小中部二次风的开度（缩腰配风），对于燃烧器有备用层的（如中速磨制粉系统，有一层备用燃烧器）可停用中间层燃烧器，关闭中部个别层二次风（相当于进行燃烧器上下分组），改善射流补气条件，使此处切圆减小，达到减轻结渣的目的。

2. 一次风及周界风的调整

燃烧器的一次风速、周界风增大，煤粉气流的抗偏转能力提高，炉内切圆减小，煤粉更不容易刷墙，结渣的可能性降低。因此，对结渣的锅炉，应适当提高一次风速及周界风风速。提高一次风速，对于中速磨制粉系统，主要靠提高磨入口风量实现；对于双进双出磨制粉系统，主要靠增大旁路风实现；对于储仓式制粉系统，主要靠提高一次风压（热风送粉）或排粉机出口风压（乏气送粉）实现。提高周界风风速，靠增大周界风开度实现。

二、旋流燃烧方式炉内结渣

（一）浓缩方式不同对结渣的影响

旋流燃烧器采用的煤粉浓缩器分为两类，一种是中心浓、四周淡的方式，如英国三井巴布科克公司的 LNASB 双调风燃烧器及哈工大的中心给粉燃烧器；另一种是四周浓、中心淡的浓缩方式，如 HT-NR3、东锅的 OPCC 双调风燃烧器、巴威的 DRB-XL、DRB-EI 双调风燃烧器。其对炉内结渣的影响不同，采用四周浓的燃烧器煤粉在一次风的外侧，当二次风旋流强度偏大，气流扩散角大时更容易被二次风卷吸甩向壁面，故前后墙燃烧器区域结渣倾向较高。

（二）扩口角度对结渣的影响

外二次风扩口角度越大，在同样的调风器角度下旋流强度越高，外二次风的扩散角越大，外回流越强，也越容易引起燃烧器四周结渣。实践证明，外二次风采用大扩口角度（45°）的旋流燃烧器，外二次风气流容易飞边，即使不飞边，外二次风的扩展角也很大，结渣概率较高。

（三）燃烧器二次风分级程度对结渣的影响

双调风燃烧器为追求过低的 NO_x 排放量，将内二次风的混入推迟（如内二次风直流 45°扩展角），使一次风煤粉着火后不能及时得到二次风补充的氧量，造成煤粉气流着火中期燃烧速率降低，燃烧拖后，射流尾部又因二次风气流衰减，混合强度降低使燃烧减缓，燃尽程度过低，煤粉颗粒在前后墙对冲射流的作用下逐渐向两侧墙靠近，在侧墙处燃烧，并在侧墙贴壁形成结渣，同时上升中由于燃尽程度低，在屏式过热器下部仍在燃烧，造成在大屏处挂渣。

对于 HT-NR3 及 OPCC 燃烧器，若结渣严重，在运行调整时可减小其旋流强度，若不能奏效，则应进行减小其内、外二次风扩口角度（35°）的改造，并同时将 HT-NR3 燃烧器的内二次风改为旋流；对于 LNASB 燃烧器，若结渣严重，运行调整时应降低内、外二次风旋流强度，增大一次风量及内二次风量。

（四）燃烧器同心度对结渣的影响

当旋流燃烧器安装中内、外二次风通道同心度有较大偏差时，二次风四周分布不均匀，旋转气流出现偏流现象，会引起燃烧器四周局部结渣，对此应对燃烧器安装尺寸进行复核校正，将安装偏差控制在规定范围。

（五）消除侧墙结渣的措施

在侧墙安装贴壁二次风可消除侧墙处的结渣，见图 8-7 及图 8-8。

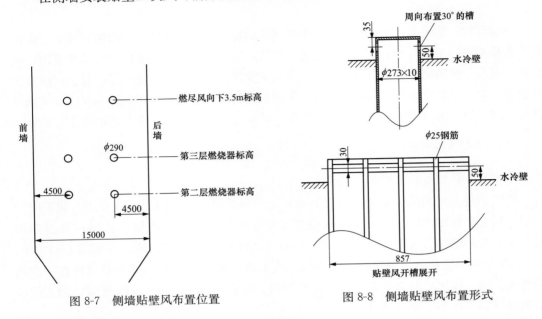

图 8-7 侧墙贴壁风布置位置   图 8-8 侧墙贴壁风布置形式

三、W 火焰锅炉结渣

W 火焰锅炉下炉膛布置有大量的卫燃带，在布置卫燃带的区域容易结渣。W 火焰锅炉的宽度方向各风门开度一致、粉量分配一致的情况下，炉膛氧量在宽度方向呈现中间低、两侧高的分布特性，在表盘 DCS 氧量正常时，中间燃烧器实际处于缺风运行状态，当中间缺风严重时，炉膛中间产生较高浓度的还原性气体，使灰熔点温度降低，引起炉膛宽度方向中间处的结渣。可通过尾部烟道宽度方向氧量的测量，判断宽度方向氧量偏差程度，为降低宽度方向中间部位还原性气体浓度，采用风门开度中间大、两侧逐渐递减的配风方式，具体二次风开度需根据宽度方向氧量变化进行调整，通过调整使宽度方向氧量分布较为平衡。

W 火焰锅炉下炉膛侧墙中间部位及与侧墙交界处的翼墙容易结渣，将侧墙卫燃带分割成小块布置及与侧墙交界处翼墙不布置卫燃带能减轻炉内结渣；运行中停用最靠侧墙的火嘴，或减小靠侧墙燃烧器二次风量（主要是 F 风量），均可大幅减轻结渣。

四、特殊煤种的结渣

（一）高硫煤的结渣

1. 高硫煤结渣机理

高硫煤中硫的赋存形态与结渣有直接的关系，煤中的硫分为有机硫、无机硫两大类，其中无机硫又分为硫铁矿硫和硫酸盐硫，高硫煤对炉膛结渣的影响主要是硫铁矿引起的。硫铁矿在燃烧过程中的反应机理见图 8-9 和图 8-10。

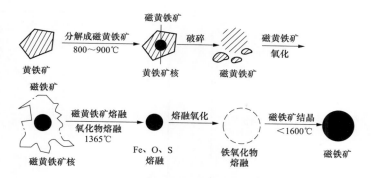

图 8-9　外生硫铁矿的反应路径

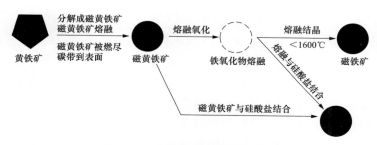

图 8-10　内生硫铁矿的反应路径

内、外生硫铁矿（FeS_2）虽反应过程不同，但初始阶段均发生高温分解，形成磁黄铁矿（$Fe_{1-x}S$），磁黄铁矿进一步加热氧化，在 1350～1470℃ 温度范围内熔化生成 Fe-S-O 熔体（熔化温度可低至 1213℃），由于熔融的磁铁矿和 Fe-S-O 熔体氧化速度较慢，加之颗粒尺寸较大，且密度很高，极易在离心力作用下从煤粉及煤灰中分离出来，以熔融态撞击到水冷壁上形成初始结渣层，之后进一步氧化形成铁的氧化物（Fe_3O_4）并转为固态。在其氧化转为固态前，其黏性很高，容易捕捉灰颗粒，使结渣进一步发展长大。因此，硫铁矿在燃烧过程中的中间产物是造成高硫煤结渣的根本原因。由于硫铁矿燃烧后的最终产物磁铁矿熔点温度很高，因此高硫煤的结渣无法用灰熔点温度来判别。

对于近壁处还原性气氛很高的炉子，硫铁矿燃烧过程的中间产物熔体 Fe-S-O 无条件地进一步氧化为 Fe_3O_4，并一直以熔融态存在于壁面上，此时结渣发展将进一步加速，因此要设法通过配风调整减少壁面还原性气氛浓度，减轻结渣的发展速度。

高硫煤中的硫铁矿密度很高，为 3000～5000kg/m^3，比之煤粉及灰的密度高出很多，在上游气流撞击下，很容易从一次风中分离出来。研究表明，硫铁矿的偏转程度高于煤粉颗粒，见图 8-11 及图 8-12。

因此，虽然煤粉及灰不贴壁，硫铁矿颗粒有可能存在贴壁，而只要硫铁矿颗粒存在贴壁，就存在结渣的风险。

2. 高硫煤结渣的防治

避免高硫煤结渣的主要手段是通过减小一次风切圆直径，防止硫铁矿颗粒在上游气

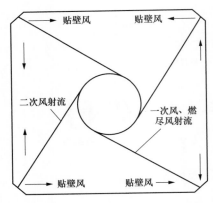

图 8-11　一次风煤粉颗粒轨迹示意

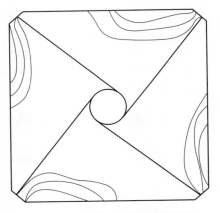

图 8-12　硫铁矿颗粒轨迹示意

流的撞击下偏转到达壁面。采用一次风小角度反切或一次风浓侧反切、二次风减小假想切圆直径是避免结渣的有效手段。一次风反切时，要控制一、二次风偏转角小于 15°。

燃用高硫煤时，一次风率及风速不能设计过低，以增大一次风的动量，提高其刚性。对于低挥发分的煤种，应通过在一次风出口增设钝体增加热烟气的卷吸，改善一次风煤粉气流的着火性能，切不可以用过分减少一次风率及风速降低着火热的办法来强化一次风煤粉气流的着火。否则，一次风刚性偏低，容易偏转，将造成炉膛结渣。

运行中增大一次风量及周界风量可提高一次风煤粉气流的刚性，使一次风偏转程度减轻；提高近壁处氧量将使硫铁矿燃烧过程中中间产物熔融的 Fe-S-O 及时转变为高熔点的 Fe_3O_4，使结渣速度减缓，因此燃用高硫煤时周界风设计为不对称结构，背火侧面积增大，向火侧面积减小，或加装贴壁风将可改善近壁处还原性气氛条件，减轻炉膛结渣。

对于燃用高硫煤的锅炉，在进行低 NO_x 燃烧器改造时，氮氧化物的排放指标要与其他锅炉区别对待，不能追求过高的 NO_x 减排指标，否则分离燃尽风的风率过高，SOFA 改造后主燃区严重缺风，造成结渣加剧。

（二）神华煤、准东煤的结渣

神华煤和准东煤是探明储量较大的两个煤田，且埋藏深度浅，开采成本低。神华煤和准东煤均为强结渣性煤种，灰熔点均较低，准东煤还是高钠煤，沾污很严重，屏式过热器、高温过热器、低温过热器及再热器、省煤器均有可能形成灰的沾污。神华煤、准东煤作为发电用煤利用过程中主要出现的问题是锅炉结渣，其中屏式过热器结渣较为普遍。

1. 神华煤及准东煤的灰成分及灰熔点

神华煤灰的钙、铁含量较高，而准东煤的钠含量较高，其灰熔点温度均很低，结渣性很强，且准东煤灰的沾污很强，燃用神华煤及准东煤时，除水冷壁外，屏式过热器也很容易发生结渣。神华煤及准东煤煤质、灰成分及灰熔点分析见表 8-5。

表 8-5 神华煤及准东煤煤质、灰成分及灰熔点分析

项目	单位	神华煤			准东煤		
		神华混煤	神华高钙煤	神华高铁煤	木垒煤	五彩湾	天池能源
M_t	%	14.50	14.50	13.60	18.60	26.20	28.80
A_{ar}	%	6.30	4.24	7.11	6.41	7.02	4.74
V_{daf}	%	33.80	36.48	32.09	32.59	32.49	30.67
C_{ar}	%	63.75	65.21	65.25	60.03	52.97	53.59
H_{ar}	%	3.58	4.01	3.37	3.11	2.27	2.28
O_{ar}	%	10.76	10.98	9.50	10.55	10.42	9.57
N_{ar}	%	0.71	0.77	0.87	0.52	0.66	0.47
S_{ar}	%	0.40	0.29	0.30	0.78	0.46	0.55
$Q_{net,ar}$	kJ/kg	24 210	24 430	23 970	21 930	18 730	18 380
DT	℃	1160	1260	1120	1100	1130	1160
ST	℃	1210	1330	1180	1140	1140	1170
FT	℃	1220	1410	1280	1190	1160	1190
SiO_2	%	28.97	25.70	22.04	28.73	41.18	14.68
Al_2O_3	%	11.02	13.15	10.74	9.84	16.87	4.63
Fe_2O_3	%	16.07	8.98	23.74	16.26	7.19	10.07
CaO	%	24.39	34.23	28.26	15.16	12.10	33.27
MgO	%	0.82	2.02	1.37	1.23	2.73	8.23
Na_2O	%	1.43	0.51	0.81	8.60	3.82	4.05
K_2O	%	0.55	1.32	0.38	0.77	1.01	0.56
TiO_2	%	0.77	0.64	1.02	1.50	0.70	0.12
SO_3	%	12.94	11.50	8.62	4.04	13.52	23.68
MnO_2	%	0.027	0.29	0.37	0.013		

2. 神华煤、准东煤的着火燃尽特性（见图 8-13 及图 8-14）

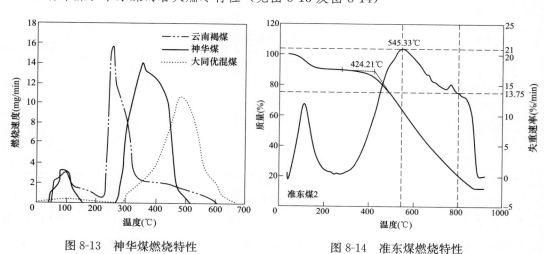

图 8-13 神华煤燃烧特性　　　　图 8-14 准东煤燃烧特性

不同煤种着火燃尽性能比较见表 8-6。从对比数据可以看出，神华煤及准东煤均为

着火性好的煤种，着火燃尽性能介于褐煤和常规烟煤之间，神华煤燃烧时放热集中度高，容易形成局部高温，准东煤由于含钠量较高，钠以水合离子的形式存在，对煤的着火和燃尽有阻碍作用，故准东煤的燃尽性能较神华煤差。

表 8-6　　　　　　　　　　不同煤种着火燃尽性能比较

项目	符号	单位	宝日希勒褐煤	神华烟煤	准东烟煤	贵州烟煤	潞安贫煤	贵州无烟煤
反应开始温度	t	℃	220	272	266	328	309	368
反应指数	RI	℃	196	213	220	253	280	318
燃尽指数	Cb		1.1000	1.01	1.0324	5.1985	7.6136	9.5870
煤的着火特性			极易	极易	极易	易	中等	难
煤的燃尽特性			极易	极易	极易	易	中等	中等
煤粉气流着火温度	IT	℃	440	540	520	690	780	880
工况一燃尽率	B_1	％	99.76	99.52	99.18	97.66	96.93	91.50
工况二燃尽率	B_2	％	99.39	99.29	98.88	96.89	93.42	89.83
结渣指数	Sc		1.170	1.266	1.399	0.775	0.238	0.331
煤的着火特性			极易	极易	极易	易	中等	极难
煤的燃尽特性			极易	极易	极易	易	中等	难
结渣特性			严重	严重	严重	严重	低	中等

3. 神华煤、准东煤结渣的防治

（1）针对神华煤、准东煤的防结渣设计。

1）炉膛特性参数的选取。为防止炉膛及屏式过热器结渣，燃用神华煤及准东煤时容积热负荷、断面热负荷、燃烧器区域热负荷均应控制在较低的水平，上层一次风到屏底的距离要求较大，以使屏底温度冷却到灰熔融温度以下。神华煤的炉膛特征参数按表 8-7 选取。

表 8-7　　　　　　　　　　神华煤的炉膛特征参数

机组功率	300MW	600MW	1000MW	
容积热负荷（kW/m³）	≤90	70～84	65～78（π型）	65～70（塔式）
断面热负荷（MW/m²）	≤4.0	≤4.3	4.3～4.5	4.45～4.7
燃烧器区域热负荷（MW/m²）	≤1.3	1.3～1.6	1.4～1.7	1.1
上层一次风到屏底的距离（m）	≥19	20～24	24～28	≥27
吹灰器数量	≥88	88～100	110～120	

2）燃烧器的布置。神华煤具有良好的着火特性，为防止炉膛水冷壁的结渣，采用切圆燃烧方式时，假想切圆直径应小一些，一次风最好采用小角度反切，二次风与一次风的偏转角控制在 15°以内，形成风包粉的气流结构，切圆相对直径控制在 0.5 左右。不能采用二次风大角度偏转的布置方式，否则将使一次风严重偏转，造成煤粉气流刷墙，加剧炉膛结渣。

（2）神华煤结渣的调整。为防止一次风偏转造成的炉膛水冷壁结渣，一次风速及周界风速应控制较高，以提高一次风气流的刚性，二次风速应控制小一些，以防止炉内局部温度过高；为防止屏式过热器的结渣，应提高煤粉到屏底前的燃尽率，降低屏式过热器底部温度。炉内煤粉在燃烧过程中，煤粉颗粒的温度高于烟气温度，煤粉粒径越大，颗粒与烟气的温差越大，见图 8-15。

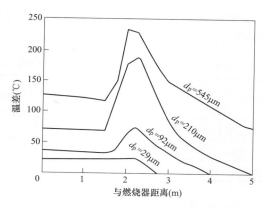

图 8-15　不同颗粒直径煤粉与烟气的温差

采用将煤粉细度控制细一些，可提高煤粉的燃尽率，降低屏式过热器下部温度，避免屏式过热器结渣。

（3）神华煤的掺烧。神华煤与其他煤种掺烧时，最好采用分仓上煤、分别磨制、分层送入的方式，为防止屏式过热器结渣，神华煤最好在下几层送入，上层用灰熔点较高的煤种，这样神华煤在到达屏底时燃尽效果较好，容易使灰的温度降低至熔点温度以下，从而避免屏式过热器结渣。

神华煤是高钙、高铁煤种，掺烧煤种要选择灰中钙、铁含量较低的煤种，如保德煤，以提高混煤的灰熔点，切忌选择铁含量高的大同煤、兖州煤与神华煤掺烧，否则会加剧结渣。

（4）燃用神华煤防屏式过热器结渣的改造。对于原设计上层一次风到屏底距离偏小的锅炉，燃用神华煤时屏式过热器结渣较难控制，对此可采用在屏底以下一定距离加装烟气再循环的方法降低屏底烟温，从而控制屏式过热器结渣。烟气再循环的烟气取自空气预热器后的低温烟气，通过再循环风机后在屏式过热器下部与高温烟气混合，可使屏式过热器下部烟温降低 50～100℃；也可在 SOFA 上方加装调温二次风来降低屏式过热器下部烟温，风源取自空气预热器出口及送风机出口，通过调节两路风的比例控制调温风的温度及风量，实现屏式过热器下部烟温的调节。加装烟气再循环及调温二次风的前提是在加装再循环烟气或调温二次风注入点以下位置，炉内过量空气系数已能满足燃尽需要，使燃尽区不上移，否则将引起火焰中心上移，加剧屏式过热器结渣。该改造方式虽然降低了屏式过热器入口烟温，但同时又增大了炉膛上部烟气量，对锅炉汽温的影响较小。

在屏区装设吹灰器可有效减轻屏区结渣的发展，因此燃用神华煤时要设屏区吹灰器，对于炉膛断面热负荷及燃烧器区域热负荷较高的锅炉，应在炉膛设计水力除渣设备以应对炉膛可能的结渣。

准东煤的结渣及灰污特性高于神华煤，燃尽特性低于神华煤，屏区的结渣风险远高于神华煤。因此，燃用准东煤的锅炉，炉膛特性参数选取时，容积热负荷、断面热负荷、燃烧器区域热负荷应取更低的数值，准东煤的炉膛特征参数按表 8-8 选取。由于准东煤的灰污特性高于神华煤，防高温沾污为准东煤的主要任务之一，吹灰器的设计数量要比神华煤增加，对于屏区的吹灰器应选用蒸汽吹灰器，对流受热面处的吹灰器可使用高声强的声波吹灰器。

表 8-8 准东煤的炉膛特征参数

机组功率	350MW	660MW	1000MW
容积热负荷（kW/m³）	≤80	≤70	≤60
断面热负荷（MW/m²）	≤4.2	≤4.0	≤3.8
燃烧器区域热负荷（MW/m²）	≤1.3	≤1.1	≤1.1
上层一次风到屏底的距离（m）	约23	约27	约30

对于准东煤还应优化受热面布置方案，完善受热面横向节距、纵向节距，以及受热面吊挂管方案。屏式过热器管屏横向节距的设计值足够大以防止挂焦产生阻塞，高温过热器、高温再热器和低温过热器/再热器受热面选取较大的横向节距，尽量减少灰粒子与受热面接触形成黏结、搭桥。

600MW 等级燃用准东煤受热面横向间距变化见表 8-9。

表 8-9 600MW 等级燃用准东煤受热面横向间距变化

管组	常规项目（mm）	调整后横向间距（mm）	调整百分比（%）
屏式过热器	1371.6	1714.5	25
高温过热器	609.6	685.8	12.5
高温再热器	228.6	457.2	100
低温再热器水平段	114.3	228.6	100
低温过热器水平段	114.3	228.6	100

— 第九章 —

汽温异常问题及诊断

汽温异常指主汽、再热蒸汽温度偏低，过热器、再热器减温水量偏大（实质是主汽、再热蒸汽温度偏高），主汽、再热蒸汽温度偏差大，单侧主汽、再热汽减温水量偏大。不管是汽温偏低还是减温水量偏大（汽温偏高），其结果都会引起机组循环效率降低，煤耗增高，经济性下降。

第一节　汽温异常原因分析

一、设计因素

由于炉膛出口烟温的计算没有准确的计算方法，各国都是在经验数据的基础上总结出的计算公式，在实际使用中经常出现与实际结果不相符的情况，由此导致受热面热力计算的结果出现偏差，造成各受热面比例不匹配，引起锅炉汽温异常。

在实际燃用煤质与设计相差不大的情况下，炉膛出口烟温设计计算值偏低时，往往造成过热器、再热器受热面布置偏大，锅炉在运行中超温或减温水量偏大；炉膛出口烟温设计计算值偏高时，造成过热器、再热器受热面布置偏小，锅炉在运行中主汽、再热汽温达不到设计值。

炉膛出口烟温偏低时，一般表现是过热器、再热器吸热比例偏小，水冷壁吸热比例偏大；炉膛出口烟温偏高时，一般表现是过热器、再热器吸热比例偏大，水冷壁吸热比例偏小。

可以在炉膛出口使用网格法布置烟温测点，测量实际各负荷运行中炉膛出口温度，判断炉膛出口烟温偏离设计的程度，为受热面调整提供设计依据。根据实测的各负荷炉膛出口烟温及各级受热面吸热量和吸热比例，调整热力计算程序，使之与实际的各受热面吸热量相符，之后用调整后的程序重新进行热力计算，并调整各受热面面积使锅炉汽温恢复正常。

二、燃用煤质变化

1. 煤中水分、灰分变化对锅炉汽温的影响

燃用煤质出现较大变化时，各受热面的吸热比例也会出现变化，造成汽温异常。当燃煤的灰分、水分增大时，燃煤发热量降低，理论燃烧温度明显降低（绝燃状态下），炉膛温度也明显降低，但炉膛出口温度只有少量下降，水冷壁吸热量减小，同时烟气量及灰带出炉膛的热量增大，对流换热量增加，过热器、再热器汽温增高或减温水量增

大。1kg煤在不同负荷下增加灰分及水分对炉膛出口温度及单位辐射热的影响参见图9-1～图9-4。

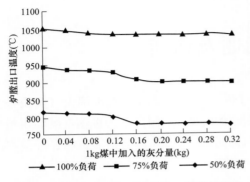

图9-1　煤中灰分增加对炉膛出口温度的影响

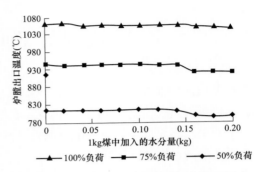

图9-2　煤中水分增加对炉膛出口温度的影响

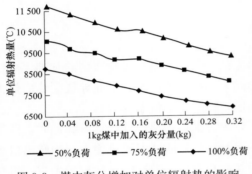

图9-3　煤中灰分增加对单位辐射热的影响

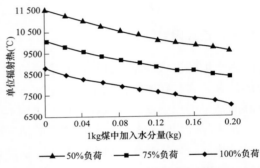

图9-4　煤中水分增加对单位辐射热的影响

2. 煤的挥发分变化对锅炉汽温的影响

燃用煤质挥发分出现大幅度变化时，炉膛的火焰中心位置相应改变，辐射换热量与对流换热量的比例会发生变化，引起锅炉汽温异常。燃用煤质挥发分大幅降低时，煤的燃尽时间延长，火焰中心抬高，过热器、再热器吸热量增加，水冷壁吸热量降低，主汽、再热汽温升高；燃用煤质挥发分大幅增高时，煤的燃尽时间缩短，火焰中心降低，过热器、再热器吸热量减小，水冷壁吸热量增加，主汽、再热汽温降低。

若今后需长期使用改变后的煤种，汽温不能有效控制或再热汽减温水量增大较多，引起机组煤耗显著升高时，需按实际使用煤质对锅炉进行热力计算，对受热面进行重新匹配。

三、受热面结渣

炉膛水冷壁结渣严重时，水冷壁有效换热面积减少，水冷壁吸热量降低，使炉膛出口烟温升高，造成过热器、再热器吸热量增大，引起主汽、再热蒸汽超温或减温水量增大；屏式过热器结渣时，屏式过热器吸热比例减小，低温过热器、高温过热器、高温再热器吸热比例增加，但过热器出口汽温降低或过热器总减温水量减小，再热器吸热比例升高或减温水量增大；水冷壁、屏式过热器同时结渣时，炉膛出口烟温大幅升高，水冷壁吸热比例下降，屏式过热器吸热比例变化不明显，再热器吸热比例大增、省煤器吸热比例也有所增大，排烟温度、空气预热器出口热风温度升高。

锅炉结渣时在冷灰斗可以看到大的块渣，或渣量大幅增加，结合锅炉蒸汽参数及烟温、风温的变化可判断结渣的大致位置，采取针对性的措施。

四、受热面积灰

当燃煤灰的黏性较强或吹灰器不能有效投运时，灰容易在受热面上黏附，使受热面换热效果变差，引起受污染的受热面吸热量降低，其后的受热面吸热量增大，造成锅炉汽温异常。尤其在长期低负荷运行时，烟气流速降低，烟气对受热面的冲刷能力减弱，灰容易黏附在受热面上形成积灰。对于分隔竖井烟道采用烟气挡板调温的锅炉，挡板开度偏小到一定程度时，该侧烟道烟气流速减小，严重时会引起该侧烟道积灰及烟道部分堵塞，烟道积灰及烟道部分堵塞后反过来使烟气流量进一步降低，最终使该侧竖井烟道内的受热面换热量大幅减少，造成汽温异常。因此，采用烟气挡板调温的锅炉，烟气挡板的最小开度要加以控制，两侧烟道挡板开度之和应大于120％。适时吹灰是解决受热面积灰的有效手段，低负荷运行时要进行选择性吹灰，主要是对不影响燃烧稳定性的水平烟道及竖井烟道进行吹灰。

五、炉膛出口两侧偏差大

切圆燃烧方式的烟温偏差随着锅炉容量的增大而增大，特别是燃用低挥发分贫煤的锅炉，如不采取消除措施或受热面蒸汽交叉不合理，蒸汽侧的偏差很难消除。当炉膛出口两侧偏差过大时，容易出现受热面管材局部过热。为保证受热面安全，采用加大前置减温器的减温水量，降低容易过热的受热面入口汽温，使该受热面整体出口汽温降低，最终引起锅炉汽温降低。对于炉膛出口两侧偏差大造成的锅炉汽温降低，其主要特征是同一减温器两侧的减温水量偏差大，单侧减温水量远超同负荷设计值，通过受热面吸热比例计算可发现某一受热面单侧吸热比例远超设计，而另一侧则远低于设计，高温过热器后烟温偏差大。如将减温水高的一侧减温水降低与低的一侧调平衡，会出现单侧蒸汽超温和单侧某一受热面壁温超限情况。

对于由于炉膛出口两侧偏差大造成的汽温降低，主要应从减小两侧烟气偏差入手，也可改变蒸汽的交叉布置方式。

减小烟气偏差的主要手段是将同一层四角燃烧器粉量、风量调平，采用合理的煤粉细度，以及合理的一、二次风配风方式，降低火焰中心高度、减小三次风带粉量、采用较小的假想切圆直径，燃尽风采用合理的角度反切。

蒸汽侧减小两侧偏差的措施主要是合理选择两侧蒸汽交叉的位置和交叉的次数。

六、汽包内汽水分离装置分离效果差

对于汽包炉，当汽包内汽水分离器分离出现问题时，蒸汽带水量增加，过热器的吸

热部分用于水的汽化,由于汽化潜热很高,这部分带出水的汽化过程要吸收很高热量,使得过热蒸汽加热使之温度升高的热量减少,引起主汽温度降低。汽水分离效果差导致的主汽温度降低的主要特征是,随着锅炉负荷的升高,主汽温度降低、随着汽包水位的升高,同一负荷主汽温度降低、饱和蒸汽品质变差。

造成汽水分离器分离效果差的主要原因是分离器入口汽水汇流箱未满含或脱焊,造成汽水部分不经分离短路,分离器固定不好产生倾斜或倒塌。消除汽包内汽水分离器的问题后,主汽温度就可恢复正常。

七、省煤器改造不当

当锅炉排烟温度高时,有时选用增加高温省煤器面积的方法进行改造。改造后,由于省煤器出口水温升高,在进入水冷壁时达到蒸发温度的欠焓减小,炉膛蒸发产汽量增大,总体用于加热给水至蒸发的热量增加,而用于将饱和汽加热到过热蒸汽的热量减少,使得过热汽温降低。当原来过热器减温水量较小或低负荷无减温水时,增加省煤器受热面积后,可能会使锅炉主汽温度达不到设计值。

因此,增加省煤器面积降低排烟温度的改造必须兼顾改造后对过热汽温的影响,要对锅炉进行整体的热力核算后方可进行。在原来过热器减温水量较大或低负荷过热汽温有调节余地时,才可采用。

八、受热面壁温安装不合适

当某一级过热器、再热器出口壁温安装出现不合理使得测量壁温比实际高的情况时,受热面壁温容易超限,为使壁温降至安全值以下,必然要通过增大该受热面之前的减温水量控制该受热面入口汽温,从而使该受热面出口汽温降低,严重时引起锅炉出口汽温降低。该类汽温降低的特征是壁温容易超限的受热面出口汽温与外壁温度的差值很大,且随着负荷的升高差值越来越大。

受热面的炉外壁温主要是测量所在管圈出口蒸汽温度,测点处除大罩壳保温外单独加有保温,其测量的外壁温度与所在管的出口蒸汽温度接近。当测点离顶棚很近时,炉内外壁温度会传导到炉外,而炉内外壁温度远高于炉外壁温,造成测量的炉外壁温偏高。

正确的炉外壁温应布置在离顶棚400mm以外的位置,在大罩壳保温的基础上,只在测点处加装保温,顶棚出口至测点处不设单独保温。

九、调温手段失效

锅炉过热器调温一般采用喷水加燃烧器上下摆动或喷水加尾部烟气挡板调温,再热器一般采用燃烧器上下摆动或尾部烟气挡板调温。采用燃烧器摆动火嘴调温方式时,经常出现四角摆动不同步或单个火嘴卡涩的情况及摆动机构销钉剪断等问题。摆动机构销钉剪断后,所在燃烧器下倾,燃烧情况会恶化,低负荷甚至会发生灭火。上述问题发生后电厂不再敢用摆动火嘴进行调温,部分失去了调温手段,造成低负荷主汽、再热汽温偏低。

摆动机构卡涩及销钉剪断问题的实质是摆动机构预留的间隙过小，在热态膨胀后形成卡涩。对此问题的解决办法是检修时认真检查摆动机构预留的膨胀间隙，使之符合要求。四角摆动不同步的原因是气缸泄漏和定位器质量不佳，通过选用质量好的定位器及气缸，可解决摆动机构四角摆动不同步的问题。

当减温水调门关闭不严时，低负荷有可能使锅炉汽温偏低，判断减温水调门关闭是否严密的方法是观察减温器前后的温度变化，关闭严密时前后温度降低不超过 2℃，如前后温降超过 5℃，需要对减温水调门进行检修处理。

十、汽轮机通流部分改造对再热汽温影响

很多较早设计的机组，汽轮机的热耗较高，为此进行了通流部分改造，改造后高缸效率提高，高缸排汽温度降低，也即再热器入口温度降低。在再热器面积不变的情况下，再热汽温降低，这种情况在低负荷时尤为明显。对此，应对再热器进行增大受热面的改造，方可使再热器恢复正常。

十一、运行调整问题

1. 煤粉细度与所燃煤质不相适应

当运行调整不当时，会使炉膛火焰中心位置抬高或降低，引起锅炉汽温的异常。煤粉细度偏粗时，火焰中心抬高，锅炉汽温升高；反之，火焰中心降低，锅炉汽温降低。因此，要按燃用煤质的实际挥发分的高低调整煤粉细度的大小，使煤粉细度与所燃用煤质相适应。

2. 一次风速不合理

在燃用低挥发分煤种时一次风速过高，会使着火推迟，中、下层燃烧器着火后燃烧发展也较慢，使得燃烧器中、下层炉膛对应部位炉内温度偏低，对应的换热量减少，这样炉膛上部区域燃烧的强度增大，火焰中心抬高，引起锅炉主汽、再热汽温的增高或减温水量的增大。

在采用中速磨时，当燃煤发热量降低时，每台磨煤机的煤量增大，磨煤机煤量又与磨煤机入口风量成正比例关系，燃煤发热量降低时，一次风量也增大，造成一次风速过高。对此燃用煤质发热量降低时，磨煤机入口风量应采用负偏置设置。

因此，通过测量一次风速对风速不合理者进行调整，使之保持合理值，是使锅炉汽温恢复正常的手段之一。

3. 二次风配风方式不合理

二次风配风方式不同，炉膛火焰中心的高度也不同，燃烧器上下不分组时，二次风采用倒塔配风，火焰中心降低，锅炉出口汽温降低；二次风采用正塔配风，火焰中心抬高，锅炉出口汽温升高。燃烧器上下分组时，每组燃烧器均采用正塔配风，火焰中心抬高，锅炉出口汽温升高；每组燃烧器均采用倒塔配风，火焰中心降低，锅炉出口汽温降低。要根据锅炉汽温的情况，选择好合理的二次风配风方式。

4. 三次风速偏高

当采用储仓式制粉系统时，制粉系统的运行方式不合理会使三次风速偏高，三次风速偏高时，细粉分离器风量增加，分离效率降低，三次风带粉量增加，使炉膛上部热负荷偏高，引起锅炉汽温升高。引起三次风量大的原因主要有制粉系统漏风量大、开冷风调整磨煤机出口温度。其特征是排粉机电流大、再循环开度小、冷风门开启、沿程漏风大。对此，应治理制粉系统漏风，改进制粉系统运行方式，关闭冷风门，用调整再循环的方式调整磨出口温度，使三次风量恢复到正常值。

5. 低负荷燃烧器投运方式调整

锅炉汽温随着负荷的降低而降低，很多锅炉低负荷汽温偏低较多。对于燃烧器上下不分组的锅炉，低负荷应采用一次风上三层的投运方式，停用下一、二层煤粉火嘴；对于燃烧器上下分组的锅炉，若一次风五层布置，下三层为一组，上两层为一组，低负荷可采用一次风 B、C、D 层运行的组合方式，若分组方式为 A、B 一组，C、D、E 为一组，低负荷可采用一次风 C、D、E 层运行的组合方式；对于一次风四层布置的锅炉，一般上下燃烧器不分组，有可能的情况是 B 层燃烧器与 C 层燃烧器距离稍大一些（中间多布置一层二次风），低负荷仍有可能采用 B、C、D 层运行的组合方式，只是需将 B 层与 C 层之间的二次风停用部分层（三层形式的关闭上、下两层，留中间层，两层形式的关闭下层），使 B、C 层煤粉相对集中。上述措施可显著提高低负荷火焰中心高度，从而提高锅炉汽温。采用停用下层燃烧器运行方式在燃用低挥发分煤种时，停用层以下的二次风门要确保能关闭严密，否则下层燃烧器处漏入风量较大，会使运行燃烧器底部炉温降低，影响运行的下层燃烧器的着火性能，产生燃烧不稳问题。

🏭 第二节　锅炉汽温异常诊断及受热面改造

对锅炉各级受热面进行换热比例核算，与同负荷设计值比较，可以确定汽温异常的原因，从而采取针对性的调整及改造措施。各级受热面的换热量主要通过汽水侧的参数变化计算得到。

一、锅炉受热面吸热比例核算

（一）一次汽吸热量 $\sum Q_{gr}$ 的构成

1. 高温过热器吸热量

高温过热器吸热量的计算如下：

$$Q_{gg} = D(i''_{gg} - i'_{gg})$$

式中　Q_{gg}——高温过热器吸热量，kJ/h；

i''_{gg}、i'_{gg}——高温过热器出、入口蒸汽焓，kJ/kg；

D——高温过热器出口蒸汽流量，kg/h。

2. 后屏过热器吸热量

后屏过热器吸热量的计算如下：

$$Q_{hp} = (D - D_{jw3})(i''_{hp} - i'_{hp})$$

式中　Q_{hp}——后屏过热器吸热量，kJ/h；

　i''_{hp}、i'_{hp}——后屏过热器出、入口蒸汽焓，kJ/kg；

　　D_{jw3}——过热器三级减温水流量，kg/h。

　　过热器三级减温水流量的计算如下：

$$D_{jw3} = \frac{D(i''_{hp} - i'_{gg})}{i''_{hp} - i_{jw}}$$

式中　i_{jw}——过热器减温水焓，kJ/kg。

3. 大屏过热器吸热量

大屏过热器吸热量的计算如下：

$$Q_{dp} = (D - D_{jw3} - D_{jw2})(i''_{dp} - i'_{dp})$$

式中　Q_{dp}——大屏过热器吸热量，kJ/h；

　　D_{jw2}——过热器二级减温水流量，kg/h；

　i''_{dp}、i'_{dp}——大屏过热器出、入口蒸汽焓，kJ/kg。

　　过热器二级减温水流量的计算如下：

$$D_{jw2} = \frac{(D - D_{jw3})(i''_{dp} - i'_{hp})}{i''_{dp} - i_{jw}}$$

4. 低温过热器吸热量

低温过热器吸热量的计算如下：

$$Q_{dg} = (D - D_{jw3} - D_{jw2} - D_{jw1})(i''_{dg} - i_{bq})$$

式中　D_{dg}——低温过热器吸热量，kJ/h；

　　D_{jw1}——过热器一级减温水流量，kg/h；

　　i''_{dg}——低温过热器出口焓，kJ/kg；

　　i_{bq}——饱和蒸汽焓，kJ/kg。

　　过热器一级减温水流量的计算如下：

$$D_{jw1} = \frac{(D - D_{jw3} - D_{jw2})(i''_{dg} - i'_{dp})}{i''_{dg} - i_{jw}}$$

5. 水冷壁吸热量

水冷壁吸热量的计算如下：

$$Q_{sl} = (D - D_{jw3} - D_{jw2} - D_{jw1})(i_{bq} - i''_{sm}) + D\phi_{pw}(i_{bs} - i''_{sm})$$

式中　Q_{sl}——水冷壁吸热量，kJ/h；

　　i''_{sm}——省煤器出口水焓，kJ/kg；

　　i_{bs}——饱和水焓，kJ/kg；

　　ϕ_{pw}——排污比率。

6. 省煤器吸热量

省煤器吸热量的计算如下：

$$Q_{sm} = (D - D_{jw3} - D_{jw2} - D_{jw1} + D \times \phi_{pw})(i''_{sm} - i_{gs})$$

式中　Q_{sm}——省煤器吸热量，kJ/h；

　　　i_{gs}——给水焓，kJ/kg。

（二）二次汽吸热量 $\sum Q_{zr}$ 的构成

1. 高温再热器吸热量

高温再热器吸热量的计算如下：

$$Q_{gz} = D_{gz}(i''_{gz} - i'_{gz})$$

式中　Q_{gz}——高温再热器吸热量，kJ/h；

i''_{gz}、i'_{gz}——高温再热器出、入口蒸汽焓，kJ/kg；

　　　D_{gz}——高温再热器出口蒸汽流量，kg/h。

2. 低温再热器吸热量

低温再热器吸热量的计算如下：

$$Q_{dz} = (D_{gz} - D_{zj})(i''_{dz} - i'_{dz})$$

式中　Q_{dz}——低温再热器吸热量，kJ/h；

　　　D_{zj}——低温再热器减温水流量，kg/h；

i''_{dz}、i'_{dz}——低温再热器出、入口蒸汽焓，kJ/kg。

$$D_{zj} = \frac{D_{gz}(i''_{dz} - i'_{gz})}{i''_{dz} - i_{zj}}$$

式中　i_{zj}——再热器减温水焓，kJ/kg。

（三）各受热面吸热比例

高温过热器吸热比例：　$L_{gg} = \dfrac{Q_{gg}}{\sum Q_{gr} + \sum Q_{zr}}$

后屏过热器吸热比例：　$L_{hp} = \dfrac{Q_{hp}}{\sum Q_{gr} + \sum Q_{zr}}$

大屏过热器吸热比例：　$L_{dp} = \dfrac{Q_{dp}}{\sum Q_{gr} + \sum Q_{zr}}$

低温过热器吸热比例：　$L_{dg} = \dfrac{Q_{dg}}{\sum Q_{gr} + \sum Q_{zr}}$

水冷壁吸热比例：　$L_{sl} = \dfrac{Q_{sl}}{\sum Q_{gr} + \sum Q_{zr}}$

省煤器吸热比例：　$L_{sm} = \dfrac{Q_{sm}}{\sum Q_{gr} + \sum Q_{zr}}$

高温再热器吸热比例：　$L_{gz} = \dfrac{Q_{gz}}{\sum Q_{gr} + \sum Q_{zr}}$

低温再热器吸热比例：　$L_{dz} = \dfrac{Q_{dz}}{\sum Q_{gr} + \sum Q_{zr}}$

省煤器与水冷壁吸热比例之和：　$\dfrac{Q_{sm} + Q_{sl}}{\sum Q_{gr} + \sum Q_{zr}}$

过热器吸热比例：　$\dfrac{Q_{dg} + Q_{dp} + Q_{hp} + Q_{gg}}{\sum Q_{gr} + \sum Q_{zr}}$

再热器吸热比例：
$$\frac{Q_{dz} + Q_{gz}}{\sum Q_{gr} + \sum Q_{zr}}$$

二、锅炉汽温异常时锅炉各阶段吸热比例的变化

锅炉汽温异常的实质是蒸发前吸热、蒸汽从饱和蒸汽加热到过热器出口温度时吸热、高压缸出口排汽温度加热到再热器出口温度时再热蒸汽吸热三者比例的失衡，省煤器和水冷壁的吸热为水从给水温度加热到饱和蒸汽的吸热量，从换热的阶段可视作一个整体考虑。增减省煤器或水冷壁吸热面积均能达到增加或减少蒸发前吸热量，从而改变上述三个换热阶段的换热比例，引起锅炉汽温的变化。如果配合过热器、再热器面积的增减，可使三者比例变化加大，对锅炉汽温异常的解决更加有效。

三、锅炉受热面比例失调引起的汽温异常的分类及改造

（一）锅炉受热面比例失调引起的汽温异常的分类

1. 锅炉主再热器整体汽温偏低

对于锅炉主再热器整体汽温偏低的问题，分为两种情况：

第一种是省煤器和水冷壁吸热总和偏大，炉膛出口烟气温度偏低，通过减少省煤器或水冷壁换热面积可降低水在蒸发前的吸热量，达到提高炉膛出口烟气温度、提高锅炉主再热汽温的目的。对于减少水冷壁吸热量的改造，一般采用在炉膛水冷壁上设置卫燃带的方法实现，卫燃带布置主要放在炉膛燃烧器的中下层区域；对于减少省煤器吸热量的改造，可通过减少省煤器管排中管子的长度实现，同时对省煤器出口联箱降低高度，省煤器面积减少后，空出来的空间用于增加低温过热器或低温再热器面积，如此可在提高汽温的同时不增大排烟温度；也可采用水冷壁上设置卫燃带和减少省煤器面积的联合改造方式。但改造方案必须进行热力计算校核，以确定各受热面的增减数量。

第二种是屏式过热器吸热量偏高造成过热汽温偏低，造成高压缸排汽出口（再热器入口）汽温降低，引起再热器出口温度降低。当屏式过热器面积偏大时，屏式过热器吸热量增加，屏式过热器出口汽温升高，偏差管的壁温升高。为降低偏差管的壁温，增大屏式过热器前减温水量，使屏式过热器出口汽温降低，当高温过热器的吸热量不足以将屏式过热器出口汽温加热至额定时，过热器出口温度降低。改造的方向是减小屏式过热器面积，以减少屏式过热器吸热量，使其后烟气温度升高，提升高温过热器的换热能力，从而提高过热器出口汽温；或对屏式过热器材质进行升级，提高管材耐高温性能，减少屏式过热器入口减温水量，以提高屏式过热器出口控制汽温，使过热器出口汽温升高。

2. 锅炉主再热器整体汽温偏高

对于锅炉主再热器整体汽温偏高（减温水量偏大）的情况，主要是省煤器和水冷壁吸热总和偏小，炉膛出口烟气气温偏高使然，通过增大省煤器或水冷壁换热面积来增大水蒸发前的吸热量，达到降低炉膛出口烟气温度、降低锅炉主再热汽温（减温水量）的目的。对于原来炉膛设置有卫燃带的，可通过减少卫燃带面积增加水冷壁吸热量，但对

于燃烧稳定性较差的锅炉，不宜采用此方法。减少卫燃带时宜移去已布置卫燃带的中上部分；对于增大省煤器吸热量的改造，可通过增加省煤器管排中管子的长度实现，但必须保证省煤器到水冷壁蒸发时的欠焓，否则将会使水冷壁出现沸腾，造成水冷壁过热损坏。一般要求省煤器出口水温比饱和温度低 7℃以上。必要时，对低温过热器、低温再热器进行减少蒸汽入口端管圈长度，减少低温过热器、低温再热器受热面积的改造，同时可保证省煤器与低温过热器、低温再热器之间的检修空间。

3. 过热汽温高（减温水量大）、再热汽温低或过热汽温低、再热汽温高（减温水量大）

在蒸发前吸热比例与设计误差不大的情况下，由于过热器与再热器换热面积不匹配，会出现过热汽温高（减温水量大）、再热汽温低或过热汽温低、再热汽温高（减温水量大）的情况。当过热器吸热比例偏大时，使过热器后烟气温度降低，造成其后面的再热器受热面吸热量减小，过热汽温高（减温水量大）是造成再热汽温低的原因，通过减小过热器面积可减少过热器吸热量，使再热汽温升高；反之，再热器受热面吸热量偏大时，使再热器后烟气温度降低，造成其后面的过热器受热面吸热量减小，再热汽温高（减温水量大）是过热汽温低的原因，通过减小再热器面积可减少再热器吸热量，使过热汽温升高。

（二）受热面改造方式的选择

根据锅炉再热汽温调节方式的不同，炉内受热面的布置方式也不同，采用摆动燃烧器调节再热汽温的锅炉，炉膛上部水冷壁的两侧墙及前墙区域一般布置有壁式再热器，作为再热器受热面的低温段，炉膛上方为分割屏（前屏）及后屏，后屏出口依次布置中温再热器（屏式再热器）、高温再热器、高温过热器，而将低温过热器布置在竖井烟道上部；采用烟气挡板调节再热汽温的锅炉，后屏出口依次布置高温过热器及高温再热器，竖井烟道分割为前后两个部分，上部分别布置低温再热器和低温过热器。

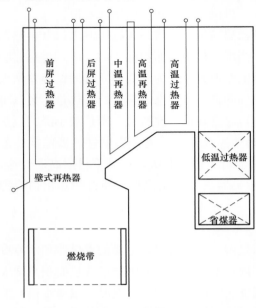

图 9-5　锅炉受热面布置

如图 9-5 所示，在竖井烟道的转向室处存在较多的空间，在此处增加受热面较为方便。对于采用摆动燃烧器调节再热汽温的锅炉，中温再热器及高温再热器由于受管屏下部到折焰角底部距离的影响，一般不易通过加高管屏高度来增加中温再热器及高温再热器受热面积，增加再热器受热面主要通过增加壁式再热器受热面实现；减少再热器受热面积则可以采用减少中温再热器及高温再热器管屏高度的方法实现，但壁式再热器较难实现减少面积的改造。增减过热器面积则较为容易实现，前、后屏均可以通过加大或减少管屏高度实现受热面的增减，高温过热器、低温过热器可通过管圈长度的增减达到增加或减少受热面数量的目的。

对于采用烟气挡板调节再热汽温的锅炉，前、后屏均可以通过加大或减少管屏高度实现受热面的增减，但高温过热器增加面积较难实现，但减少面积可通过减少高温过热器管屏高度实现，低温过热器也较容易通过管圈长度的增减达到增加或减少受热面的目的；低温再热器均可通过管圈长度的增减达到增加或减少受热面，高温再热器可通过截断管屏高度减少受热面，但增加受热面积较难。由于高温再热器、低温再热器按烟气流向相邻，增减高、低温段的任何部分均能达到最大增加或减少再热器换热量的需要。

烟气挡板调节再热汽温的受热面布置、摆动燃烧器调节再热汽温的受热面布置及壁式再热器增加受热面的布置均可采用图 9-6 所示方式，将增加的受热面伸入炉膛空间，改造时穿墙管及联箱不变，工作量较小。

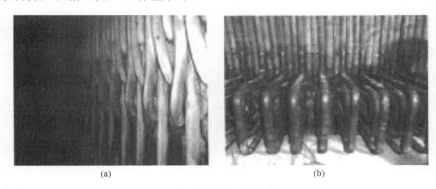

(a)　　　　　　　　　　　　(b)

图 9-6　壁式再热器增加受热面的改造示意

（a）改造前；（b）改造后

第三节　锅炉汽温异常的改造

一、锅炉低负荷汽温低的改造

早期投产的 300MW 机组切圆燃烧锅炉汽温偏低问题较为常见，尤其是低负荷再热汽温低的问题，主要原因是设计计算不准确，水冷壁吸热量偏大，炉膛出口烟温偏低，使对流换热量降低。很多锅炉低负荷再热汽温偏低 $15\sim20℃$，在汽轮机进行通流部分改造后，再热汽温偏低的问题更加突出，对机组运行的经济性影响较大。

解决此类锅炉再热汽温偏低问题的思路主要从两方面考虑：一是通过增加再热器换热面积提高再热器的换热量，二是通过减少水冷壁吸热量提高炉膛出口烟温。减少炉膛水冷壁吸热量的方法，一是抬高火焰中心高度，二是对炉膛水冷壁增设卫燃带减少有效吸热面积。

对于设计为摆动燃烧器的锅炉，抬高火焰中心的方法可以采用燃烧器上摆实现，但低负荷燃烧器上摆时容易造成燃烧不稳，摆动的角度受燃烧稳定性的限制。采用上组磨煤机或燃烧器组合方式也可有效抬高火焰中心，如在上层燃烧器组合方式下，低负荷再热汽温仍然偏低者，对于结渣倾向较小的锅炉通过在炉膛增设卫燃带是较为可行的方案。

对于燃烧器上下不分组的锅炉，采用上组燃烧器运行辅之下组燃烧器部位增设卫燃带的方案可较大幅度地提高再热汽温；对于燃烧器上下分组的锅炉，采用上组燃烧器运行方式时，对于燃烧稳定性差的锅炉，提高再热汽温只能采用下组燃烧器部位增设卫燃带的方案。卫燃带敷设时，要考虑对炉膛结渣的影响，尽量将卫燃带布置在低温区及射流的初始段，不在向火侧敷设；或采用分割品字形布置，每块卫燃带之间留出一定距离，使卫燃带上出现结渣时不能连续。也可采用下组燃烧器整体上抬的方案进行改造，或采用最下层一次风火嘴上移至原第二（第三层）层以上，使上、下组燃烧器间距离减小，实现低负荷上三层燃烧器运行方式，使低负荷运行方式时火焰中心提高，以提高低负荷再热汽温。

二、改造实例

1. 设备情况

某电厂 1 号炉为哈锅生产的 HG-1025/18.2-YM13 型亚临界一次中间再热自然循环燃煤锅炉，采用四角切圆燃烧方式，配四套钢球磨中储式制粉系统，一次风热风送粉方式，每角燃烧器共有五层一次风喷口，自下而上分别为 A、B、C、D、E 层，其中 A、B、E 为 WR 型宽调节比上、下浓淡燃烧器，C、D 层为双通道自稳式燃烧器，每个角二次风十一层，最上两层二次风为燃尽风，采用反切布置；三次风采用双通道形式，偏置布置在燃烧器最上方。

该电厂 1 号锅炉 ECR 工况主要设计参数见表 9-1。

表 9-1   某电厂 1 号锅炉 ECR 工况主要设计参数

项目	单位	参数
蒸发量	t/h	910.48
主汽压力	MPa	17.27
主汽温度	℃	540
再热蒸器流量	t/h	747.47
再热器进、出口汽温	℃	320/540
容积热负荷	MW/m³	98.53
断面热负荷	MW/m²	4.794
过热器总面积	m²	16 253.5
再热器总面积	m²	13 607
再热汽温调温方式		烟气挡板

该电厂 1 号锅炉设计煤质及实际燃用煤质见表 9-2。

2. 锅炉一、二次汽温情况

锅炉 ECR 工况各段汽温比设计值均低 15～25℃，过热器出口汽温为 520℃，再热器出口汽温为 518℃，过热器一、二级减温水量为零。该电厂 1 号锅炉汽水系统的参数见表 9-3。

表 9-2 某电厂 1 号锅炉设计煤质及实际燃用煤质

项目	单位	设计煤质	实际燃用煤质
M_t	%	10.15	8~10
A_{ad}	%	26.26	25.0~26.5
V_{daf}	%	14.36	14.0~14.5
$Q_{net,ar}$	kJ/kg	20 720	19 800~21 210

表 9-3 某电厂 1 号锅炉汽水系统的参数

项目	单位	设计 ECR 工况	实际 ECR 工况
给水温度	℃	274.0	277.5
一级减温器入口汽温	℃	390	375
一级减温水量	t/h	23.1	0
二级减温器入口汽温	℃	475	455
二级减温水量	t/h	11.9	0
高温过热器出口汽温	℃	540	515~525
低温再热器入口汽温	℃	316.7	310.0
高温再热器出口汽温	℃	540	520~525
一次热风温	℃	336	296
二次风温	℃	344	298

3. 锅炉汽温偏低的原因分析

通过对该炉炉膛出口温度的测量，炉膛出口温度为 1000℃，比设计值低 41℃；高温过热器出口温度为 830℃，比设计值低 76℃。从汽水系统参数及炉膛出口烟温测量数据分析，该炉蒸发受热面面积偏大，而过热器面积偏小。蒸发受热面面积偏大是造成炉膛出口烟气温度偏低，继而导致锅炉主汽温度低的原因。再热汽温低主要是由于主汽温度偏低后导致汽轮机侧高压缸出口排汽温度降低造成的，其次还有再热器吸热不足的因素。

4. 改造方案

由于该炉还存在低负荷燃烧不稳问题，说明炉膛温度水平偏低，改造时采用在炉膛下组燃烧器以下区域敷设卫燃带的改造方案，不仅可以减少水冷壁吸热量，提高炉膛出口烟温，达到提升锅炉汽温的目的；同时，还能提高下组燃烧区域炉内温度，增强燃烧的稳定性。为确定敷设的卫燃带面积，通过不同卫燃带敷设面积对锅炉进行热力校核计算，计算结果见表 9-4。

通过热力校核计算确定最终卫燃带的面积为 100m²，卫燃带采用高铝质的耐火浇注料，厚度为 40mm，卫燃带采用品字形布置，敷设范围为第一层燃烧器中心线以下

0.5m 至第一层燃烧器中心线以上 3.263m，总高度为 3.762m，为防止结渣，距离燃烧器喷口的 10 根水冷壁管范围内不设卫燃带。

表 9-4　　　　　　　　　　不同卫燃带敷设面积对锅炉进行热力校核计算结果

项目	单位	变化量	方案1	方案2	方案3
卫燃带面积	m²	增加	60	80	100
火焰中心高度	m	上升	1.13	1.50	1.68
炉膛出口烟温	℃	上升	53	72	82
高温过热器后烟温	℃	上升	22.6	30	33.6
主汽温度	℃	上升	12.4	16.5	18.5
再热汽温	℃	上升	9.9	13.2	14.8

5. 改造后的效果

改造后通过对炉膛温度测量，发现下组燃烧器区域炉膛温度提高了 150℃ 左右，燃烧的稳定性大幅提高，炉渣含碳量明显降低，且炉内无结渣发生；300MW 负荷炉膛出口温度达到 1078℃，高于设计值，主汽、再热汽温在 50%～100%ECR 负荷范围达到了设计值。

—— 第十章 ——

受热面高温腐蚀

受热面高温腐蚀在投运的大型电站煤粉锅炉较为常见，特别是燃用高硫煤的锅炉及进行空气分级的低 NO_x 燃烧器改造锅炉上。高温腐蚀分为硫化物型、硫酸盐型、氯化物型三种类型。硫化物型腐蚀大多发生在炉膛水冷壁上；硫酸盐型腐蚀主要发生在高温受热面上，如锅炉的过热器和再热器上；氯化物型腐蚀主要发生在垃圾焚烧锅炉和燃用或掺烧生物质的锅炉的过热器上。

第一节　高温腐蚀的机理

一、硫化物型腐蚀

硫化物型腐蚀的腐蚀速度一般为 $0.8\sim3.5\,mm/(10000h)$，腐蚀后的管壁减薄形貌较多，一般是分层减薄，而管壁向火侧减薄较快。燃料中的黄铁矿（FeS_2）随灰粒和未燃尽煤粉一起冲到管壁上，受热分解出自由原子硫和硫化亚铁，即

$$FeS_2 \rightarrow FeS + [S]$$

燃烧器区域供氧不足时，会使水冷壁附近出现大量硫化氢。当过量空气系数小于 1.0 时，硫化氢含量急剧增加，烟气中 CO 的含量越多，H_2S 的含量也越高。硫化氢浓度与过量空气系数及一氧化碳浓度的关系见图 10-1 及图 10-2。

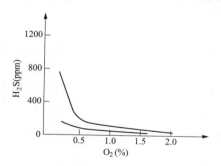

图 10-1　硫化氢浓度与过量空气系数的关系

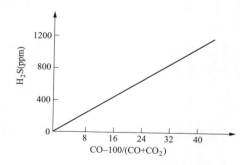

图 10-2　硫化氢浓度和一氧化碳浓度的关系

当管壁温度达到 $350\,℃$ 时，游离态硫与铁反应形成高温腐蚀，其反应式如下：

$$Fe + [S] \rightarrow FeS$$

硫化氢气体和游离态 $[S]$ 一样具有渗透作用，可沿金属晶界穿过致密的磁性氧化铁层，与 FeO 及 Fe 发生反应，从而腐蚀水冷壁管，其反应式如下：

$$H_2S + FeO \rightarrow FeS + H_2O$$

$$H_2S + Fe \rightarrow FeS + H_2 \uparrow$$

硫化亚铁进行缓慢氧化而生成黑色磁性氧化铁 Fe_3O_4，这一过程使管壁受到腐蚀，其反应式如下：

$$3FeS + 5O_2 \rightarrow Fe_3O_4 + 3SO_2 \uparrow$$

二、硫酸盐型腐蚀

硫酸盐型腐蚀主要有两种方式：一种是复合硫酸盐腐蚀，另一种是焦硫酸盐腐蚀。

1. 复合硫酸盐腐蚀

复合硫酸盐腐蚀过程可以分为五步来说明。

第一步：受热面生成一层薄的氧化铁（Fe_2O_3）铁锈和极细灰粒的沾污层，其厚度是有限的，实际上是金属的保护膜。

第二步：在火焰高温作用下而升华的碱土金属氧化物（如 Na_2O 和 K_2O 等），冷凝在管壁的沾污层上，如果周围烟气中有 SO_3，则会发生反应形成硫酸盐，其反应式如下：

$$Na_2O + SO_3 \rightarrow Na_2SO_4$$

$$K_2O + SO_3 \rightarrow K_2SO_4$$

第三步：硫酸盐层增加，热阻加大，表面温度升高而开始发黏、熔化，并开始黏结飞灰，形成疏松的渣层，硫酸盐熔化时会放出 SO_3。

第四步：所放出的 SO_3 及烟气中的 SO_3 会通过疏松的渣层向内扩散，并产生以下反应：

$$3K_2SO_4 + Fe_2O_3 + 3SO_3 \rightarrow 2K_3Fe(SO_4)_3$$

管壁 Fe_2O_3 铁锈层被破坏，而 $K_3Fe(SO_4)_3$ 在 $550 \sim 710℃$ 下就会熔化，进一步氧化而使金属耗损。Na_2SO_4 或 K_2SO_4 的循环作用使腐蚀不断进行。

$$10Fe + 2Na_3Fe(SO_4)_3 \rightarrow 3Fe_3O_4 + 3FeS + 3Na_2SO_4$$

第五步：运行中清灰或灰渣因过厚而脱落，使 $K_3Fe(SO_4)_3$ 等暴露在火焰高温辐射下，产生如下反应：

$$2K_3Fe(SO_4)_3 \rightarrow 3K_2SO_4 + Fe_2O_3 + 3SO_3 \uparrow$$

$$2Na_3Fe(SO_4)_3 \rightarrow 3Na_2SO_4 + Fe_2O_3 + 3SO_3 \uparrow$$

出现了新的碱土金属硫酸盐层，在 SO_3 的作用下，不断使管壁受到腐蚀。

2. 焦硫酸盐腐蚀

焦硫酸盐存在的温度范围为 $400 \sim 590℃$，受气氛中 SO_3 含量的影响，当 SO_3 的浓度低于其存在温度所要求的浓度时，焦硫酸盐不会存在。在 $400 \sim 480℃$ 的温度范围内，烟气侧的腐蚀以焦硫酸盐为主。

焦硫酸盐与金属表面的氧化膜反应形成相应的硫酸盐，而硫酸盐在此温度分解为不具保护性的金属氧化物。外露的金属进一步氧化而导致腐蚀加速。

$$3Na_2S_2O_7 + Fe_2O_3 \rightarrow 3Na_2SO_4 + Fe_2(SO_4)_3$$

$$4Na_2S_2O_7 + Fe_3O_4 \rightarrow 4(Na_2SO_4)(FeSO_4) + Fe_2(SO_4)_3$$
$$Fe_2(SO_4)_3 \rightarrow Fe_2O_3 + 3SO_3$$
$$3Fe + 2O_2 \rightarrow Fe_3O_4$$

碱金属硫酸盐，特别是 $M_3Fe(SO_4)_3$ 对管壁的腐蚀起主要作用。M 指各种碱金属。

三、氯化物型腐蚀

燃用高氯化物燃料时，炉内存在氯化物型腐蚀，燃煤中的氯在燃烧过程中是以 NaCl 的形式释放出来的，NaCl 易与 H_2O、SO_2 和 SO_3 反应，生成 Na_2SO_4 和 HCl 气体，在炉内造成氯化氢腐蚀。

$$2NaCl + H_2O \rightarrow Na_2O + 2HCl\uparrow$$
$$NaCl + H_2O \rightarrow NaOH + HCl\uparrow$$
$$2NaCl + H_2O + SO_2 \rightarrow Na_2SO_3 + 2HCl\uparrow$$
$$2NaCl + H_2O + SO_3 \rightarrow Na_2SO_4 + 2HCl\uparrow$$
$$2NaCl + H_2O + SO_2 + 1/2O_2 \rightarrow Na_2SO_4 + 2HCl\uparrow$$
$$2NaCl + H_2S \rightarrow Na_2S + 2HCl\uparrow$$
$$2NaCl + H_2O + SiO_2 \rightarrow Na_2SiO_3 + 2HCl\uparrow$$

上述反应在炉膛温度和环境条件下是可能发生的。这些反应释放出来的氯化氢是活性很强的气态腐蚀介质，在高温条件下会积极参与对 Fe、FeO、Fe_3O_4 和 Fe_2O_3 的腐蚀。

受热面表面氧化铁腐蚀过程如下：

$$Fe + 2HCl \rightarrow FeCl_2 + H_2\uparrow$$
$$2Fe + 6HCl \rightarrow 2FeCl_3 + 3H_2\uparrow$$
$$4FeCl_3 + 3O_2 \rightarrow 2Fe_2O_3 + 6Cl_2\uparrow$$
$$4FeCl_2 + 3O_2 \rightarrow 2Fe_2O_3 + 4Cl_2\uparrow$$
$$Fe_2O_3 + 6HCl \rightarrow 2FeCl_3 + 3H_2O$$
$$4FeCl_2 + O_2 \rightarrow 2FeCl_3 + 2FeOCl(氧基氯化铁)$$
$$4FeOCl + O_2 \rightarrow 2Fe_2O_3 + 2Cl_2\uparrow$$
$$FeO + 2HCl \rightarrow FeCl_2 + H_2O$$
$$Fe_3O_4 + 2HCl + CO \rightarrow 2FeO + FeCl_2 + H_2O + CO_2\uparrow$$

以上一系列化学反应表明，氯化氢的存在可以使金属表面的保护膜（FeO、Fe_3O_4、Fe_2O_3）遭到破坏，从而加大了气态腐蚀介质 Cl_2、O_2、SO_x，还有 HCl 等向基体界面的传递速率而直接腐蚀基体金属。除此之外，由于生成的 $FeCl_3$ 具有较低的熔点（303℃），所以在炉管表面温度下极易挥发，因而使保护膜层中产生空隙，使之变得疏松，从而大大降低了活性气态腐蚀介质向基体金属界面的传递阻力，同时使腐蚀产物更易脱落，从而更加速了金属的腐蚀进程。

四、不同腐蚀类型特征及诊断

硫化物型腐蚀的腐蚀产物用 X 射线衍射分析相结构成分为硫化铁、Fe_3O_4，腐蚀产物能谱分析主要元素为 S、Fe、O、C，具有高 S、高 Fe 及低 K、低 Na、低 Al、低 Ca 的特点。

硫酸盐型腐蚀在 X 射线衍射仪上进行物相鉴定发现主晶相为 $\alpha\text{-}Fe_2O_3$，次晶相为 $Fe_2(OH)_2(SO_4)_2 \cdot 7H_2O$ 或主要成分为 Fe_2O_3、Fe_3O_4、FeS、FeO，能谱分析主要元素为 Fe、S、O、K、Na、Al、Mg，具有高 Fe、高 S、高碱金属元素（K、Na、Al、Mg）的特点，腐蚀产物中有大量的硫酸盐及钠离子、钾离子、氢氧根离子。氯化物型腐蚀的腐蚀产物中 HCl 浓度要比烟气中大很多。

第二节 硫化物型腐蚀的原因及治理

一、硫化物型腐蚀的原因

硫化物型腐蚀主要是燃烧过程近壁处有原子态硫及硫化氢气体的存在，而生成原子态硫及硫化氢气体的条件是燃料高硫及燃烧缺风，改善壁面区火的气氛环境，降低还原性气体 CO 浓度，可有效减少近壁处原子态硫及硫化氢气体的产生，从而减少硫化物型腐蚀。旋流燃烧方式侧墙壁面产生还原性气体的原因是过分强调低 NO_x 排放效果，内、外二次风扩展角过大，内二次风与一次风混合后，一次风煤粉气流着火后得不到氧量的及时补充，燃烧发展慢，外二次风扩展角过大时，外二次风主要分布在离壁面较近的区域，一次风煤粉气流尾部处于缺风燃烧状态，前后墙火焰对冲后向两侧墙移动，造成两侧墙中部近壁处燃烧强度增高，且此部位得不到外二次风的补充，呈缺风燃烧状态，故还原性气体浓度很高。

对于四角切圆燃烧方式壁面，产生高浓度 CO 的原因主要如下：

（1）燃烧器假想切圆直径偏大。当燃烧低挥发分煤种时，为提高低负荷锅炉稳燃性能，一般燃烧器假想切圆直径比高挥发分煤种选得要偏大一些，但当燃用高硫煤时，假想切圆直径偏大可能会导致硫化物型高温腐蚀。因此，燃用高硫煤的锅炉燃烧器切圆直径的选取要慎重。

（2）一次风速偏低。燃用低挥发分煤种时，设计一次风率、风速较低，一次风率、风速偏低后，其动量减小，抗偏转能力减弱，在其上游二次风的冲击下更容易偏转，造成一次风煤粉气流贴壁，使壁面处燃烧强度增大，产生还原性气氛，这种情况一般与结渣伴随发生。

（3）煤粉偏粗。煤粉颗粒的粗细程度，会对水冷壁高温腐蚀产生影响。煤粉越粗，着火和燃尽越困难，因而煤粉气流火焰越长，火焰的末端燃烧强度也越大，在射流的末端容易由于缺氧而形成还原性气氛。另外，煤粉颗粒越粗，粗大碳粒动量越大，越容易冲刷水冷壁而使水冷壁壁面产生磨损，破坏水冷壁管氧化性保护膜，从而引发和加剧水冷壁管的高温腐蚀。

（4）一、二次风偏转角过大。同心正切（CFS-I型）燃烧系统一次风切一个小圆，二次风切一个大圆，一、二次风间夹角为 $17°\sim25°$，希望形成二次风包围一次风的"风包煤"系统，以消除背火侧的还原性气氛。但在燃用高硫煤时，CFS-Ⅰ型燃烧系统常出现强结渣和水冷壁高温腐蚀。这是由于二次风与一次风同心正切的正切夹角过大（17°~25°），上游二次风对下游一次风冲击作用点提前，一次风中的煤粉在上游二次风的冲击下从一次风中分离出来，且一次风更易偏转，燃烧时形成贴壁火焰，产生还原性气氛，引起水冷壁的高温腐蚀。

（5）炉膛总体风量不足。当炉膛总体风量不足时，炉膛总体还原性气体浓度较高，不论采用何种布置方式，燃烧器以上区域存在高的还原性气氛，燃用高硫煤时高温腐蚀不可避免。

（6）燃尽风风量过大，主燃烧器区风量严重不足。采用分离燃尽风的低 NO_x 燃烧系统，当分离燃尽风量过大时，必然使主燃烧器区域的风量减少，严重时主燃烧器区域近壁面区还原性气体浓度升高，燃用高硫煤时会造成高温腐蚀的发生。

二、硫化物型腐蚀的发生条件

硫化物型腐蚀的发生条件如下：
（1）燃煤含硫量 $S_{ar} \geqslant 0.7\%$。
（2）近壁处 $O_2 \leqslant 0.5\%$。
（3）近壁处 $CO \geqslant 5000 \mu L/L$。
（4）管壁温度不小于 $320℃$。

三、硫化物型腐蚀的防治

（一）通过燃烧调整降低近壁处还原性气体浓度

1. 炉内气氛的测量测点布置

四角切圆燃烧方式还原性气体浓度的测量位置主要分布在不同高度燃烧器区域四面墙上，如图 10-3 所示。

前后墙对冲燃烧方式还原性气体浓度的测量位置主要分布在不同高度燃烧器区域两侧墙上，如图 10-4 所示。

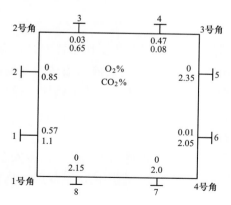

图 10-3 四角切圆燃烧方式
近壁处炉内气氛测点布置示意

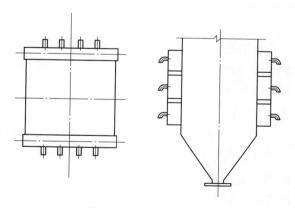

图 10-4 对冲燃烧方式
近壁处炉内气氛测点布置示意

175

在鳍片钻直径为 8mm 的孔，用 $\phi 8 \times 1mm$ 的不锈钢管引到外壁保温层以外。

2. 改善近壁处还原性气氛的调整

调整前利用停炉的机会对风门的状态进行检查，消除风门的卡涩和脱落，使风门就地实际开度与表盘一致。

改善近壁处还原性气氛的调整主要从以下几方面进行：

（1）调平一、三次风速。

（2）调平一次风管粉量。

（3）调整煤粉细度至合理水平。

（4）调整中速磨入口风量或双进双出磨旁路风量（储仓式制粉系统一次风压），使一次风速保持合理水平。

（5）调整三次风速。

（6）调整二次风配风方式。对于切圆布置的燃烧器，主要调整主燃烧器区域二次风的配风形式（均等、缩腰、正塔、倒塔）；对于旋流燃烧方式，主要调整内二次风风量、旋流强度、外二次风风量、旋流强度。

（7）调整燃尽风风量，保持合理的燃尽风比例。

（8）调整表盘氧量，保持合理的过量空气系数。

调整过程中对近壁处还原性气氛进行监测，通过调整确定能使近壁处还原性气氛最小的运行方式。

（二）对燃烧器切圆方式进行改造

对于采用同心正切（CFS-Ⅰ型）燃烧系统的或一、二次风相同切角的燃烧器，在调整后若无法降低近壁处还原性气氛至安全范围，应考虑将燃烧器切圆布置方式改造为一次风反切的 CFS-Ⅱ型燃烧系统。燃用高硫贫煤时，一、二次风偏转角不大于 7°；燃用高硫烟煤时，一、二次风偏转角不大于 15°。

一、二次风同向等切圆燃烧器布置方式锅炉，对于直径偏大的锅炉，要进行减小假想切圆的改造，改造后要控制当量切圆直径相对炉膛长宽方向尺寸占比在 0.55～0.65 的范围内。

（三）浓淡布置方式的改造

对于燃用高硫煤的锅炉，如燃烧器采用上、下浓淡且一次风不是反切布置方式，应对燃烧器的浓淡布置方式进行改造。改造时采用水平浓淡方式，向火侧为浓煤粉气流，背火侧为淡煤粉气流，如此可形成风包粉的气流结构，改善壁面还原性气氛条件，避免高温腐蚀。

（四）对旋流燃烧器内、外二次风扩展角进行改造

对于采用双调风旋流燃烧器的锅炉，在调整后若无法降低近壁处还原性气氛至安全范围，应考虑进行减小旋流燃烧器内、外二次风扩展角的改造。燃用高硫贫煤时，内、外二次风扩展角的改造为 30°～35°。

（五）增设贴壁风

无论是四角切圆燃烧方式还是对冲燃烧方式，在产生近壁处还原性气氛区域处增设贴壁风，可改善近壁处还原性气氛区域条件，从而减少壁面的高温腐蚀。

（六）对燃煤含硫量进行控制

降低燃煤含硫量或通过掺配低硫煤控制入炉煤的含硫量，可有效减轻管壁的高温腐蚀。

（七）对容易腐蚀区域的受热面进行铬镍合金表面喷涂

采用超声速电弧喷涂工艺对容易腐蚀区域的受热面进行铬镍合金表面喷涂，涂层材料采用 UTEx-306（主要成分为镍铬合金，Cr 为 45%、Ti 为 4%，其余为 Ni），喷涂的涂层厚度为 0.5mm，由于在喷涂过程中能形成稳定的氧化铬，且镍强化 UTEx-306 涂层的机械性能，涂层在管表面附着非常牢固，UTEx-306 涂层与水冷壁基体的膨胀率相近，能适应应力的变化寿命可达 7～10 年，能有效防止水冷壁的高温腐蚀。

第三节　硫酸盐、氯化物型腐蚀的原因及治理

一、硫酸盐型腐蚀的原因及治理

1. 硫酸盐型腐蚀的原因

硫酸盐型腐蚀的主要原因是燃料中除含高硫量外，还存在较高钾、钠含量，其形成的复合硫酸盐处于液体（管壁温度 550～570℃）状态，沉积在屏式过热器、高温过热器、高温再热器等受热面上，遇到烟气中的 SO_3 时发生腐蚀反应。

2. 减轻硫酸盐型腐蚀的措施

要减轻硫酸盐型腐蚀，主要是降低形成的复合硫酸盐的温度，使其凝固，或减少烟气中 SO_3 含量。具体措施如下：

（1）通过燃烧调整降低火焰中心高度，从而降低受热面壁温。

（2）通过燃烧调整减小两侧热偏差，降低受热面壁温。

（3）控制表盘氧量，采用低氧燃烧减少 SO_3 生成量。

（4）对炉顶密封进行改造，减少炉顶漏风量，从而减少 SO_3 生成量。

（5）控制燃料硫、钾、钠含量。

（6）对容易腐蚀区域的受热面进行铬镍合金表面喷涂。

二、氯化物型腐蚀的原因及治理

氯化物型腐蚀的原因是燃料中含有高氯、高氟的成分，主要发生在掺烧生物质的煤粉炉的受热面及垃圾炉生物质锅炉过热器上。主要防治手段是对腐蚀区域进行耐腐蚀材料的表面喷涂。

― 第十一章 ―

受热面热偏差防治

第一节　热偏差的定义及产生热偏差的原因

一、热偏差的定义

在过热器、再热器工作过程中，由于烟气侧和工质侧各种因素的影响，各平行管中工质的吸热量是不同的，这种平行管列工质焓增不均匀的现象称为热偏差。为了对这种现象有一个数量上的估计，常把平行管子中偏差管内工质的焓增 Δi_p 和整个管组工质的平均焓增 Δi_{pj} 之比称为热偏差系数 ρ，或称热偏差。

$$\rho = \frac{\Delta i_p}{\Delta i_{pj}} = \frac{\eta_q \eta_F}{\eta_G}$$

式中　η_q——吸热不均匀系数；

　　　η_F——结构不均匀系数；

　　　η_G——流量不均匀系数。

某一管子的出口汽温：

$$t'' = t''_{pj} + \Delta t' + (\rho - 1)\frac{\Delta i_{pj}}{c}$$

式中　Δi_{pj}——某一管组的平均焓增，kJ/kg；

　　　t''_{pj}——某一管组的平均出口汽温，℃；

　　　$\Delta t'$——偏差管入口汽温与管组平均汽温之差，℃；

　　　c——蒸汽比热容，kJ/(kg·℃)。

二、热偏差的危害

虽然管组出口蒸汽平均温度满足设计要求，但个别受热面管子（偏差管）吸热偏多，引起该受热面管金属超温，造成高温蠕变损坏。为控制偏差管材质不过热，必须在上游增大减温水的投用量，使出口平均汽温降低，严重时会引起出口汽温达不到设计值。对于再热器，减温水量增大会降低机组循环效率。

三、影响热偏差的因素

影响热偏差的因素主要是烟气侧偏差和工质流量不均引起的偏差。

1. 烟气侧偏差

（1）受热面的污染：炉膛内部分水冷壁结渣、过热器或再热器局部结渣或积灰。

（2）温度场和速度场不均：炉膛中温度场和速度场不均、烟气流的扭转残余导致温度和流速不均、各燃烧器负荷不一致火焰中心偏移、燃烧组织不良炉膛上部或过热器局部继续燃烧、烟气走廊。

2. 工质流量不均引起的偏差

（1）同一屏各管圈的流量偏差：由于同一屏受热面各管全长度及转弯半径不同，使同一屏各管圈的阻力系数不等，造成同一屏各管圈的工质流量不同。

（2）不同屏间的流量偏差：由于联箱进、出口管连接后在联箱中各部位静压有差别，引起连接进、出口联箱的不同屏的压差不同，造成不同管屏间流量不同。

四、减小热偏差的途径

（1）减小烟气侧偏差、工质流量偏差。

（2）通过联箱连接方式的改变，使工质流量偏差与热力偏差相适应（热力偏差与流量同向、同幅度偏差）。

（3）通过工质的左右交叉，使前后偏差抵消。

🏭 第二节　炉膛出口烟气偏差及治理

炉膛出口烟气偏差是引起受热面热力偏差的主要因素，烟气偏差包含烟气温度偏差及烟气速度偏差两个层面。

一、切圆燃烧方式炉膛出口烟气偏差及治理

切圆燃烧方式炉膛出口烟气偏差主要是由残余扭转、四角风粉不平及炉膛上部热负荷过高引起的。

（一）切圆燃烧方式炉膛出口烟气残余扭转形成的偏差机理及治理

1. 切圆燃烧方式炉膛出口烟气残余扭转形成的偏差机理分析

以某 600MW 机组锅炉 1：25 冷模试验结果为例，锅炉燃烧器采用逆时针切圆布置方式。试验模型及测点布置参见图 11-1。

（1）上部炉膛气流速度分布。

气流切向速度沿上部炉膛高度方向逐渐减小，即炉内气流旋转强度沿炉膛高度逐渐减弱，如图 11-2 所示。在折焰角区域（B3～B5 截面）气流仍然存在较大的切向速度（为 5～7m/s，是炉内最大切向速度的 50% 左右）。由此表明，在折焰角区域仍存在较明显的逆时针旋转气流，即旋转残余。

如图 11-3 所示，折焰角区域轴向上升速度沿炉膛宽度方向的分布基本上对称于炉膛中心线，呈现两侧高、中间低的形态，在炉宽方向没有出现明显的旋转中心的偏移。

（2）屏区气流速度分布。

如图 11-4 所示，在分隔屏出口截面的下部（C1、C2 截面）仍然存在气流的旋转运动，左侧区域的气流速度方向指向炉前，而右侧区域的气流速度方向指向炉后；在分隔屏出口截面的中上部（C3 截面），气流速度方向均指向炉后。在分隔屏出口截面的下

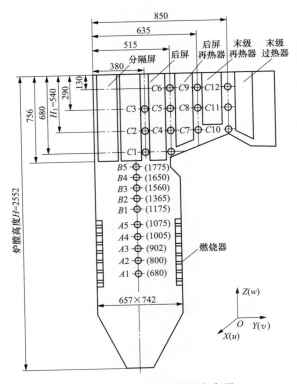

图 11-1 试验模型及测点布置

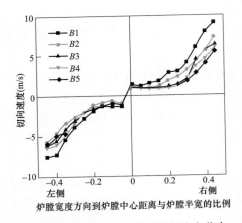

图 11-2 上部炉膛各截面切向速度分布

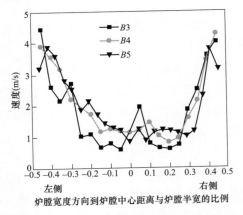

图 11-3 折焰角区域各截面轴向上升速度分布

部，气流在左右侧墙壁面附近速度较高，在屏中间区域气流速度较低；在分隔屏出口截面的中部，气流速度分布较为均匀。

由图 11-5 可以看出，在分隔屏出口截面左右两侧气流有较大的上升速度，而在中间部位气流上升速度较小，而且在下部截面（C1 截面）左侧通道内气流的上升速度明显高于右侧，这说明在屏区下部左右两侧气流上升流动存在着差异。

如图 11-6 所示，屏区右侧通道的速度高于屏中间各通道的速度，而且前墙与分隔屏间隙的速度又明显高于屏间的速度。

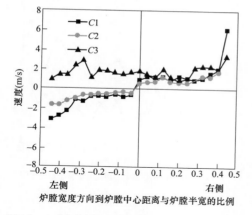

图 11-4　分隔屏出口截面各测点水平速度分布

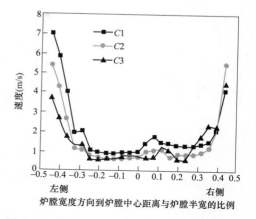

图 11-5　分隔屏出口截面各测点上升速度分布

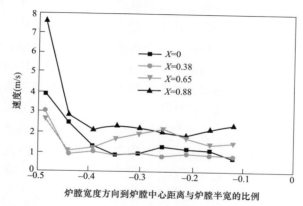

图 11-6　分隔屏处气流速度分布（X 为各测点截面到炉膛中心线的相对距离）

（3）分隔屏右侧下部屏间各测点截面水平速度沿炉深方向的分布。

由于炉膛出口气流存在残余旋转，将造成一部分气流通过分隔屏与前墙之前的间隙进入屏区右侧，加剧了气流在屏区和水平烟道内左右两侧速度分布的不均匀性。

（4）水平烟道内气流速度分布。

水平烟道内气流速度分布较不均匀，如图 11-7 所示，其中右侧局部速度要明显高于左侧，局部最大速度均位于水平烟道的右下侧。

从图 11-8 可以看出，在水平烟道出口截面，其下部（C10 截面）右侧气流速度明显高于左侧，该处平均速度较大，其原因是末级再热器与水平烟道底部存在着较大的烟气走廊，其间局部阻力较小，大部分烟气由此流向水平烟道出口截面。这样，由于局部阻力较小的烟气走廊加剧了末级再热器出口气流速度沿高度和宽度方向分布的不均匀性，使左右两侧烟气偏差延续至末级过热器入口截面的下部，造成过热器汽温偏差加剧。

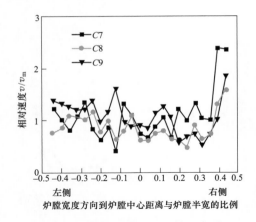

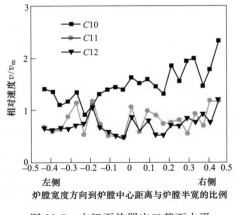

图 11-7 后屏再热器出口截面水平烟道内气流水平速度分布

图 11-8 末级再热器出口截面水平烟道内气流水平速度分布

　　水平烟道烟气速度偏差、温度偏差形成的机理分析：在分隔屏下缘气流仍存在一定的残余旋转。由于进入屏的气流轴向上升速度沿炉宽方向是左右基本对称的，而且左右两侧速度高、中部速度低。这样，进入屏区中间通道的气流流量小、流速低，而进入屏区左右两侧通道的气流流量大、流速高。炉膛出口气流的残余旋转引起了气流在屏区左右两侧通道内的流动存在明显的差异。对于左侧气流，由于其切向速度方向与水平烟道烟气流动方向相反，在轴向上升速度的作用下，气流偏向炉前上方流动，由于前墙的阻挡大部分烟气经屏区上部转向流入水平烟道，一部分烟气则经分隔屏与前墙的间隙绕流至屏区右侧。而右侧气流，由于切向速度方向指向炉后，气流在进入屏区后上升很短的高度就进入水平烟道，即发生了右侧气流"短路"。这样，造成炉膛出口断面上总体形成右侧烟速大于左侧的分布状况，且整个断面上的速度分布实质上是沿高度和宽度方向均呈现明显的不均匀性，即在水平烟道入口截面的下部，右侧烟气平均速度显著大于左侧，而在上部则是左侧气流平均速度大于右侧，最大速度出现在水平烟道的右下侧。可见，水平烟道内烟气速度偏差的根本原因是炉膛出口气流的残余旋转引起气流在屏区左右两侧的流动差异，导致了气流速度沿炉膛高度和宽度方向分布的不均匀性。屏区左右两侧气流流动示意及数值模拟结果见图 11-9 及图 11-10。

　　上述烟气偏差的结果是大屏左侧换热量高于右侧，而后屏出口的受热面右侧换热量高于左侧，使各级受热面出口产生热偏差。

　　2. 切圆燃烧方式炉膛出口烟气残余扭转的主要消减方法

　　（1）采用较小的假想切圆直径。

　　试验数据及数值计算结果表明：燃烧器假想切圆直径越大，炉膛气流实际切圆直径也越大，炉膛出口的残余扭转越严重，炉膛出口的烟气偏差越大。采用减小燃烧器假想切圆的办法可降低炉膛出口残余扭转，也可采用一次风小角度反切、二次风与一次风偏转一定角度后正切的方法减小炉膛出口残余扭转，但二次风与一次风的偏转角要适当，燃用低挥发分煤种或较强结渣性煤种时，偏转角不宜超过 15°。

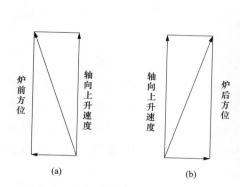

图 11-9 屏区左右两侧气流流动示意

（a）左侧气流；（b）右侧气流

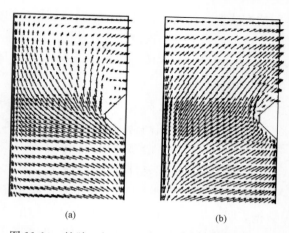

图 11-10 炉膛上部左右两侧流场图的数值模拟结果

（a）左侧；（b）右侧

（2）在炉膛上部设置消旋风。

对于炉膛出口残余扭转较大的炉子，采用部分燃烧器喷口反切可有效减轻残余扭转，反切一般选择上二次风或燃尽风，也可采用三次风反切。反切风选择如采用中下二次风时，会影响锅炉灰渣含碳量和低负荷燃烧的稳定性。反切层数偏少或反切角度偏小，达不到预期的效果；反切层数过多或反切角度偏大，会造成炉内切圆反旋，使采用左右侧浓淡燃烧的向火侧煤粉浓度浓淡互换，同样会降低燃烧的稳定性。因此，反切层数及反切角度的选择要通过计算后确定。

进行反切设计时，以反切与正切射流的旋转动量流率矩之比 XJ 这个无量纲准则数来作为炉内燃烧空气动力工况的基本判据，其定义如下：

$$XJ = \frac{\sum (\rho Q w R)_1}{\sum (\rho Q w R)_2}$$

式中　$\sum (\rho Q w R)_1$、$\sum (\rho Q w R)_2$——反切动量矩、正切动量矩；

　　　　ρ——燃烧器喷口射流密度，kg/m^3；

　　　　Q——燃烧器喷口射流体积流量，m^3/s；

　　　　w——燃烧器喷口射流速度，m/s；

　　　　R——燃烧器喷口射流形成的假想切圆半径，m。

反切与正切射流的旋转动量流率矩之比 XJ 应保持在 0.6～1.2 内，低于 0.6，反切后改善烟气偏差的效果不明显；高于 1.2，切圆有可能发生反旋，采用燃尽风反切或上层二次风反切 XJ 可选上限。

（二）切圆燃烧方式炉膛四角风粉不平产生的烟气偏差及治理

四角风粉有偏差时，炉膛火焰偏斜，炉膛热负荷分布不均匀，造成炉膛出口两侧形成烟气偏差。

消减四角风粉不平产生的烟气偏差的措施包括：

（1）通过给粉机间隙调整使给粉机出力同转速出力均衡，通过在中速磨出口加装煤粉均配装置，使同一台磨出口一次风管粉量均衡。

（2）通过调整一次风缩孔，使同层燃烧器一次风、三次风风速均衡。

（3）通过对二次风门的检修，使二次风门保持良好的调节特性，使同层二次风门同开度时风量均衡。

（三）切圆燃烧方式炉膛上部热负荷过高产生的烟气偏差及治理

当制粉系统采用储仓式、一次风采用热风送粉时，制粉系统的乏气以三次风的形式送入炉膛，三次风一般布置在燃烧器上部，与炉膛出口较近，且三次风风速高、风温低，当负荷低时上层燃烧器一般不投运，三次风与燃烧高温区距离较远，三次风煤粉着火较困难，着火后燃烧上移，有的在屏底还在燃烧，使炉膛上部热负荷增高。大量统计数据表明，炉膛上部热负荷偏高会使炉膛出口烟气偏差加大。

当煤粉偏粗、一次风速高、上层燃烧器出力大、细粉分离器效率低时，火焰中心上移，均使炉膛上部热负荷增大，炉膛出口烟气偏差增大。

炉膛上部热负荷过高产生的烟气偏差的消除措施包括：

（1）降低一、三次风速。

（2）煤粉细度控制细一些。

（3）提高细粉分离器效率，降低三次风带粉量。

（4）三次风适当下倾，压低火焰中心。

（5）采用合理的二次风配风方式，降低火焰中心。

（6）减少最上层燃烧器一次风粉量。

（四）燃烧器假想切圆偏斜及燃烧器倾角不同步产生的烟气偏差及治理

当燃烧器切角安装误差偏大时，炉内切圆偏斜会使炉膛出口烟气偏差增大；当燃烧器倾角不同步时，炉内空气动力工况紊乱，炉膛出口烟气偏差增大。对此，应利用停炉机会对燃烧器假想切圆及摆动机构进行检查复核，消除存在问题。

二、对冲燃烧锅炉的烟气偏差及治理

（一）对冲燃烧锅炉的烟气偏差产生的原因

对冲燃烧锅炉的烟气偏差主要是由两侧粉量不均匀、风量不均匀等因素引起的两侧烟气量及烟气温度不均匀导致的。

（1）采用直吹式制粉系统，磨出口各一次风管粉量偏差大。东锅、哈锅前后墙对冲燃烧锅炉普遍采用中速磨或双进双出磨直吹式制粉系统，在实际运行过程中，磨煤机出口煤粉分配的均匀性较差，同一台磨对应的四根一次风管的粉量偏差最大可达30%，造成锅炉烟气侧偏差过大。特别是采用双进双出磨直吹式制粉系统时，经常出现分离器出口挡板杂物堵塞、内锥容易贯通、回粉管锁气器卡涩，造成煤粉细度偏粗，而粗煤粉容易在一次风管沉积，引起一次风管风量、粉量偏差过大，更加剧了锅炉烟气侧偏差的形成。

（2）旋流燃烧器采用大扩角，使炉内同层燃烧器出口气流结构不一致。东锅对冲燃烧锅炉的旋流燃烧器（HT-NR3、OPCC）内、外二次风均采用 45°的扩锥结构，外二次风扩角很大，当旋流强度加大到一定程度时，外二次风扩角进一步增大，相邻燃烧器出口射流外边界较易得到该燃烧器外二次风气流的补充，从而使其燃烧器出口气流扩角减小，形成两个相邻燃烧器截然不同的气流结构，造成炉内燃烧器燃烧偏差的出现。

（3）燃烧器扩锥脱落，使炉内燃烧器出口气流结构发生变化。东锅早期的 OPCC 燃烧器在运行过程中经常出现扩锥脱落问题，部分燃烧器扩锥脱落后，炉内各燃烧器出口气流结构不一致，导致燃烧偏差的出现。

（二）对冲燃烧锅炉的烟气偏差的治理

（1）通过在磨出口加装煤粉均分器使同一台磨出口一次风管粉量均匀。由于磨出口粉量偏差很难用调整一次风速的方法使粉量、风量同时均衡，因此磨出口粉量均衡主要通过加装煤粉均分器来实现。一般在加装煤粉均分器后可使磨出口粉量偏差控制在 10% 以内。

（2）将燃烧器出口扩口角度减小，减小相邻燃烧器气流结构的影响。通过将东锅燃烧器出口扩口角度由 45°减小为 35°，可减小外二次风扩角，减轻对相邻燃烧器气流结构的影响，使相邻燃烧器气流结构趋同，使燃烧偏差减小。

（3）对东锅 OPCC 燃烧器扩锥材质及连接方式进行改进，防止扩锥脱落。见低 NO_x 燃烧器改造相关章节。

（4）燃尽风风箱分隔改造。对于燃尽风风箱不分隔的（哈锅的双调风燃烧器），燃尽风无法调整两侧的烟气偏差，可在风箱中部进行分隔改造。通过改造，达到可分别控制两侧燃尽风量的目的。运行中将烟温高的一侧的燃尽风量增大，加强该侧煤粉的燃尽，可减小两侧烟气偏差。

（5）调温烟气挡板的检查。前后墙对冲燃烧锅炉一般采用烟气挡板调节再热汽温，烟气挡板两侧实际开度的同步是保持两侧烟气量均衡的基础，当烟气挡板两侧实际开度不一致时，两侧就会产生烟气偏差。运行中烟气挡板实际开度不一致主要是由于某一侧个别挡板与挡板间的连接脱开或断开，造成调节过程中脱开或断开挡板不动作，应利用停炉机会对挡板的连接情况进行检查，消除存在的挡板连接问题。

第三节　工质流量不均产生的偏差及治理

在过热器、再热器的并联管屏中，由于沿联箱内长度方向的静压变化，导致在不同炉宽方向各屏的工质流量不同；在同一屏中由于并联的各根管子长度不同使得同屏的各根管子流量不完全相同。上述屏间或管间的工质流量差异均会使受热管产生热偏差。一般同屏管子的热偏差较易计算但很难消除，设计时主要通过同屏不同管圈材质的匹配与之相适应，使其运行中不过热；不同管屏间的工质流量偏差受集箱的工质的引入、引出方式的影响变化较大，对偏差的考虑容易出现与预想不符的情况。集箱效应引起的屏间流量不均是引起工质流量偏差影响锅炉运行安全性的主要因素。

一、集箱效应引起的屏间流量不均

当集箱引入、引出方式组合不合理时，使得各管屏在炉膛宽度方向上的进、出口压差差异较大，造成各管屏工质流量偏差，见图 11-11 及图 11-12。

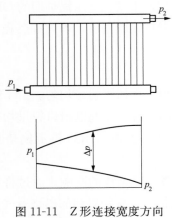

图 11-11　Z 形连接宽度方向
上的静压、压差分布

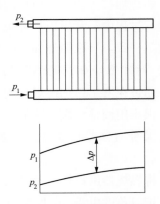

图 11-12　U 形连接宽度方向
上的静压、压差分布

当集箱采用汇集三通引入或引出时，在三通附近会产生涡流，使三通两侧的工质流量减少，而正对三通的管子工质流量增大。不同集箱进口三通静压分布，见图 11-13 及图 11-14。

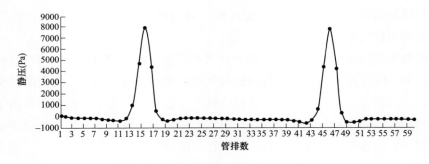

图 11-13　分配集箱进口三通静压分布

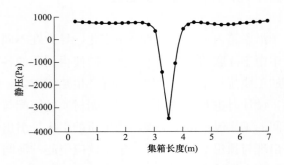

图 11-14　汇流集箱出口三通静压分布

二、减小工质流量偏差的措施

（1）将 Z 形连接方式改为 U 形连接。将 Z 形连接方式改为 U 形连接，可使联箱进出口压差在炉膛宽度方向较为均匀，从而达到均衡各管屏间工质流量的目的。

（2）对于三通连接，合理布置管屏

引入、引出的连接的位置。对于三通连接，要尽量避开三通附近 2D 范围回流区内连接管屏引出、引入管，也可通过计算对支管加装节流孔来均衡各管流量。

三、消除热偏差的左右交叉方式的选择

在烟气侧存在较大偏差时，要防止两级受热面偏差叠加的情况发生，可采取的措施是将烟气侧偏差同向的受热面上级工质引出后左右交叉，然后引入下级受热面，以使上、下级热偏差相互抵消。如四角切圆燃烧方式，在布置折焰角上方同时布置有中温再热器及高温再热器时，在中温再热器出口进行一次左右交叉再进入高温再热器；对于残余扭转较大的锅炉，分隔屏过热器、后屏过热器的偏差与炉膛出口折焰角上方的高温过热器偏差方向相反（以炉内假想切圆逆时针为例），分隔屏过热器及后屏过热器处左侧吸热量大于右侧，但出口烟温右侧高于左侧，在炉膛出口（分隔屏过热器出口）烟气温度及流量均是右侧高于左侧，使其后布置的高温过热器吸热量右侧高于左侧，如在后屏过热器进入高温过热器前工质左右交叉，偏差将会叠加，造成过热器出口右侧汽温过高、左侧偏低或右侧高温过热器管材过热，因此要取消此处的交叉。

第四节　减小锅炉热偏差改造案例

一、设备概况

某电厂 2×600MW 机组是由哈尔滨锅炉厂引进美国燃烧工程公司（CE）制造技术生产的，HG-2008/18.6-M 型亚临界中间再热强制循环炉。采用平衡通风、四角切圆燃烧。配六台 RP1003 中速磨，燃烧器中心线分别与炉膛对角线成 4.3°和 4.6°夹角，相应的假想切圆直径为 $\phi1764$ 和 $\phi1886$，旋转方向为逆时针。燃烧器自下而上为 2—1—2—1—2—1—2—1—2—1—2—OFA1—OFA2。锅炉切圆布置方式见图 11-15。

炉膛上方布置有分隔屏及后屏过热器，在前墙及两侧墙水冷壁上部布置了壁式再热器，炉膛出口折焰角上方依次

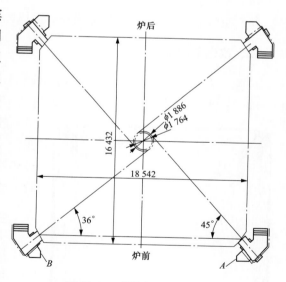

图 11-15　锅炉切圆布置方式

布置屏式再热器、高温再热器、高温过热器、水平烟道，竖井烟道布置有低温过热器，在低温过热器出口至分隔屏过热器入口设置有一级减温器，在后屏过热器出口至高温过热器入口设置了二级减温器，并在此位置对连接管进行了交叉。过热器减温系统见图 11-16。

187

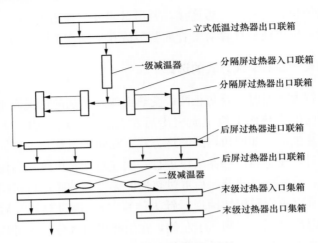

图 11-16　过热器减温系统

再热器入口设有事故喷水，正常再热汽温采用摆动火嘴调节。

该锅炉主要参数如下：

(1) 蒸汽流量：额定蒸发量 2008t/h，再热蒸汽流量 1634t/h。

(2) 蒸汽压力：过热器出口压力 18.24MPa，再热器出口压力 3.64MPa。

(3) 蒸汽温度：过热器出口温度 540.6℃，再热器进口/出口温度 315/540.6℃。

(4) 给水温度：278.3℃。

(5) 空气温度：(空气预热器出口二次风) 314℃。

二、改造前的情况

炉膛上方左侧烟温大于右侧，造成分隔屏过热器、后屏过热器左侧出口汽温超温在 40～80℃；水平烟道左右两侧烟温偏差达到 150～300℃，右侧烟温高于左侧，左侧烟温一般在 600℃左右，右侧烟温在 750～900℃变化。由于热偏差过大，分隔屏过热器、后屏过热器、屏式再热器、高温再热器频繁发生爆管事故。

三、改造前的诊断分析

(一) 改前试验

1. 冷态试验

通过冷态空气动力场试验发现炉内切圆过大，切圆几乎是满炉膛截面，炉内气流旋转强烈，燃烧器出口气流存在贴壁现象，见图 11-17。

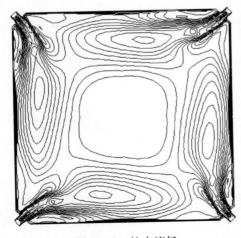

图 11-17　炉内流场

2. 壁温试验

壁温试验发现分隔屏、后屏过热器左侧壁温高于右侧，屏式再热器、高温再热器、高温过热器右侧壁温高于左侧。

（二）造成汽温偏差的原因分析

1. 炉膛上部残余扭转大

该炉炉内切圆很大，炉内气流旋转强烈，在炉膛上部存在较强残余扭转，在屏区左侧烟气流经过折焰角后，其速度方向指向炉前上方而偏向炉前上方流动，而引风机吸力指向炉后，造成向炉前上方流动的烟气流速度逐步下降最终反转，经屏区上方流入水平烟道。这样使在分隔屏、后屏过热器区域形成回流区，回流区烟气流速度相当低，使烟气流热量大量被左侧的过热器所吸收，进入左侧水平烟道的烟气流已被分隔屏及后屏过热器冷却。

屏区右侧烟气流本身速度指向和引风机吸力都指向炉后，直接快速进入水平烟道，烟气流没有被屏式过热器冷却并且速度较快。结果在水平烟道位置，右侧烟气流速度、传热温压都比左侧大。其结果是分隔屏过热器吸热量左侧大于右侧，而屏式再热器、高温再热器、高温过热器吸热量右侧高于左侧。由于残余旋转所造成的烟气流不同的流动状况，形成了沿炉宽方向的热量偏差。

2. 原顶部二次风及燃尽风反切消旋效果不佳

针对该炉热偏差较大的情况，对锅炉进行过顶部二次风加燃尽风反切 22°的改造，F磨很少投运，顶部二次风在F磨停运时不投，由于二次风风道及燃烧器阻力较小，两层OFA投运后风箱与炉膛压差很小，对燃烧稳定性有不利影响，OFA只能投运一层，消旋效果不佳。

3. 原过热器一级减温器单点布置无法控制屏式过热器出口偏差

原低温过热器出口引出管两侧混合后经一级减温器再分左右进入各自左右分隔屏入口联箱，由于热偏差的存在，左侧分隔屏及后屏过热器的吸热量高于右侧，采用此减温器设置方式使左侧减温不足或右侧减温过多，不能对两侧偏差形成有效调节。

4. 过热器二级减温器后导汽管的交叉加剧过热器出口的汽温偏差

如前面介绍的烟气热偏差的影响，分隔屏过热器和后屏过热器吸热是左侧多于右侧，造成后屏过热器出口汽温左侧高于右侧；末级过热器吸热则是右侧高于左侧。而后屏过热器出口导汽管采取交叉布置，后屏过热器左侧出口蒸汽引入末级过热器右侧进口联箱，右侧则相反。由于烟气热偏差造成的蒸汽热偏差形成了高-高叠加和低-低叠加的效应，形成了过热蒸汽出口热偏差的叠加。

5. 个别管子在联箱的三通影响区引入、引出，造成工质流量偏差

分隔屏出口联箱引出管为三通结构，个别管子接在三通附近，由于三通效应，使这些管子前后压差降低，导致通过这些管子的工质流量减少，使其内工质温升增大，引起过大的热偏差。根据分隔屏爆管位置的统计，在三通影响区的分隔屏管子的爆漏明显高于其他部位。

四、改造方案

1. 减小残余扭转的改造

对燃烧器进行反切改造或减小炉内切圆直径均能减小炉膛上部的残余扭转，由于整体减小炉内切圆直径工作量较大，改造时采用燃烧器反切方案（见图 11-18）。总结原来反切失败的经验，要避免反切风投运后风箱炉膛压差过低的情况出现，决定反切时同时对燃烧器二次风通道进行增大阻力的改造。在选择反切方案时，为保持燃烧的稳定，下组燃烧器区域需保持足够的旋转强度，为此决定下组燃烧器切角仍保持原来角度，自 DE 层二次风始向上逐层反切。通过数值计算，DE、EF 层反切角度为 10.5°，FF 层反切角度为 15.5°，OFA1、OFA2 反切角度为 11°可以将反切与正切射流的旋转动量流率矩之比 XJ 控制在合理范围内，能大幅消减炉膛上部残余扭转。在实施时将燃尽风设计为水平摆角可调结构，应对可能出现的计算误差。

为使上部反切风投入后风箱炉膛压差不降低，在燃烧器二次风道挡板前加装阻流板，减小其流通面积，增大二次风道阻力。

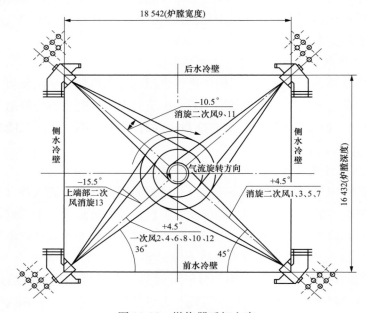

图 11-18　燃烧器反切方案

2. 过热器一级减温器改造

过热器一级减温器由原来左右两侧混合后集中减温改为两侧分别减温，由低温过热器来的蒸汽分左右两路进入左右减温器，左右减温器出口进入分隔屏过热器左右侧，这样可调整左右侧减温器的减温水量，使分隔屏过热器左右侧偏差减小。

3. 交叉方式改造

将原来后屏过热器出口减温后进入高温过热器连通管由左右交叉方式改为平行进入方式，避免屏式过热器和高温过热器热偏差的叠加（见图 11-19）。

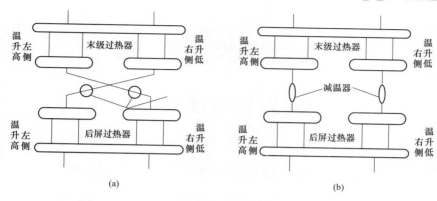

图 11-19 改造前后后屏过热器与高温过热器连接方式
（a）改造前后屏过热器出口与高温过热器连接方式；（b）改造后后屏过热器出口与高温过热器连接方式

五、改造后的效果

通过改造，减小了炉膛上部残余扭转，炉膛出口烟气侧偏差由原来的 150～300℃降至 80℃，高温再热器、屏式再热器、后屏过热器最高壁温在最高负荷时由原来的 632、599、539℃ 降低为 586、534、496℃，较改造前分别下降 46、65、43℃。在减温水量两侧平衡的情况下，两侧汽温偏差小于 20℃，通过调节两侧减温水量可使出口汽温偏差控制在 5℃ 以内，改造前后壁温对比见图 11-20～图 11-22。

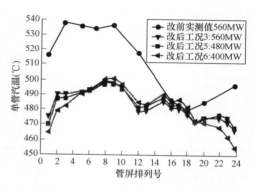

图 11-20 屏式过热器壁温改造前后对比

改造后在 60％～100％BMCR 负荷范围内主汽、再热汽温均能控制在 540.5℃±5℃ 的规定范围内，燃烧稳定性及经济性未降低，受热面安全性大幅提高，受热面爆漏大幅减少，机组实现了连续 536 天长周期安全运行。

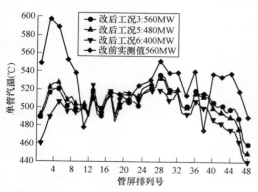

图 11-21 屏式再热器壁温改造前后对比

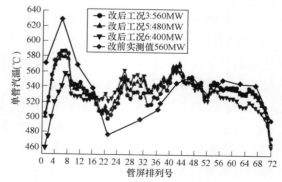

图 11-22 高温再热器壁温改造前后对比

第十二章

受热面管材的过热及防治

第一节　受热面管材过热失效及其影响

锅炉受热面管材失效中，受热面管材过热引起的失效占了很大比例，造成过热的原因有材质选用不当、受热面结构布置不合理及运行调整等。

受热面管材过热是指受热面管材温度超过其长期许用温度的现象。

受热面管材过热的后果：管材过热后，在高温作用下，持久强度下降，使寿命达不到设计要求而提早爆破损坏。

不同材料许用温度见表 12-1。

表 12-1　　　　　　　　　　不同材料许用温度　　　　　　　　　　　（℃）

材质	15CrMo	12Cr1MoV	T23	钢研 102	T91
许用温度	550	580	600	600	625
材质	TP304	TP347H	Super304	HR3C	
许用温度	650	650	700	700	

过热造成的失效分为以下三种情况。

(1) 长期过热爆管：在超温幅度不太大的情况下，在应力作用下发生较快的蠕变直至破裂的过程。

长期过热爆管形貌：爆破前管径已胀粗许多，胀粗的范围也比较大，金属组织变化，破口并不大，断裂面粗糙不平整，边缘不锋利，破口附近有众多的平行于破口的轴向裂纹，管子外表出现一层较厚的氧化皮。

(2) 短期过热爆管：锅炉受热面管子在运行过程中，由于冷却条件的恶化使管子壁温在短时间内突然上升，达到了钢的下临界点甚至到了上临界点以上的温度，这时钢的短时抗拉强度急剧下降，在介质压力的作用下，管子的向火侧首先产生塑性变形，管径胀粗、管壁减薄，随后发生剪切断裂而爆破。

短期过热爆管形貌：破口处呈喇叭状，管子严重减薄、胀粗，边缘锋利，为韧性断裂，外表有呈蓝黑色的氧化组织。破口的内壁由于管内汽水混合物急剧冲出，显得十分光洁，管子胀粗严重。管子外壁一般呈蓝黑色，破口附近没有众多平行于破口的轴向裂纹，破口处的组织为羽毛状贝氏体组织。短期过热爆管的爆口很大，外形上呈不规则菱形，显微组织碳化物球化，破口边缘较锋利，破口附近有一定的胀粗，并且在离破口较远处管子也有不同程度的胀粗。破口组织为铁素体加块状珠光体，珠光体已有一定程度的球化。

（3）小鼓包爆管：局部过热爆破，未爆破部位胀粗不明显，破口处有明显的小鼓包，破口也较锐利、光滑。破口组织为铁素体加块状珠光体，珠光体已有一定程度的球化，晶界上也有渗碳体球。

第二节 受热面管材过热的原因

过热失效的原因是材质实际使用温度超过了其长期许用温度。要确定材质是否过热，需确定其使用过程中的壁温水平，由实际壁温的高低可以大致估算其使用寿命。

一、受热面壁温计算

外壁温度：

$$t_{wb} = t + \Delta t_{pc} + \beta \mu q_{max} \left[\frac{2\delta}{\lambda(1+\beta)} + \frac{1}{\alpha_2} \right]$$

管壁厚度上的平均温度：

$$t_b = t + \Delta t_{pc} + \beta \mu q_{max} \left[\frac{\delta}{\lambda(1+\beta)} + \frac{1}{\alpha_2} \right]$$

内壁温度：

$$t_{nb} = t + \Delta t_{pc} + \beta \mu q_{max} \left(\frac{1}{\alpha_2} \right)$$

式中　　t——计算断面工质平均温度，℃；

Δt_{pc}——管内介质温度大于平均温度的值，℃，代表了该管热偏差程度；

β——管子外径与内径的比值；

μ——均流系数；

q_{max}——壁温校核点最大热负荷，W/(m² · ℃)；

δ——管子壁厚，mm；

λ——管壁金属导热系数，W/(m · ℃)；

α_2——管内壁向被加热工质的放热系数，W/(m² · ℃)。

管子的外壁温度用于校核管子外壁抗氧化的能力，管壁厚度上的平均温度用于校核管子的强度是否满足要求，内壁温度用于校核管子内壁抗蒸汽氧化的能力。

由壁温公式可见，管子的外壁温度与工质平均温度、管子热偏差、管壁放热系数、管材导热系数、管壁厚度及内外径比等因素有关。工质平均温度越高，热偏差越大，工质在管子内流速越低，管子壁温越高。

在锅炉受热面中，由于过热器及再热器管内流的是高温蒸汽，管子处在高温烟气辐射及对流放热环境下，工作条件较为恶劣，并且管子壁温随着运行工况的变化而变化，因而在实际运行中其壁温会偏离原计算值，偶尔会出现超温威胁锅炉的安全运行。为确保安全，在设计时，根据管子材料及运行工况计算管子最大允许金属温度的限定值——报警温度，以便用户在运行中监控，当超过限定值时立即发出报警信号。

二、报警温度的设置

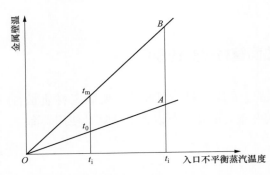

图 12-1 蒸汽的温升与金属壁温温升关系

炉内壁温是通过受热面引出管的炉外壁温推算得到的,在报警温度的计算方法中,假定蒸汽的温升与金属壁温温升成正比,见图 12-1,通过壁温计算书按下式推算设置的报警温度。

报警温度:

$$A = \frac{B(t_0 - t_i) + (t_m - t_0)t_i}{t_m - t_i}$$

超温时通过炉外壁温推算炉内金属壁温的公式:

$$B' = \frac{A(t_m - t_i) - (t_m - t_0)t_i}{t_0 - t_i}$$

式中　B'——金属允许壁温,℃;

t_0——出口蒸汽温度,℃;

t_i——偏差管入口蒸汽温度,℃;

t_m——对应于 t_0 时计算的金属壁温,℃。

对于由不同材质组成的受热面,要按不同材质计算报警温度,然后取最小值。

三、管材过热的原因

(1) 受热面热偏差过大。

(2) 受热面局部烟气温度、烟气流速过高。

(3) 偏差管工质流速偏低。

(4) 受热面入口工质温度控制过高。

(5) 受热面处整体烟气温度过高。

(6) 报警温度设置偏高。

(7) 炉外壁温测点安装不合理,炉外壁温与实际值相比偏低。

(8) 材质许用温度使用偏高。

(9) 炉外壁温测点设置不在最大偏差管上。

(10) 受热面管子内壁结垢。

(11) 受热面管内或联箱异物堵塞。

前三项均是由于热偏差引起的,机理及治理措施见热偏差相关章节。

四、受热面入口工质温度控制过高导致的过热

当某级受热面前(按工质流向)的受热面由于面积过大或其后减温水量控制偏小时,工质在进入该受热面时入口温度偏高,容易造成该级受热面管材过热。

采取措施：在该级受热面前无减温水时，应减小前级受热面的面积；在该级受热面前有减温水时，可增大减温水流量，使减温后工质温度进一步降低，达到降低该受热面入口工质温度的目的。当某一受热面前（按烟气流向）的受热面由于炉膛结渣、积灰、受热面面积偏小、火焰中心抬高等因素换热不足时，会引起该级受热面处整体烟温升高，换热量增大，造成该受热面管材过热。

五、报警温度设置偏高

由报警温度设置的公式可知，报警温度设置偏高时会引起受热面炉内管壁温升高，造成管材过热，对此要根据壁温计算书核算报警温度设置是否合理，根据核算重新调整壁温报警值。

六、炉外壁温测点安装不合理

炉外壁温测点安装时若集热块未满焊、测点处未单独保温或保温厚度不够，都将使测量的壁温低于实际温度，如按测量温度设置报警，将使炉外实际壁温控制过高，引起受热面炉内管材过热。保温对壁温示值的影响见表 12-2。

表 12-2　　　　　　　　　　保温对壁温示值的影响

项目	亚临界		超临界		超超临界	
	高温过热器	高温再热器	高温过热器	高温再热器	高温过热器	高温再热器
保温厚度（mm）	50	50	100	100	100	100
有保温时测量偏低值（℃）	2.8	2.8	3.0	2.9	3.9	3.8
无保温时测量偏低值（℃）	8.8	9.4	11.9	12.4	15.3	16.0

正确的炉外壁温测点安装方法：炉外壁温测点安装在离顶棚出口 1m 处，集热块单独保温，亚临界及以下参数锅炉保温厚度 50mm，超临界及超超临界锅炉保温厚度 100mm，集热块与管壁三面满焊，热电偶引线前段贴紧管子，压紧螺钉不直接接触热接点，集热块和套管结构见图 12-2 及图 12-3。

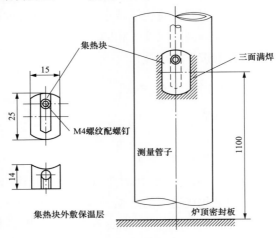

图 12-2　集热块结构

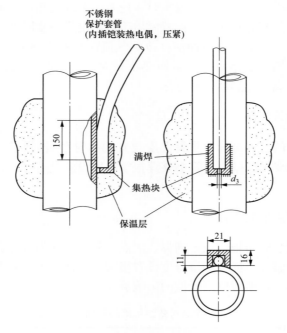

图 12-3　套管结构

📷 第三节　超临界及以上参数锅炉管子内壁氧化皮问题

不同种材料在超临界、超超临界锅炉使用时，大量出现内壁氧化皮脱落问题，其原因是锅炉厂提供的受热面金属报警温度（高温过热器、屏式过热器、高温再热器）是按照管材强度计算的，并没有考虑管材高温氧化的问题。而高参数后内壁蒸汽侧氧化考虑不足，致使材料许用温度使用偏高，引起内壁氧化皮脱落不断发生。氧化皮脱落后在管子弯头处沉积，管子阻力增大，引起工质流量减小，引起管壁温度进一步升高，造成爆管发生。内壁氧化皮使内外壁温升高的幅度是相同的。

氧化皮对管子壁温升高影响按下式计算：

$$\Delta t_b = q\,\frac{\Delta s}{\lambda}$$

式中　q——管子处的热负荷，kW/m^2；

　　　Δs——内壁氧化皮厚度，m；

　　　λ——氧化皮导热系数，$kW/(m \cdot ℃)$。

如氧化皮厚度为 0.1mm，高温过热器处的热负荷为 $120kW/m^2$，氧化皮的导热系数为 $0.0025kW/(m \cdot ℃)$，则氧化皮造成的壁温升高为 4.8℃。可见，氧化皮不脱落时也对管子过热有影响。不同材质钢在 565℃以上蒸汽温度使用时，材质许用温度应取内壁抗蒸汽氧化温度与强度计算温度的小值，如仍以管材强度计算温度作为材料许用温度，将可能造成使用壁温高于内壁抗蒸汽氧化温度，管子出现内壁氧化皮快速生长。

一、超临界及以上参数锅炉上氧化皮产生的机理

在高温环境下，水蒸气管道内会出现水分子中的氧与金属元素发生氧化反应，称为蒸汽氧化。其化学反应方程式如下：

$$3Fe + 4H_2O(g) \rightarrow Fe_XO_Y + 4H_2 \uparrow$$

另一种为氧气氧化，其化学反应方程式如下：

$$H_2O \rightarrow H_2 \uparrow + 1/2O_2 \uparrow$$

$$3Fe + 2O_2(g) \rightarrow Fe_3O_4$$

$$Fe + O_2 (外加+分解) \rightarrow Fe_XO_Y$$

理论上蒸汽温度在570℃以下时，生成物为 Fe_2O_3 和 Fe_3O_4，氧化膜较致密，对金属有保护作用。当温度在 570℃ 以上时，Fe 和合金元素同时氧化，分别生成 FeO 和 MO，FeO 继而被氧化成 Fe_3O_4 和 Fe_2O_3，合金表面主要形成 Fe_3O_4，氧化膜随着氧化的进行，MO 层和 Fe_3O_4 层向外增厚，氧化膜/金属界面逐渐向基体内部移动；MO 和 Cr_2O_3 发生固相反应，生成复杂的尖晶石结构的内层氧化层。

二、氧化皮形成的影响因素

氧化层的形成与温度、时间、氧含量、蒸汽压力和流速、钢材成分等有关。温度对氧化层厚度的影响呈加速上升的趋势，当金属材料在接近和达到其许用温度区域时，影响极为显著；运行时间与氧化层的厚度基本呈线性关系。

$$D = Kt$$

式中　D——氧化皮厚度；

　　　K——与温度有关的系数；

　　　t——时间。

材质对氧化皮结构的影响如下：

普通铁素体初始的双层氧化皮，内层主要是等轴的 Fe-Cr 尖晶石结构和外层的柱状粗糙 Fe_3O_4 颗粒，逐渐发展成为含多个双层膜的多层氧化层结构。

T-91 合金氧化皮基本是双层结构（Fe-Cr 尖晶石＋Fe_3O_4），很少像普通铁素体钢一样含有多层氧化皮结构，最外层一般有 Fe_2O_3 层。

12Cr 铁素体钢氧化皮通常由两层组成，与普通铁素体钢初始双层结构类似，最外层含较大量的 Fe_2O_3；相反，内层与 T-91 合金相似，有不完整带状的富铬氧化层。氧化皮相对较薄，相比低铬铁素体钢保护性能更好一些。

奥氏体不锈钢氧化皮是双层结构，内层为 Fe-Cr 尖晶石结构，通常厚度不均，外层与铁素体钢一样是柱状 Fe_3O_4 晶粒，并且最外层边缘含有 Fe_2O_3，但外层厚度不均。Fe_3O_4 层逐渐形成一些孔洞，且孔洞基本集中沿着 Fe-Cr 尖晶石界面，外层的 Fe_3O_4 逐渐氧化成 Fe_2O_3。

TP347HFG 合金的氧化皮形貌呈现与普通铁素体钢和奥氏体钢（由于存在较大量的 Fe_2O_3 导致氧化皮剥离起层）相结合的特征。

三、氧化皮剥落机理

1. 界面裂纹穿透破裂剥落

界面裂纹穿透破裂剥落见图 12-4。

（1）由于氧化皮的热胀系数比钢基体小，在降温时因钢基体的收缩，在钢基体与氧化层的界面上引发沿界面的裂纹。

（2）氧化层在其自身中平行于界面的压应力的作用下产生弯曲。

（3）拉应力导致氧化层外表面或内表面形成垂直于氧化层的裂纹。

（4）当裂纹穿透氧化层时，氧化层最终就会剥落。

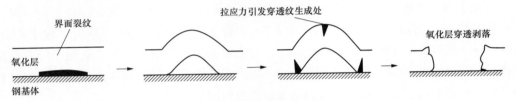

图 12-4　界面裂纹穿透破裂剥落

2. 界面裂纹不穿透破裂剥落

界面裂纹不穿透破裂剥落见图 12-5。

（1）氧化层对钢基体的附着力大于氧化层自身的强度。

（2）在氧化层强度的薄弱之处通常是粗柱状晶与细等轴晶的结合处，最为疏松，孔洞最多。

（3）氧化层内压应力引发的剪切应力，产生平行于氧化层的纵向裂纹。

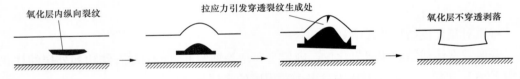

图 12-5　界面裂纹不穿透破裂剥落

3. 氧化皮剥落的主要条件

（1）温度变化幅度大，速度快，频率高。

（2）氧化层达到一定厚度，其中不锈钢达到 0.10mm，铬钼钢达到 0.2～0.5mm，即容易剥落。不同材料膨胀系数见表 12-3。

表 12-3　　　　　　　　　　　　不同材料膨胀系数　　　　　　　　　　（$\times 10^{-6}$/℃）

材料	奥氏体不锈钢	Fe_3O_4	$FeO \cdot Cr_2O_3$	T23
膨胀系数	16～20	9.1	5.6	12～14

四、不同材质抗蒸汽氧化的性能

对 TP347H（晶粒度 5 以下）利用微细的铌碳化物（NbC）的溶解和沉淀机理，采用新的、较高的固溶处理温度的热处理工艺使得 TP347H 的晶粒大大地细化后（晶粒度 8 以上）形成 TP347HFG。TP347HFG 提高了抗蒸汽氧化能力。奥氏体钢晶粒度 7～10 级时才能生成 Cr_2O_3 型氧化层。TP347H 的晶粒度大部分为 3～5 级，氧化层内层与金属基体界面就无法形成 Cr_2O_3 型保护性氧化层。

对 Super304H 在 650℃ 的蒸汽抗氧化性试验表明：该钢管的抗氧化性大大优于 TP347H，相同条件下的氧化腐蚀深度仅为 TP347H 的 67％ 左右，抗氧化性和热蚀性与相同晶粒度的细晶粒 TP347HFG 钢管接近。

对 Super304H 钢管内壁进行壁喷丸处理可提高其抗氧化性能，喷丸后 Super304H 内壁抗氧化性性能与 HR3C 相接近。

HR3C 在 650℃ 的相同条件下的氧化腐蚀深度为 TP347H 的 15％，高温耐蚀性大大优于含 Cr 较少的钢管。

两者相比较的结果说明，HR3C 的高温抗氧化性大大优于 Super304H，这主要是由于前者的 Cr 含量较后者高。不同材质抗蒸汽氧化性能对比见图 12-6～图 12-8。

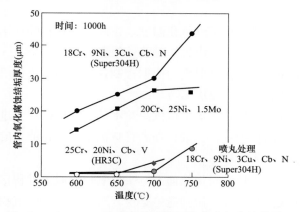

图 12-6　Super304H 喷丸处理前后抗蒸汽氧化性能对比

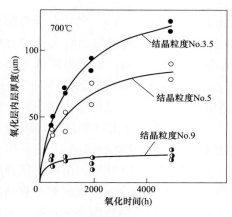

图 12-7　TP347H 与 TP347HFG
抗蒸汽氧化性能对比

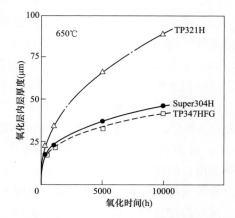

图 12-8　Super304H 与 TP347HFG
抗蒸汽氧化性能对比

不同材质在超临界及以上参数机组上抗氧化温度见表12-4。

表 12-4		不同材质在超临界及以上参数机组上抗氧化温度				(℃)
项目	T91	TP347H	TP347HFG	Super304H	Super304H(喷丸)	HR3C
抗蒸汽氧化温度	620	635	650	650	700	700
抗烟气氧化温度	650	704	704	704	704	730

前期设计制造的超临界及以上参数锅炉，由于对材料抗蒸汽氧化温度认识不足，普遍存在材料使用温度偏高的问题。对此，报警壁温应按材料抗蒸汽氧化温度及强度计算报警温度进行比较，按两者的低限重新确定报警温度，从而减轻氧化皮的快速生成。

五、控制超临界锅炉氧化皮危害的措施

超临界及以上参数锅炉内壁氧化皮是不可避免的，控制氧化皮危害的主要措施是要减缓生成、控制剥落、加强检查、及时清理。

（一）减缓生成的措施

（1）设计上要考虑材质的抗蒸汽氧化温度，正确使用材料的许用温度。

（2）对于已投运的锅炉，正确设置炉外管壁报警温度。

（3）运行中以正确设置的报警温度为依据控制各级受热面出口工质温度，如存在壁温超限的情况，要降低蒸汽出口温度运行。

（4）对于壁温正确设置后，锅炉出口汽温达不到设计值的，要进行烟气侧偏差及水煤比的调整，如仍不能满足需求，应进行提高管材抗蒸汽氧化能力的升级改造。

（二）氧化皮的检查及清理

利用停炉机会，用磁通量法对受热面下弯头处氧化皮脱落堆积情况进行检查，发现磁通量超标的再用射线拍片验证。做到逢停必检，对检出脱落的沉积在管屏下部弯头处的氧化皮进行割管清理。

（三）运行中防止氧化皮集中脱落的措施

（1）机组运行中正常升、降负荷速率每分钟不超过额定负荷的 1.5%，在半负荷至额定负荷区间内升、降负荷要维持屏式过热器、高温过热器、再热器出口蒸汽温度额定，如由于升降负荷的扰动造成上述温度的波动率超过 5℃/min，要适当降低机组的升、降负荷速率或暂停升降负荷。待温度调整稳定后，继续进行负荷变动操作。

（2）严禁锅炉超温运行，对于 671℃ 等级的超临界锅炉，高温过热器出口蒸汽温度不超过 576℃，屏式过热器出口温度不超过 530℃，高温再热器出口蒸汽温度不超过 574℃；对于 605℃ 等级的超超临界锅炉，高温过热器出口蒸汽温度不超过 610℃，屏式过热器出口温度不超过 530℃，高温再热器出口蒸汽温度不超过 608℃。由于受热面可能存在较大的热偏差，受热面蒸汽温度的控制要服从金属温度，金属温度超温要视情况降低蒸汽温度运行。运行中发现金属温度超过允许值，通过降低蒸汽温度和运行方式调整以及蒸汽吹灰无效时应降低机组负荷；任何时候不允许蒸汽参数和受热面金属温度长时间超过允许值。

（3）机组冷态启动过程中严格控制温升速率，在机组冷态启动过程中机组并列前的温升速率控制不高于 3℃/min，机组并列后的温升速率控制不高于 2℃/min。

（4）热态启动过程中，为防止受热面金属温度降低，锅炉的烟风系统要与其他系统同步启动。烟风系统启动后炉膛通风控制总风量为 35%，在炉膛通风 5min 结束立即点火，点火后要尽快投入燃料量，控制屏式过热器、高温过热器、高温再热器的温升速率为 5～6℃/min，防止受热面金属温度降低。

（5）机组由于故障紧急停机，炉膛通风 10min 后立即停止送风机、引风机运行，并关闭送风机出口和引风机进、出口挡板进行闷炉 4h 以上，防止受热面温度快速降低。如紧急停炉后需要对锅炉进行冷却，要控制高温过热器、屏式过热器、高温再热器出口蒸汽温度和上述受热面金属温度降低速率不超过 3℃/min，主、再热蒸汽降压速率不大于 0.3MPa/min；降压结束后水冷壁上水控制启动分离器温度降低速率不高于 3℃/min；启动分离器储水箱见水后方可启动烟风系统进行通风冷却；通风冷却时根据环境温度控制风机的出力，调整过热器冷端和再热器冷端入口烟气温度的降低速率不高于 3℃/min。

六、氧化皮控制处理

（1）如机组计划停机且停机后准备对氧化皮进行检查和处理，则停炉过程中要加强壁温、压力波动的扰动，停炉后也可继续强制通风，使管壁温度快速降低，促使氧化皮脱落。

（2）如非计划停机且停机时间较短，无法对氧化皮进行检查和处理，在重新启动冲转前先利用旁路变压冲管，机组带到 80% 负荷时用快开调门的方法变压冲管。

在锅炉启动到汽轮机冲转前，蒸汽参数已经较高，管壁温度也早已越过了氧化皮容易剥落的温度段，此时保持低压旁路全开，通过控制高压旁路从 30% 快速开启至 80%，使蒸汽产生一定的冲击力，过热器、再热器内的金属氧化皮等固体微粒被蒸汽携带，冲入凝汽器，被预先放置在凝汽器内的磁铁装置吸附，未被吸附部分通过凝结水精除盐装置处理。冲洗流程为过热器→高压旁路→再热器→低压旁路→凝汽器。

冲管的具体步骤：

1）关闭低压旁路自动调节，逐渐全开。

2）关闭高压旁路自动调节，开度控制到 30% 左右。

3）将高压旁路后温度设定为 230～250℃。

4）每次冲洗前分离器水位控制在 2m 左右。

5）先在 1.5、3MPa 分别进行 2～3 次试冲，手动开启高压旁路，目的是确定分离器虚假水位变化、高压旁路减温水动作、管道振动、金属温度变化、凝汽器水位变化等情况。冲洗 1min 左右，缓慢关小高压旁路至 30%。

6）正式冲洗时，根据试冲摸索的经验，以较快的启动时间加强疏水的回收和排放管理，防止不合格的疏水进入主系统，防止前级系统产生的氧化皮进入后级系统。

（3）炉外壁温测点设置不在最大偏差管上。当炉外壁温测点设置不在最大偏差管上时，当炉外壁温不能预示炉内最大偏差管的壁温情况，最大偏差管管材过热时，炉外壁温仍然正常，容易使炉内最大偏差管过热。

应利用停炉机会，对炉内管子胀粗、变色，以及外壁氧化皮情况进行检查，对过热爆管的部位进行统计，确认炉内管子的过热部位，对确认过热的炉内管圈，如出口未设壁温测点的要在检修中增设，以使壁温监测能覆盖最大偏差管，从而保证最大偏差管的安全。

对于三通两侧的管圈，应设炉外壁温测点；对于烟气偏差较大的受热面，热流较高的一侧应增设炉外壁温测点。

（4）受热面管子内壁结垢。当受热面管内结垢时，管子结垢层的热阻增大，管壁对蒸汽的换热能力减弱，蒸汽对管子的冷却能力降低，炉内管壁温度升高，炉外壁温与炉内壁温的差值增大，此时炉外壁温已不能预示炉内壁温的情况，容易造成炉内管子过热。

对此，要严格控制汽水品质，发现汽水品质变差时，要查明原因，并及时处理，要对汽包内汽水分离器状况进行检查，消除汇流箱焊缝开裂及未满焊、分离器倾斜等缺陷，严格控制给水品质，及时发现并处理汽轮机凝汽器泄漏，防止水冷壁结垢的发生。

对于已经结垢的受热面，要根据垢量的大小，采取酸洗等措施及时清除管子内结垢。

（5）受热面管内或联箱异物堵塞。当受热面管圈存有异物（如通球时遗留的钢球）、联箱中存有加工时留下的碎屑等异物时，将使对应管圈工质流量减小，引起受热面管子过热爆破。

对此，要加强检修、安装管理，对新安装的炉子在联箱封口前采用内窥镜进行内部检查，将联箱内异物清理干净，通球时一定要清点回收球的数量，确保无球遗留在管中。

━━ 第十三章 ━━

空气预热器低温腐蚀及堵灰

🏭 第一节 低温腐蚀及堵灰的机理

发生在锅炉尾部受热面（省煤器、空气预热器）的硫酸腐蚀，因为尾部受热面区段的烟气和管壁温度较低，所以称为低温腐蚀。低温腐蚀主要与所燃煤质的硫含量高及锅炉排烟温度相关，燃煤含硫量越高、排烟温度越低，低温腐蚀越严重。我国存在较多的高硫煤，且随着煤层开采深度的不断深化，煤的含硫量呈现增高之势，同时大量的高参数锅炉设计的排烟温度越来越低，对低温腐蚀的防治越来越迫切。

一、低温腐蚀的形成机理

燃料中的硫燃烧生成二氧化硫（$S+O_2=SO_2$），二氧化硫在催化剂的作用下进一步氧化生成三氧化硫（$2SO_2+O_2=2SO_3$），SO_3 与烟气中的水蒸气生成硫酸蒸汽（$SO_3+H_2O=H_2SO_4$）。硫酸蒸汽的存在，使烟气的露点显著升高。由于空气预热器中空气的温度较低，预热器区段的烟气温度不高，壁温常低于烟气露点，这样硫酸蒸汽就会凝结在空气预热器受热面上，造成硫酸腐蚀。反应式为

$$H_2SO_4 + Fe \rightarrow FeSO_4 + H_2 \uparrow$$

腐蚀产生的 $FeSO_4$ 又与烟气中的 SO_2、O_2 等进一步形成强腐蚀的 $Fe_2(SO_4)_3$。当 pH 值小于 3 时，$Fe_2(SO_4)_3$ 将腐蚀锅炉金属，并产生更多的 $FeSO_4$，$FeSO_4$ 继续与 SO_2、O_2 反应，形成一个 $FeSO_4 \rightarrow Fe_2(SO_4)_3 \rightarrow FeSO_4$ 的腐蚀循环。

另外，当 SO_2、SO_3 和 H_2O 一起在管子表面上冷凝时，在金属表面上形成了许多微电池，其中电位低的铁是负极，发生氧化反应，金属铁不断被腐蚀，亚铁离子连续进入溶液中，电位高的 Fe_3C 或焊渣杂质为正极，正极上进行还原反应，熔渣中的氢离子得到电子而成为氢气。反应式为

$$负极(Fe)：Fe - 2e^- \rightarrow Fe^{2+}（氧化）$$
$$正极(Fe_3C)：2H^+ + 2e^- \rightarrow H_2 \uparrow（还原）$$

上述电化学腐蚀的速度比化学腐蚀快很多，表面越是不光滑（如焊缝）或杂质越多之处，电化学腐蚀就越严重。这些地方遭到腐蚀后，新的金属表面就暴露出来，继续遭到腐蚀，腐蚀坑越来越深，甚至穿孔。从空气预热器的外观看，腐蚀是从上向下呈递增趋势，底部低温受热面呈溃疡形貌。

二、低温腐蚀发生的条件

低温腐蚀的发生条件是硫酸蒸汽在受热面上冷凝形成液体，即所谓结露，只有在受

热面（空气预热器）壁面温度低于酸露点温度时，硫酸蒸汽才会在受热面壁面凝结变成液体，对空气预热器形成腐蚀。在空气预热器中，沿烟气流动方向换热元件壁温逐渐降低。在低于烟气露点 20～45℃ 的壁温时，腐蚀速度达到最大值，为防止产生严重的低温腐蚀，按常规设计的空气预热器必须避开壁温在烟气露点以下的严重腐蚀区。

当空气预热器换热元件壁温低于酸露点时，酸液凝结，引起飞灰黏附，导致换热元件堵塞，即为堵灰。冷端腐蚀与冷端堵灰是互为因果、互相影响的，且低冷端腐蚀在前、尾部堵灰在后，低温结露造成局部腐蚀，降低尾部受热面的壁温，从而导致沉积黏性的低温灰附着在受热面上，反过来影响和加剧腐蚀，因此防止堵灰与腐蚀应同步进行。某空气预热器冷端腐蚀及堵塞形貌见图 13-1。

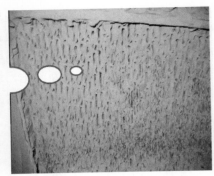

图 13-1　某空气预热器冷端腐蚀及堵塞形貌

三、低温腐蚀的危害

管式空气预热器腐蚀后管壁减薄或穿孔，漏风增大，造成送风机、一次风机、引风机流量增大，漏风增大又使管壁温度进一步降低，腐蚀更加严重，造成恶性循环。由于腐蚀发生后伴随堵灰，使烟气侧阻力增加，引风机压头增大，最终使三大风机电耗进一步增大；回转式空气预热器腐蚀后堵灰发展较快，使烟气侧、空气侧阻力增大，引起送风机、一次风机、引风机压头升高。空气预热器堵灰严重时，三大风机电耗增加较多，厂用电率可增大 1%，影响机组供电煤耗 3～3.5g/kWh。空气预热器腐蚀、堵灰严重时会造成高负荷锅炉氧量不足，影响机组带负荷能力，此时灰渣含碳量也会大幅升高，引起锅炉热效率降低。

🏭 第二节　低温腐蚀的控制

一、酸露点温度的计算

为控制锅炉低温腐蚀，必须使尾部受热面壁温高于烟气酸露点温度，因此正确计算尾部烟气的酸露点温度是设计尾部受热面的基础。

烟气酸露点温度的计算方法各国有一定的差别，在我国使用苏联锅炉机组热力计算标准方法及 CE 公司酸露点计算公式较多，但按苏联公式计算出的酸露点温度与实际相比偏低，而按 CE 公司公式计算出的酸露点温度与实际相比偏高。

苏联酸露点计算公式为

$$t_{sld} = t_{ld} + \Delta t = t_{ld} + \frac{201.5\,(S_{ZS})^{\frac{1}{3}}}{1.23^{a_{fh} \times A_{ZS}}}$$

式中　t_{ld}——水蒸气露点温度，℃；

　　　S_{ZS}——折算硫分；

　　　A_{ZS}——折算灰分；

　　　a_{fh}——飞灰比例，取 0.9。

水蒸气露点温度计算公式为

$$t_{ld} = -1.2102 + 8.4064 \times \phi_{H_2O} - 0.4749(\phi_{H_2O})^2 + 0.010\,42 \times (\phi_{H_2O})^3$$

式中　ϕ_{H_2O}——烟气中水蒸气体积分数，%。

折算硫分计算式为

$$S_{ZS} = \frac{S_{ar}}{Q_{net,ar}} \times 1000$$

折算灰分计算式为

$$A_{ZS} = \frac{A_{ar}}{Q_{net,ar}} \times 1000$$

烟气中水蒸气体积分数计算式为

$$\phi_{H_2O} = \frac{V_{H_2O}}{V_y} \times 100$$

常规水分烟煤、贫煤、无烟煤不同煤质的 Δt 取值见表 13-1。

表 13-1　　　　　　　　　　　　**不同煤种 Δt 取值**　　　　　　　　　　　　（℃）

$Q_{net,ar}$ (kJ/kg)	A_{ar} (%)	S_{ar}（%）						
		0.5	1.0	1.5	2.0	2.5	3.0	3.5
16 325	38.81	40.49	51.01	58.39	64.27	69.22	73.57	77.45
17 580	35.40	42.26	53.25	60.96	67.10	72.27	76.79	80.85
18 837	31.99	43.79	55.18	63.16	69.53	74.88	79.58	83.78
20 093	28.57	45.14	56.87	65.10	71.65	77.18	82.02	86.35
21 349	25.16	46.29	58.31	66.74	73.47	79.14	84.10	88.53
22 604	21.75	47.27	59.55	68.17	75.04	80.83	85.89	90.42
23 860	18.34	48.14	60.65	69.44	76.42	82.33	87.47	92.09

相对而言，日本电力工业中心研究所的酸露点公式与实际符合较好，日本电力工业中心研究所的酸露点公式为

$$t_{sld} = 20 \times \lg V_{SO_3} + a$$

式中　V_{SO_3}——烟气中三氧化硫体积分数，%；

　　　a——水分常数，当水分为 5%、10%、15% 时，a 分别等于 184、194 和 201。

烟气中三氧化硫体积分数计算式为

$$V_{SO_3} = \frac{0.02 \times 0.699\,75S_{ar}}{V_y}$$

$$V_y = V_{gy} + V_{H_2O}$$

二、空气预热器受热面壁温计算

1. 管式空气预热器

对于空气预热器，烟气侧放热量等于空气侧吸热量，即

$$\alpha_y(\theta''_y - t_b)H_y = \alpha_k(t_b - \Delta t - t_k)H_k$$

$$t_b = \frac{\alpha_y\theta''_yH_y + \alpha_kt_kH_k + \alpha_k\Delta tH_k}{\alpha_yH_y + \alpha_kH_k} = \frac{\alpha_y\theta''_y\dfrac{H_y}{H_k} + \alpha_kt_k + \alpha_k\Delta t}{\alpha_y\dfrac{H_y}{H_k} + \alpha_k} = \frac{\alpha_y\theta''_y\dfrac{d_n}{d_w} + \alpha_kt_k + \alpha_k\Delta t}{\alpha_y\dfrac{d_n}{d_w} + \alpha_k}$$

式中　t_b——空气预热器出口平均壁温，℃；

　α_y、α_k——烟气侧、空气侧换热系数，W/(m² · ℃)，通过计算空气预热器进口风速

　　　　　　及出口烟速查线算图得到；

　　θ''_y——空气预热器出口烟温，℃；

H_y、H_k——烟气侧、空气侧换热微元面积，m²；

　　t_k——某级空气预热器入口风温，℃；

　　Δt——烟气侧、空气侧壁温差，℃；

d_n、d_w——空气预热器管子内径、外径，m。

最低壁温为 $t_{b,min} = t_b - 15$。

2. 回转式空气预热器

$$\alpha_y(\theta''_y - t_b)H_y = \alpha_k(t_b - t_k)H_k$$

$$\alpha_y(\theta''_y - t_b)\Delta hA_y = \alpha_k(t_b - t_k)\Delta hA_k$$

$$\alpha_y(\theta''_y - t_b)\frac{A_y}{\sum A} = \alpha_k(t_b - t_k)\frac{A_k}{\sum A}$$

$$t_b = \frac{X_y\alpha_y\theta''_y + X_k\alpha_kt_k}{X_y\alpha_y + X_k\alpha_k} = \frac{X_y\theta''_y + X_kt_k\dfrac{\alpha_k}{\alpha_y}}{X_y + X_k\dfrac{\alpha_k}{\alpha_y}}$$

$$\frac{\alpha_k}{\alpha_y} = \frac{v_k \times 1.1}{v_y \times 1.05} = \frac{1.1 \times 1.33 \times X_y \times m_k(273 + t_k)}{1.05 \times 1.293 \times X_k \times m_y(273 + \theta''_y)} = 1.08\frac{m_a \times X_y(273 + t_k)}{m_y \times X_k(273 + \theta''_y)}$$

式中　Δh——空气预热器转子换热微元高度，m；

A_y、A_k——转子受热面微元烟气侧、空气侧面积，m²；

X_y、X_k——转子受热面横断面烟气侧、空气侧面积占总面积的比例；

　v_k、v_y——某段空气预热器进口风速及出口烟速，m/s；

m_a、m_y——某段空气预热器进口空气质量流量及出口烟气质量流量，kg/s，通过热

力计算书查得。

最低壁温为 $t_{b,min} = t_b - 24$。

三、低温腐蚀及积灰的控制

对于卧式布置管式空气预热器，由于空气侧为横向冲刷，空气侧换热系数 α_k 高于烟气侧换热系数 α_y；而回转式空气预热器正好相反，烟气侧换热系数 α_y 高于空气侧换热系数 α_k。同样的排烟温度下，冷端平均壁温比回转式空气预热器要低 15℃左右。因此，管式空气预热器锅炉燃用含硫量一样的情况下，为控制空气预热器的低温腐蚀，设计的排烟温度比回转式空气预热器要高。

当低负荷运行时，排烟温度降低，冷端壁温下降，腐蚀范围抬高；燃用高硫煤时，酸露点温度升高，腐蚀范围也会抬高，为控制腐蚀的程度和范围，需投入热风再循环或暖风器，以提高冷端壁温。

常规设计的回转式空气预热器能抗一定的腐蚀，有限的空气预热器的腐蚀要求控制在冷端高度的范围内，冷端材料为 CORTEN 钢，设计高度一般为 300mm，能抗壁温范围为酸露点温度以下 0~20℃范围的有限腐蚀，对应的冷端综合温度按图 13-2 控制。

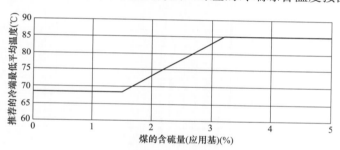

图 13-2　冷端综合温度控制

冷端综合温度：

$$t = \frac{\theta''_y + t_k}{2}$$

当燃用灰中 $CaO + MgO > Fe_2O_3$ 的次烟煤（褐煤型灰）和褐煤时，硫含量要按以下公式进行修正，即

$$S = \frac{32\,560 S_{ar}}{Q_{gr,ar}}$$

式中　$Q_{gr,ar}$——收到基高位发热量，kJ/kg。

冷端综合温度按图 13-2 控制并不说明冷端一点不腐蚀，而是将腐蚀限制在冷端传热元件的末端，腐蚀和堵灰速度不是太快，可用吹灰器和停炉后的水冲洗来控制。

第三节　燃用高硫煤及增设尾部脱硝时空气预热器的改造

对于燃用高硫煤的锅炉，若不想将排烟温度设计太高或不想在负荷较高时就投入热

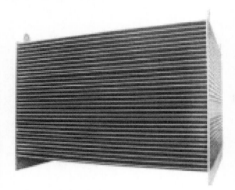

图 13-3 镀搪瓷管式空气预热器

风再循环及暖风器以增大排烟热损失，可对冷端管式空气预热器进行涂搪瓷改造，如锅炉还进行脱硝改造，则空气预热器冷端镀搪瓷改造的高度应与脱硝后防 ABS 腐蚀一并考虑。镀搪瓷管式空气预热器见图 13-3。

对于回转式空气预热器如不控制冷端综合温度，将会使腐蚀段上移，严重时腐蚀可至中温段高度范围，中温段为不抗腐蚀材质，且中、低温段之间存在夹层，一旦腐蚀堵灰，吹灰器无法清除。表 13-2 为豪顿华计算的低温段 300mm 高、分别采用 NF6 及 2.78DU 波形时烟气侧传热元件壁温分布。

表 13-2 烟气侧不同位置传热元件壁温分布

	采用 NF6 波形									
高温段	362.0	361.1	359.8	358.1	355.7	352.6	348.4	342.7	335.0	324.6	310.7
	356.1	354.0	351.4	348.2	344.4	339.8	334.1	327.4	319.3	309.8	298.6
	348.2	345.0	341.3	336.9	331.9	326.2	319.6	312.3	304.1	295.0	285.2
	338.7	334.5	329.7	324.4	318.5	311.9	304.7	297.0	288.7	279.9	270.8
	327.7	322.6	317.0	310.9	304.2	297.1	289.4	281.4	273.0	264.3	255.5
	315.6	309.7	303.4	296.6	289.3	281.7	273.7	265.3	256.8	248.0	239.2
	302.3	295.8	288.8	281.5	273.7	265.7	257.3	248.8	240.0	231.1	222.2
中温段	302.3	295.8	288.8	281.5	273.7	265.7	257.3	248.8	240.0	231.1	222.2
	281.6	274.3	266.5	258.5	250.2	241.7	232.9	224.0	214.9	205.8	196.5
	259.2	251.2	242.8	234.3	225.5	216.6	207.4	198.2	188.8	179.4	169.9
	235.3	226.8	218.0	209.0	199.8	190.6	181.1	171.6	162.0	152.4	142.5
	210.4	201.3	192.2	182.9	173.5	163.9	154.3	144.7	135.0	125.3	115.5
	184.6	175.4	166.0	156.5	147.0	137.4	127.8	118.2	108.6	99.0	89.5
	158.8	149.5	140.1	130.6	121.2	111.8	102.4	93.1	83.9	74.8	75.7
低温段	117.5	114.1	111.0	108.1	105.6	103.4	101.5	99.9	98.7	97.8	97.3
	113.4	110.1	107.1	104.3	101.8	99.6	97.6	96.0	94.7	93.8	93.2
	109.3	106.1	103.1	100.4	97.9	95.7	93.8	92.1	90.8	89.7	89.0
	105.2	102.1	99.2	96.5	94.1	91.9	89.9	88.2	86.8	85.7	84.8
	101.1	98.1	95.2	92.6	90.2	88.0	86.0	84.3	82.8	81.6	80.6
	97.0	94.0	91.2	88.6	86.2	84.0	82.1	80.3	78.8	77.5	76.4
	92.9	90.0	87.2	84.6	82.3	80.1	78.1	76.3	74.7	73.4	72.2
	冷端出口平均壁温 81.0℃										
	采用 2.78DU 波形									
高温段	362.1	361.1	359.8	358.1	355.8	352.7	348.5	342.8	335.1	324.9	311.0
	358.0	356.2	354.0	351.2	347.8	343.6	338.3	331.9	323.9	314.2	302.5
	252.9	350.3	347.2	343.6	339.2	334.1	328.0	321.0	312.9	303.7	293.3
	346.9	343.5	339.7	335.2	330.0	324.2	317.6	310.2	302.0	293.1	283.5
	340.0	336.0	331.4	326.2	320.4	314.0	306.9	299.3	291.0	282.3	273.2
	332.5	327.8	322.5	316.7	310.4	303.5	296.1	288.2	279.9	271.2	262.4
	324.2	318.9	313.1	306.8	300.0	292.7	285.0	276.9	268.5	259.9	251.1

	采用 2.78DU 波形									
中温段	324.2	318.9	313.1	306.8	300.0	292.7	285.0	276.9	268.5	259.9	251.1
	306.0	299.7	292.9	285.7	278.2	270.2	260.0	253.6	244.9	236.1	227.3
	285.8	278.6	271.0	263.2	255.0	246.6	238.0	229.2	220.2	211.2	202.0
	263.8	255.9	247.7	239.3	230.7	221.9	212.9	203.7	194.5	185.2	175.8
	240.4	231.9	223.3	214.4	205.4	196.2	186.9	177.5	168.0	158.5	148.9
	215.8	206.9	197.9	188.7	179.4	170.0	160.5	151.0	141.4	131.8	122.2
	190.5	181.3	172.1	162.7	153.3	143.8	134.3	124.8	115.3	105.9	96.4
低温段	177.7	169.4	161.3	153.4	145.7	138.2	131.2	124.6	118.5	113.1	108.3
	167.9	159.8	151.9	144.1	136.6	129.3	122.3	115.7	109.5	103.7	98.5
	158.1	150.2	142.5	134.8	127.4	120.2	113.3	106.7	100.4	94.4	88.9
	148.5	140.7	133.1	125.6	118.3	111.2	104.3	97.7	91.3	85.1	79.3
	138.9	131.3	123.8	116.4	109.2	102.1	95.3	88.6	82.2	75.9	69.9
	129.4	121.9	114.5	107.2	100.1	93.1	86.3	79.7	73.2	66.8	60.7
	120.0	112.6	105.3	98.1	91.1	84.2	77.4	70.8	64.3	57.9	51.7
	冷端出口平均壁温 80.9℃										

由上述计算可知当酸露点温度为 130℃时，中温段下段也会发生腐蚀，即腐蚀从低温段延伸到中温段，冷端传热元件波形传热性能越差，腐蚀高度越高。图 13-4 表示中温段与低温段分层处的腐蚀堵塞。

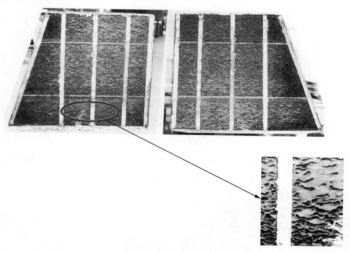

图 13-4　中温段与低温段分层处的腐蚀堵塞

如燃用高硫煤，又要保证锅炉效率不降低，空气预热器冷端高度、材质、板型及吹灰必须按高硫煤设计，主要是增加冷端高度、将冷端材料由 CORTEN 钢变为表面镀搪瓷材料，采用吹灰介质易穿透且能量损失小的宽间距封闭式（CLOSE）板型或宽间距直通道板型，配套蒸汽和高压水双介质吹灰器，在冷端抗腐蚀能力提高的基础上以保持空气预热器传热元件的清洁。搪瓷元件可以防止低温腐蚀，搪瓷表面比较光滑，受热元件不易沾污，即使沾污也易于清除。

冷端高度要根据煤质（折算硫分、灰分）及空气预热器分段计算的结果确定，原则是确保不同负荷下中温段出口及冷端入口最低壁温高于酸露点温度。

由于冷端与中温段采用不同板型，中温段换热系数高于冷端，中温段出口最低壁温高于冷端入口最低壁温，因此冷端入口腐蚀不一定中温段出口不腐蚀，必须对中温段出口及冷端入口进行壁温校核计算，使此处壁温高于酸露点温度。另外，不同负荷空气预热器入口烟温不同，低负荷运行时同一高度受热元件壁温降低，腐蚀段高度抬高，低负荷 50％ECR 工况比额定负荷腐蚀高度抬高 230mm 左右，要考虑 50％ECR 工况下中温段出口及冷端入口最低壁温高于酸及 ABS 露点温度。图 13-5 所示为某电厂不同负荷 NH_4HSO_4 覆盖高度范围曲线。

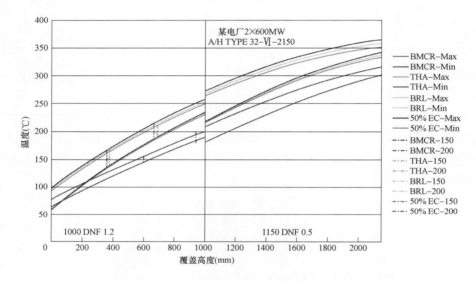

图 13-5 不同负荷 NH_4HSO_4 覆盖高度范围曲线

在进行 SCR 改造时，可按脱硝空气预热器改造方案实施。常见换热元件有 DU3、DUN、NF6、哈锅 DU3E、阿尔斯通 DNF、巴克杜尔 LS、豪顿华 HC11e 等，如图 13-6 所示。

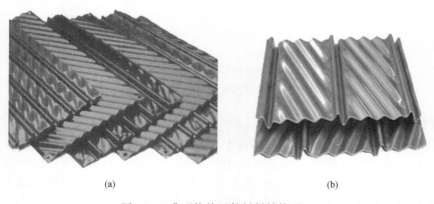

(a)   (b)

图 13-6 典型换热元件材料结构图 （一）

（a）DU3；（b）DUN

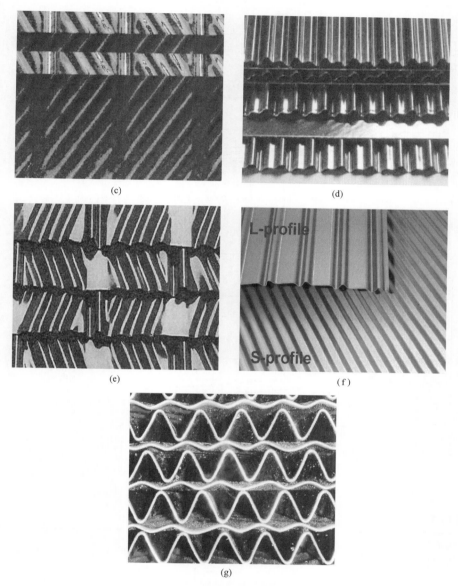

图 13-6 典型换热元件材料结构图（二）

（c）NF6；（d）哈锅 DU3E；（e）阿尔斯通 DNF；（f）巴克杜尔 LS；（g）豪顿华 HC11e

　　常见元件的换热特性如图 13-7 所示，元件的换热能力为：FNC＞DUN＞DU＞DNF，DU3E＞HC11e＞NF6＞LS。

　　常见元件的阻力特性如图 13-8 所示，其抗堵灰性能为：FNC＜DU＜DUN＜DNF，DU3E＜HC11e＜NF6＜LS。

　　FNC、DUN、DU 波形一般只在高、中温段使用，DNF、DU3E、HC11e、NF6、LS 波形只在低温段或中、低温段合并时使用。典型换热元件的特性见表 13-3。

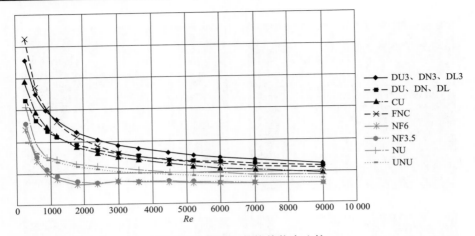

图 13-7　常见元件换热能力比较

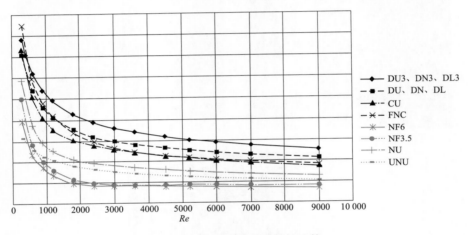

图 13-8　常见元件阻力特性比较

表 13-3　　　　　　　　　　　　　　　典型换热元件特性

分类名称	通道形式	几何特点	换热特点	阻力特性	适应燃料及场合
NF3、NF6	封闭	由一块平板和一块通灰槽板组成，无斜纹	单位体积换热面积较少，故换热能力很差	直通道，阻力系数低	煤燃料（冷端），结长渣煤
NU、UNU、TC3	开放	由一块波纹板和一块通灰槽板组成，无斜纹	波纹板增加了部分换热面积，换热能力一般	定位板无斜纹，阻力系数较低	用于轻微结渣酸性灰煤（热段），用于脱硝预热器（冷端）或脱硫GGH
DN、DN3、DUN	封闭	没有波纹板，两片均为定位板，两片错开半个节距且斜纹交错布置	波纹交错布置，提高了换热效果	通灰槽较多，阻力系数低	用于不易结渣酸性灰煤（热段），油、气燃料

续表

分类名称	通道形式	几何特点	换热特点	阻力特性	适应燃料及场合
DL、DL3	开放	没有波纹板，两片均为定位板，两片错开半个节距且斜纹顺列布置	斜纹使单位体积换热面积增大，换热较好	斜纹顺列降低了通灰效果	用于不易结渣酸性灰煤（热段），油、气燃料
UNF、TC2	半封闭	定位板上有斜纹，另一片为平板或浅波纹板	定位板上的斜纹增强了换热效果	半封闭通道冲洗效果较好	用于不易结渣酸性灰煤（热段），油、气燃料
DU 2.4～3.5	开放	由带有通灰沟槽和倾斜波纹的定位板和只带有倾斜花纹的纯波纹板组合而成	定位板和波纹板都有斜纹，换热效果好	开放通道且具有斜纹，阻力特性一般	用于轻微结渣酸性灰煤（热段），油、气燃料
DNF、TC1	封闭	两片均为定位板，由斜波纹、通灰槽和平直部分组成，两片交错布置	单位体积换热面积一般，换热效果好	封闭流道冲洗效果好	用于脱硝预热器（冷端）或脱硫GGH
FNC	开放	两片波纹板上沟槽倾斜，沟槽间没有波纹，两片元件片形式相同，交叉排列	单位体积换热面积大，换热能力优秀	阻力特性很差，易堵灰	一般用于低灰分燃料，包括油、气燃料
DU3E	封闭		单位体积换热面积一般，换热效果一般	封闭流道冲洗效果好	用于脱硝预热器（冷端）或脱硫GGH
HC11e	封闭	由一块平板和一块通灰槽板组成	单位体积换热面积较少，故换热能力较差	封闭流道阻力系数低，冲洗效果好	用于脱硝预热器（冷端）或脱硫GGH
LS	开放		单位体积换热面积较少，故换热能力较差	直通道，阻力系数低	用于脱硝预热器（冷端）或脱硫GGH

空气预热器堵塞分高温段堵塞及中低温段堵塞两种情况，高温段堵塞主要是由于高温段传热元件之间流道狭窄，大颗粒的飞灰通不过去造成的。因此，对于燃用高灰分煤种的省煤器后无灰斗放灰及空气预热器前设置 SCR 时，热段及中温段传热元件不应采用流道狭窄的 FNC 波形。中低温段堵塞主要是壁温低于酸及 ABS 露点温度，酸及 ABS 在壁面凝结黏附飞灰造成的。当空气预热器前布置有 SCR 时，多余的氨与烟气中的 SO_3 反应生成 NH_4HSO_4，当后续烟道烟温降低时，NH_4HSO_4 就会附着在空气预热器表面和飞灰颗粒物表面。NH_4HSO_4 物质在烟温 150～200℃的范围内，会以液态形式存在。它会腐蚀空气预热器管板，并通过与飞灰表面物反应而改变飞灰颗粒物的表面形状，最终形成一种大团状黏性的腐蚀性物质。这种飞灰颗粒物和在管板表面形成

NH_4HSO_4 会导致空气预热器的压损急剧增大。当 NH_3 逃逸浓度在 $1\mu L/L$ 以下时，硫酸氢铵生成量很少，空气预热器堵塞现象不明显；NH_3 逃逸浓度增加到 $2\mu L/L$ 时，空气预热器在运行 6 个月后，阻力约增加 30%；如果 NH_3 逃逸浓度增加到 $3\mu L/L$，空气预热器运行 6 个月后阻力约增加 50%。脱硝空气预热器 NH_3 逃逸浓度必须控制在 $3\mu L/L$ 以下。解决中低温段堵灰在设计时确定合理的冷端高度和冷端传热元件的波形，要使酸及 ABS 露点温度以下集中在冷段（合并中温段）、不发生隔层，选用灰的通透能力强及吹灰、清灰效果好的 DNF、DU3E、HC11e、NF6、LS 波形，其次冷端要采用镀搪瓷材料，减轻灰的黏附及腐蚀，还需选择合适的吹灰及清洗方式。

流道封闭的波形如 DNF、DU3E、HC11e、NF6 在吹灰过程中介质的耗散较小，吹灰容易达到较深的地方，吹灰效果较好，不同通道波形传热元件吹灰效果比较见图 13-9。

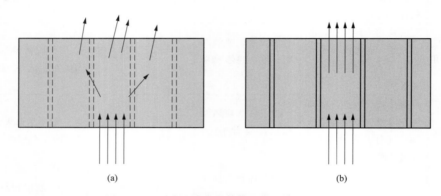

图 13-9　不同通道波形传热元件吹灰效果比较
（a）开放通道波形的传热元件，吹灰效果不佳；（b）封闭通道波形的传热元件，吹灰效果较佳

如图 13-10 所示，采用大通道直波形 LS 时，在烟气流通方向上是直通的，元件内没有小的斜波纹，吹灰无死角，烟气流通截面大，波形平滑，运行中灰不易附着，即使附着也容易清理，故防堵灰效果较 DNF、DU3E 好。

NH_4HSO_4 在壁温 $150\sim200℃$ 时呈液态，具有很强的黏结性，蒸汽吹灰无法将其从壁面上清除，必须用 15MPa 的高压水清洗，因此脱硝空气预热器的吹灰要采用蒸汽和高压水双介质吹灰器。在空气预热器阻力上升幅度不超过初始运行值的 1.3 倍时，采用蒸汽吹灰即可；当空气预热器运行阻力超出初始运行值的 1.5 倍，且采用蒸汽吹灰无法明显减小时，需考虑采用高压水冲洗。

当蒸汽吹灰时，要保证吹灰蒸汽的干度。吹灰蒸汽干度不够时，往往造成传热元件表面被蒸汽打湿现象，加重堵灰。因此，为保证良好的吹扫效果，要求蒸汽吹扫所用蒸汽必须有足够的干度，通常要求提供的蒸汽过热度达到 150℃ 左右。对于正常运行期间空气预热器的吹灰，在吹灰器入口处的压力和温度要求为：

热端吹灰器：压力 $0.8\sim1.0$MPa，温度不小于 320℃。

冷端吹灰器：压力 $1.0\sim1.4$MPa，温度不小于 350℃。

高压水参数为压力 15MPa，流量为 $10\sim15$t/h。

喷射出流体的动能衰减得很快

残余的堵塞物

喷射出的流体

紧凑型传热元件的通道

水、压缩空气、蒸汽

喷射出流体的动能保持时间很长

喷射出的流体

巴克杜尔设计的传热元件通道

图 13-10　不同板形蓄热元件烟气吹扫效果

为保证吹灰器入口的蒸汽温度，必须对吹灰器的蒸汽管路进行足够的疏水，疏水管径偏小或疏水时间不够时，吹灰器入口的蒸汽温度将无法保证。

对于吹灰器的使用，一种错误的想法是通过提高吹灰压力和吹灰频次来解决积灰问题。由于吹灰蒸汽压力过高（如超过 2.0MPa），可能使元件开裂，撕裂后的元件弯曲变形，碎片堵塞通道，使得后继的吹灰效果完全丧失，这种方法是完全不可取的，吹灰蒸汽压力过高时对传热元件及板箱形成的损坏见图 13-11。

图 13-11　吹灰蒸汽压力过高时对传热元件及板箱形成的损坏

热态时用水冲洗，不论是高压水还是低压水，都会对转子产生很大的温度应力，使转子出现严重不可恢复变形。这是因为运行期间空气预热器的热端转子金属温度在350℃以上，此时直接向空气预热器热端喷入冷水，热端转子金属瞬间冷却会产生巨大的温度应力（500～800MPa），这会损坏空气预热器转子和密封片。

当必须对空气预热器冷端进行在线高压水冲洗时，锅炉负荷降至 60％以下对待冲洗的空气预热器完全隔离，在转子金属温度冷却到 200℃以下时进行。因为即使高压水冲洗是在空气预热器冷端进行的，高压水一般能贯穿整个转子而到达空气预热器上方。由于空气预热器在隔离阶段冷却较慢，烟气侧很难完全隔开（挡板并不能做到 100％隔离），一种行之有效的做法是设立烟气出口空气旁路，连通冷二次风道和空气预热器出口烟道，低负荷运行送风机，从而保证空气预热器转子迅速冷却（一般 2～3h）。更简单的做法是打开空气预热器烟气侧检修门，使空气预热器烟气侧压力大于隔离挡板前部烟道，从而阻止烟气在清洗阶段通过空气预热器转子。清洗时，被隔离空气预热器的送风机或一次风机应打开，低负荷运行，以保证吹干转子和维持空气预热器烟气侧压力高于挡板另一侧。清洗完毕后，应继续用送风机吹干转子。

采用低压水冲洗时，当从空气预热器排出的污水和送入空气预热器的清洗水 pH 值相同，即认为已清洗干净。

1. GGH 的腐蚀和堵塞

GGH 是用原烟气加热脱硫后净烟气的回转式加热器（见图 13-12），原烟气及净烟气的温度较低，受热面壁温均处于烟气露点温度以下，蓄热侧和放热侧均存在腐蚀，故低温腐蚀较空气预热器严重；除蓄热侧原烟气的飞灰黏附外，净烟气侧由于含水量高且带有石膏产物，更容易在传热元件上黏附，所以 GGH 堵灰更加严重。堵塞严重的GGH 半个月就需停机进行高压水冲洗。

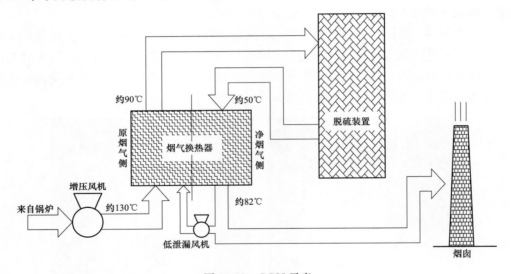

图 13-12　GGH 示意

2. 防止 GGH 堵塞的措施

（1）选择合理的传热元件波形，许多电厂 GGH 的运行情况表明紧凑型波形（HS8e、DNF）对 GGH 防堵灰的效果不佳，采用 LS、HC11e 波形改造后效果较好，运行中只需蒸汽吹灰就可保证压差稳定，不需要进行高压水冲洗。

（2）要对除雾器进行堵塞疏通，设置除雾器水冲洗装置，并定期冲洗。除雾器堵塞时，其通流面积大大减少，烟速加快，更易将含有固体的液滴带到 GGH，大大加重GGH 的负担，造成 GGH 的堵塞。同时，由于除雾器不能有效地去除烟气中携带的液滴，使得净烟气进入 GGH 时携带大量水分和浆液杂质，反复黏附使得换热元件上的结垢越来越多，不易清除。

（3）要选择合适的吹灰方式，如原来采用压缩空气吹灰的，应改为蒸汽吹灰，吹灰器蒸汽汽源温度、压力与脱硝空气预热器吹灰器相同。

（4）控制好吸收塔液面高度，防止吸收塔液体由原烟道倒流进入 GGH。吸收塔运行时在液面上产生大量泡沫，造成吸收塔的"虚假液位"，要定期在吸收塔中添加消泡剂，以防止吸收塔"虚假液位"的产生。

（5）控制好吸收塔浆液 pH 值。吸收塔内浆液 pH 值较高时，烟气携带的 $CaCO_3$ 含量较多，其会与原、净烟气中的 SO_2 继续反应生成结晶石膏而牢固地黏附在 GGH 换热元件上引起堵塞。

（6）保证电除尘器高效运行。除尘效率低时，将会导致原烟气含尘量偏高，进入吸收塔灰尘浓度过大。换热元件在净烟气侧附带水分之后，在原烟气侧特别是冷端，电除尘未除净的尘粒容易附着在换热元件上。由于烟尘具有水硬性，随着时间的推移，累积硬化成类似水泥的硅酸盐，板结而形成垢块。

（7）运行中加强监视，并及时调整，增压风机停运时应尽快停运浆液循环泵，减少液体回流至 GGH。

第十四章

低 NO_x 燃烧器改造

第一节 低 NO_x 燃烧器改造的必要性

早期设计的锅炉燃烧器空气分级不充分，燃尽风与主燃烧器上层一次风距离较小，使得还原效果较差，NO_x 排放仍维持在较高水平。在增设 SCR 后，由于 SCR 脱硝效率只能达到 80％左右，为满足新的 NO_x 排放要求〔W 火焰锅炉 $200mg/m^3$（标况），其他炉型 $100mg/m^3$（标况）〕，W 火焰锅炉 NO_x 排放超过 $1000mg/m^3$（标况）、其他炉型超过 $500mg/m^3$（标况），即需进行低 NO_x 燃烧器改造。目前 W 火焰锅炉 NO_x 排放在 $1200\sim1600mg/m^3$（标况），其他炉型在未设置分离燃尽风时燃用无烟煤 NO_x 排放在 $1000\sim1200mg/m^3$（标况）、燃用贫煤 NO_x 排放在 $650\sim900mg/m^3$（标况）、燃用烟煤 NO_x 排放在 $550\sim750mg/m^3$（标况）、燃用褐煤 NO_x 排放在 $350\sim450mg/m^3$（标况）。除燃用褐煤的锅炉不进行低 NO_x 燃烧器改造，在增设 SCR 后都不能满足新的排放要求。

第二节 低 NO_x 燃烧器的原理

一、NO_x 形成及消减机理

煤粉燃烧过程中所生成的氮氧化物主要是 NO 和 NO_2，通常把这两种氮氧化物合称为 NO_x。其中，NO 占 95％以上。煤粉燃烧过程中因 NO_x 的生成机理不同，可分为热力型 NO_x、燃料型 NO_x 和快速型 NO_x。

（1）热力型 NO_x：热力型 NO_x 是燃烧用空气中的 N_2 在高温下氧化而生成的氮氧化物。

（2）燃料型 NO_x：燃料型 NO_x 是燃料中的有机氮化合物在燃烧过程中氧化形成的氮氧化物。

（3）快速型 NO_x：快速型 NO_x 是碳氢化合物在燃烧时分解的中间产物与 N_2 反应得到的氮氧化物。

在煤粉的燃烧过程中，热力型 NO_x 占 10％～30％，燃料型 NO_x 占 70％～90％，快速型 NO_x 所占比例小于 5％，通常被忽略。

二、影响热力型 NO_x 生成的主要因素

热力型 NO_x 起源于空气中的 N_2，主要在 1800K 以上的高温区产生，其化学反应为

$$N_2 + O = NO + N$$
$$N + O_2 = NO + O$$

上述反应在高温下的特点是正反应速度比逆反应速度快，且与反应温度、反应时间和 O$_2$ 的浓度成正比，因此影响热力型 NO$_x$ 生成的主要因素有：

（1）温度：在燃烧过程中，温度越高，生成的 NO$_x$ 量越大。煤粉锅炉中的燃烧温度通常高于 1500℃，因此易产生较多的 NO$_x$。

（2）过量空气系数：由于 O$_2$ 的浓度对热力 NO$_x$ 有直接的影响，因此过量空气系数 α 对 NO$_x$ 有着明显的影响。在煤粉锅炉燃烧过程中，当 α 在 1.1～1.2 时，NO$_x$ 的生成量最大，而偏离这个范围时，NO$_x$ 的生成量会明显减少。

（3）时间：当 N 和 O 处于高温区的时间越长，N 和 O 的反应越充分，则生成的 NO$_x$ 越多。

三、影响燃料型 NO$_x$ 生成的主要因素

煤中的含氮量在 0.4%～3%，这些氮在燃烧中被分解后释放，形成 NH$_i$、HCN 等中间产物，通过与 OH、O、O$_2$ 等进行反应，一部分转换为 NO，其余的还原成 N$_2$。因此，燃煤中的含 N 量越高，燃烧过程中煤中 N 转化为 NO$_x$ 也就越多。

煤中氮化合物存在的形态主要有挥发分氮和焦炭氮两种。

挥发分氮以不稳定的杂环氮化合物形式存在于煤的挥发分中，主要构成是 HCN 和 NH$_3$，在煤燃烧受热过程中分解。在挥发分氮转化生成 NO$_x$ 的过程中，先形成中间产物 NH$_i$、CH、HCN，中间产物进一步氧化形成 NO$_x$，挥发分氮形成的 NO$_x$ 占燃料型 NO$_x$ 总量的 60%～70%，整个转化过程如图 14-1 所示。

挥发分氮析出后残存于焦炭中的燃料氮，以氮原子的状态与各种碳氢化合物结合成氮的环状化合物或链状化合物。

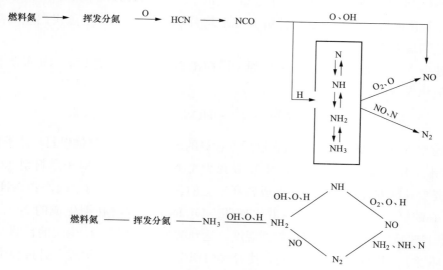

图 14-1 燃料 NO$_x$ 的生成路径

焦炭中的燃料氮转化生成 NO_x 的过程包括如下反应。

NO 生成反应：

$$焦炭氮 \rightarrow HCN$$

$$HCN + O_2 \rightarrow NO + CO + H$$

NO 还原反应：

$$NO + HCN \rightarrow N_2 + CO + H$$

$$NO + C \rightarrow 1/2N_2 + CO$$

$$NO + CO \rightarrow 1/2N_2 + CO_2$$

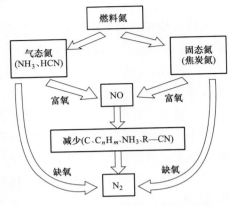

图 14-2　燃料氮的转化及还原途径

燃料氮中焦炭氮转化生成 NO_x 的量占燃料型 NO_x 总量的 $30\% \sim 40\%$，其转化及还原途径如图 14-2 所示。

四、影响燃料型 NO_x 转化率的原因

（一）煤质因素

（1）燃料中氮的含量：燃料中氮的含量增高时，燃料型 NO_x 转化率呈降低趋势，但所生成的燃料型 NO_x 量也较高。

（2）固定碳与挥发分的含量比：在一定的过量空气系数下，煤中固定碳与挥发分的含量比例越高，NO_x 转化率越低。

（二）运行因素

（1）过量空气系数：过量空气系数升高，燃料型 NO_x 的生成浓度和转化率上升。燃料型 NO_x 的生成速率与燃烧区的氧气浓度的平方成正比。

（2）温度的影响：燃料氮在热解温度下均分解生成 NO_x，在焦炭燃烧的高温下，转化率达到最大值。

快速型 NO_x：通过燃料产生 CH 原子团撞击 N_2 分子，生成 CN、HCN 类化合物，进一步氧化成 NO。

$$CH + N_2 \rightarrow HCN + N$$

快速型 NO_x 生成量很少，仅在燃用不含氮的碳氢燃料（如气体燃料）才予以考虑。

控制 NO_x 主要是控制燃料型 NO_x 及热力型 NO_x 的生成，对于燃料型 NO_x 的控制主要是要让挥发分快速析出，形成较高浓度的具有还原性质的中间产物 NH_i、CH、HCN，在缺氧环境下燃烧，减少着火初期 NO_x 的生成和将初期生成的 NO_x 还原为 N_2，同时缺风环境燃烧还可降低炉膛温度，达到减少热力型 NO_x 生成的目的。其次要使缺氧环境下燃烧维持足够的时间，使着火初期生成的 NO_x 在炉膛上升过程中再次还原为 N_2。各种形式的 NO_x 形成与炉内温度的关系见图 14-3。

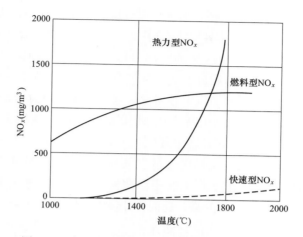

图 14-3　各种形式的 NO_x 形成与炉内温度的关系

第三节　低 NO_x 燃烧器的分类

一、低 NO_x 燃烧器简介

低 NO_x 燃烧器是按本章第二节所述原理组织燃烧的实现手段，一般在炉膛高度方向分为三个区域，三区的构成为下部的主燃区、中间的还原区、上部的燃尽区，如图 14-4 所示。主燃区是煤粉燃烧的主要区域，整个炉膛的大部分热量在该区被释放出来，煤粉在主燃区着火、燃烧，释放出煤粉中大部分的 NO_x，在该区域内控制过量空气系数为 0.8~0.9，随后 NO_x 随燃烧产物离开该区进入还原区；还原区是主燃烧器上部到燃尽风喷口之间的区域，实现主燃区已生成的 NO 和 HCN、CH_i 和 NH_3 及未燃烧煤焦等还原介质的还原；燃尽区是燃尽风到屏底

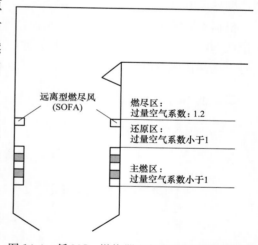

图 14-4　低 NO_x 燃烧器空气分级三区组织示意

之间的区域，实现焦炭的进一步燃尽，在该区域内控制过量空气系数为 1.15~1.25。

在主燃区要保证一次风煤粉挥发分的快速析出和着火，产生高浓度的还原性 HCN、CH_i 和 NH_3 中间体，并保持欠氧燃烧方式，抑制着火初期 NO_x 的生成，并为还原阶段储备足够量的还原剂。为保证煤粉挥发分的快速析出和着火，燃烧器设计采用浓淡分离燃烧方式，并在一次风火嘴出口设置钝体以增大炉内热烟气的卷吸。

上层一次风火嘴到燃尽风高度区域的距离是决定主燃区产生的 NO_x 还原率的关键，该距离短时，主燃区产生的 NO_x 在还原区停留时间缩短，还原率降低，NO_x 排放升高；该距离过大时，NO_x 排放虽低，但燃尽风到屏底的距离减小，火焰中心高度抬高，残余焦炭燃尽时间缩短，飞灰含碳量及汽温升高，引起锅炉热效率下降。燃煤挥发分高的上层一次风火嘴到燃尽风高度区域的距离可以大一些，该距离与燃烧器喷口尺寸、SOFA 风喷口几何尺寸及煤的挥发分有关，300MW 机组锅炉在无三次风、燃用高挥发分烟煤时，上层一次风火嘴到燃尽风中心高度区域的距离一般为 4.5～5.5m，燃用贫煤时为 4.0～4.5m；600MW 机组燃用高挥发分烟煤时，上层一次风火嘴到燃尽风中心高度区域的距离一般为 9.5～11.0m，燃用贫煤时为 8.0～9.5m。

分离燃尽风的风率大小决定主燃区过量空气系数的高低，分离燃尽风的风率小时，主燃区过量空气系数就高，主燃区产生的还原性物质就少，主燃区生成的 NO_x 在还原区内还原效率就低，NO_x 排放量升高，此时由于主燃段燃尽率升高，飞灰含碳量降低；反之，分离燃尽风的风率大时，主燃区过量空气系数低，主燃区产生的还原性物质量大，主燃区生成的 NO_x 在还原区内还原效率就高，NO_x 排放量减少。此时，由于主燃段燃尽率降低，飞灰含碳量升高。分离型燃尽风的风率与燃煤挥发分有关，高挥发分烟煤分离型燃尽风的风率应保持在 30%，低挥发分贫煤分离型燃尽风的风率应保持在 22%～25%。

燃尽风的风速设计也很重要，燃尽风风速偏低时，动量不足，燃尽风混合强度偏低，燃尽风与火焰混合不充分，会使燃尽段残余焦炭燃尽程度变差，引起飞灰含碳量升高。燃尽风的风速应保持在 45～55m/s。

根据不同的炉型及燃用煤质，能否合理选择燃尽风风速、风率及燃尽风布置高度是决定低 NO_x 燃烧器改造是否成功的关键，燃尽风风速、风率及燃尽风布置高度设计不当时，往往造成 NO_x 排放与锅炉效率不能兼顾。

二、低 NO_x 燃烧器的技术流派

（一）低 NO_x 直流燃烧器

1. 法国阿尔斯通能源公司低 NO_x 同轴燃烧系统（LNCFS™）技术（见图 14-5）

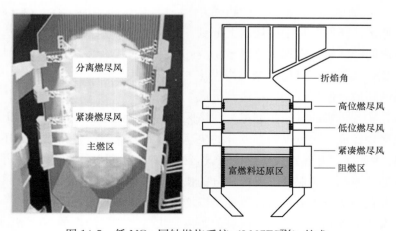

图 14-5　低 NO_x 同轴燃烧系统（LNCFS™）技术

（1）强化着火煤粉喷嘴设计。强化着火（EI）煤粉喷嘴能使火焰稳定在喷嘴出口一定距离内，使挥发分在富燃料的气氛下快速着火，保持火焰稳定，从而有效降低 NO_x 的生成，延长焦炭的燃烧时间。EI 煤粉喷嘴示意见图 14-6。

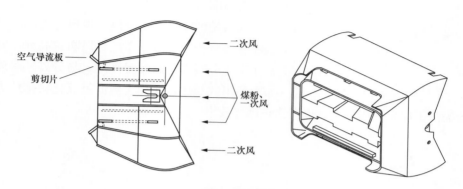

图 14-6　EI 煤粉喷嘴示意

喷嘴在出口处设置了导流板和阻流块，阻流块能降低煤粉气流上下两侧的速度，并在其后形成一个小的回流区，配合导流板推迟周界风与煤粉气流的混合，使得火焰能稳定在喷嘴出口一定距离内。内罩和导流板尾部均采用翼形设计，可避免输送煤粉时在喷嘴内产生涡流；同时，两者都被嵌入喷嘴里，有利于保护这部分免受炉膛辐射热。这种设计，减少了煤粉颗粒和喷嘴的接触面积，降低了传到煤粉的热量，从而降低了煤粉在喷嘴内结焦的可能性。此外，还有利于控制周界风来调节燃烧。分布在内外罩间的周界风，可用来冷却板片和控制煤粉气流的着火点。

喷嘴的外罩壳采用球状设计，可使喷嘴在上下摆动时能保护密封，且增大了通过喷嘴的周界风流量和流速，从而避免煤粉颗粒的沉积及喷嘴变形，在整个喷嘴摆动角度范围内都可保证较优的燃烧条件。

喷燃器内外罩四角采用圆弧结构，使其出口处燃料风向内收敛，气流扩张角变小，整个射流速度衰减很慢，气流刚性很强，有利于避免煤粉在喷嘴里堆积。

喷嘴一次风扩张角较小，刚性较强，可有效避免喷嘴前端变形和过热、喷嘴内煤粉结焦等问题，使用寿命和长期的使用性能都有明显改善。

（2）带同心圆切圆燃烧方式偏置风（CFS）的辅助风设计。在每相邻两层煤粉喷嘴之间布置有一层辅助风喷嘴，其中包括上下两只预置水平偏角的辅助风（CFS）喷嘴、一只直吹风喷嘴。一次风煤粉气流被偏转的二次风气流（CFS）裹在炉膛中央，减少了灰渣在水冷壁上的沉积；在燃烧区域及上部四周水冷壁附近形成富空气区，减轻结渣，并使灰渣疏松，减少了墙式吹灰器的使用频率；炉膛结渣的控制，提高了下部炉膛的吸热量，降低了炉膛出口烟温，从而控制上部炉膛的结渣；水冷壁附近氧量的提高，也降低了燃用高硫煤时水冷壁的高温腐蚀倾向，CFS 喷嘴示意见图 14-7。

（3）燃尽风多级控制。燃尽风采用 CCOFA、LSOFA、HSOFA 实现对燃烧区域过量空气系数的多级控制。主风箱上部设有两层紧凑燃尽风（CCOFA），在主风箱上部布

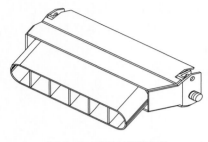

图 14-7　CFS 喷嘴示意

置有分离燃尽风 LSOFA 和 HSOFA 风箱，LSOFA 分离燃尽风可水平摆动，用于控制炉膛出口烟温偏差，HSOFA 可以上下摆动调节火焰中心高度，SOFA 喷嘴示意见图 14-8。

该系统的特点是将分离燃尽风分为高、低位两级布置，降低了下组分离燃尽风布置高度，同时提高了上组分离燃尽风布置高度，与分离燃尽风集中布置的形式相比，在加大降低氮氧化物排放力度的同时，提高了煤粉的燃尽度，提高锅炉燃烧效率。

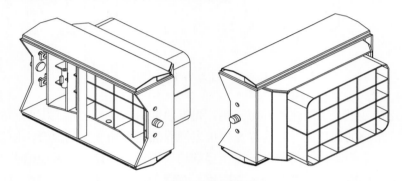

图 14-8　SOFA 喷嘴示意

2. 烟台龙源双尺度低 NO_x 燃烧系统

图 14-9 所示为烟台龙源双尺度低 NO_x 燃烧系统示意，该系统将炉膛空间分为纵向的三区布置和横向的两区布置，即纵向的双还原区、氧化区及燃尽区，横向的近壁区及燃烧中心区。

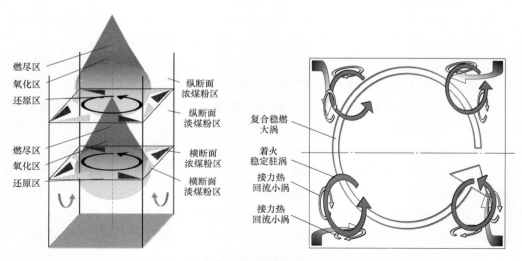

图 14-9　烟台龙源双尺度低 NO_x 燃烧系统示意

双尺度燃烧器布置结构及气流形态如图 14-10 所示,具有如下特点:

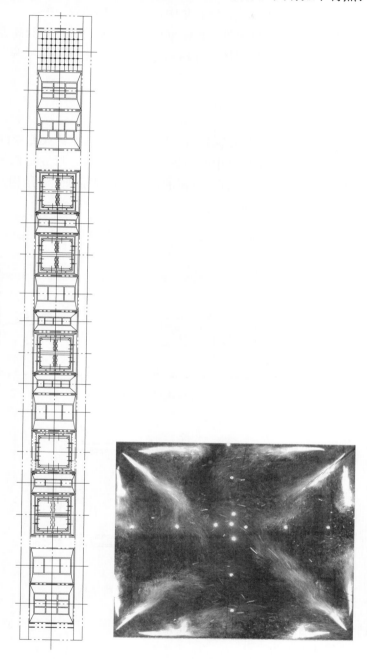

图 14-10 双尺度燃烧器布置结构及气流形态

(1)燃烧器分上下两组,下组的第一层一次风煤粉火嘴采用上浓下淡的方式,第二层一次风煤粉火嘴采用向火侧浓、背火侧淡的左右浓淡方式,第三层一次风煤粉火嘴采用下浓上淡的方式(如下组燃烧器仅两层,第二层一次风煤粉火嘴采用下浓上淡的方式）；上组燃烧器下层一次风煤粉火嘴采用上浓下淡的方式，第二层一次风煤粉火嘴采用下浓上淡的方式。采用该布置方式，燃料集中，稳燃及燃尽效果好。

（2）在每组燃烧器的上部二次风处增设贴壁风，防止水冷壁结渣和高温腐蚀。

（3）在燃烧器上方设置分离燃尽风，分离燃尽风水平及上下摆角可调，以控制炉膛出口烟温偏差及火焰中心高度。

3. 哈工大低 NO_x 燃烧器

（1）部分二次风采用 CFS 设计。

（2）一次风采用第三代百叶窗浓淡分离，形成向火侧浓、背火侧淡的左右浓淡方式，浓淡风速比为 1.0～1.2，在喷嘴中间设置水平波纹钝体，形成出口负压区，增强热烟气的卷吸，促进煤粉快速着火和挥发分氮的析出。其煤粉浓缩器结构及一次风喷嘴示意分别如图 14-11 和图 14-12 所示。

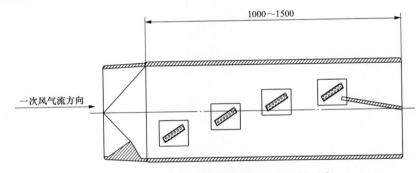

图 14-11　哈工大百叶窗煤粉浓缩器结构示意

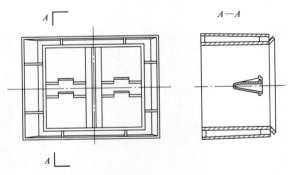

图 14-12　哈工大百叶窗煤粉一次风喷嘴结构示意

（3）在燃烧器上方设置分离燃尽风，分离燃尽风水平及上下摆角可调，以控制炉膛出口烟温偏差及火焰中心高度。

4. 上锅的低 NO_x 燃烧器

（1）部分二次风采用 CFS 设计。

（2）一次风利用弯头进行浓淡分离，一次风火嘴采用上浓下淡的 WR 喷嘴，在喷嘴中间设置水平波纹钝体，形成出口负压区，增强热烟气的卷吸，促进煤粉快速着火和挥发分氮的析出。WR 燃烧器结构示意如图 14-13 所示。

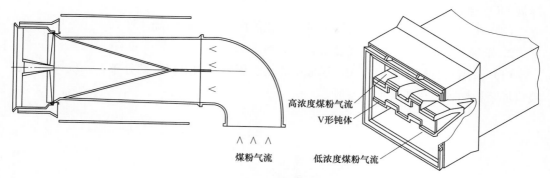

高浓度煤粉气流

V形钝体

煤粉气流

低浓度煤粉气流

图 14-13 WR 燃烧器结构示意

（3）在燃烧器上方设置分离燃尽风，分离燃尽风水平及上下摆角可调，以控制炉膛出口烟温偏差及火焰中心高度。

（二）低 NO$_x$ 旋流燃烧器

1. 哈工大的中心给粉径向浓淡低 NO$_x$ 旋流燃烧器（见图 14-14）

（1）采用超浓缩文丘里浓缩器和一级径向强制浓缩器实现对一次风气流的多次浓缩，形成中心浓、周界淡的出口浓度分布，设置浓淡均分环，保证燃烧器出口状态一致。一次风燃烧器喷口加装扩口，保证高温煤粉回流。

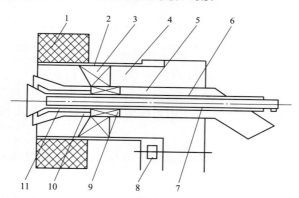

图 14-14 哈工大的中心给粉径向浓淡低 NO$_x$ 旋流燃烧器示意

1—炉墙；2—直流二次风通道；3—旋流器；4—旋流二次风通道；5——次风通道；
6—中心管；7—点火装置；8—直流二次风挡板；9—煤粉浓缩器；10—淡一次风通道；11—浓一次风通道

（2）设置中心风管，在其后产生中心回流区，使挥发分快速大量析出，并着火燃烧，而且挥发分在强还原性气氛下燃烧，最大限度地抑制 NO$_x$ 生成。

（3）煤粉喷入位置正对燃烧器的中心回流区中心部分，穿越中心回流区的煤粉量增加，延长煤粉在还原性气氛中的停留时间，可有效控制燃料型 NO$_x$ 的形成。优化了其他燃烧器煤粉在中心回流区内停留时间短的煤粉给粉方式。

（4）径向周边的淡相气流能够及时补充残碳燃烧部分氧量，并且温度持续升高，因二次风旋转而补入，形成高温还原火焰，使已生成的 NO$_x$ 得到还原，因而可以大幅度

降低 NO_x 排放。

（5）在主燃区上方设置分离燃尽风，强化炉内整体分级燃烧。

2. 东锅 OPCC 低 NO_x 旋流燃烧器（见图 14-15）

（1）采用双级丘体浓缩方式，形成中心淡、周界浓的出口浓度分布，一次风燃烧器喷口加装稳燃环，形成环形回流区。

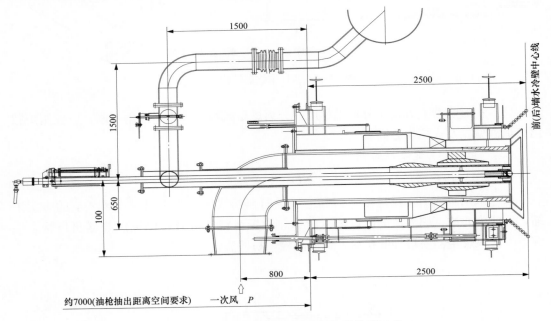

图 14-15　东锅 OPCC 低 NO_x 旋流燃烧器示意

（2）设置中心风风管，在其后产生中心回流区，根据燃煤着火特性调节中心风的风量，控制中心回流区的大小。

（3）煤粉浓侧喷入位置正对燃烧器出口的环形回流区，淡侧进入燃烧器出口的中心回流区。

（4）内、外二次风设置扩口，延迟二次风与火焰的混合，形成燃烧器出口径向空气分级。

（5）在主燃区上方设置分离燃尽风，强化炉内整体分级燃烧。

第四节　低 NO_x 燃烧器的改造

一、低 NO_x 燃烧器改造后产生的主要问题

1. 灰渣含碳量升高

低 NO_x 燃烧器改造后由于增设分离燃尽风后空气分级严重，主燃区过量空气系数减小，使主燃区炉内温度降低，煤粉燃尽程度变差，如分离燃尽风以上区域不能使残碳

迅速燃尽，将使锅炉灰渣含碳量升高。一般燃用高挥发分的烟煤及褐煤，低 NO_x 燃烧器改造后，飞灰含碳量的升高不明显；但燃用贫煤时，低 NO_x 燃烧器改造后，飞灰含碳量的升高较多。

2. 锅炉结渣

低 NO_x 燃烧器改造后由于增设分离燃尽风后空气分级严重，主燃区过量空气系数减小，处于缺风燃烧状态，主燃区还原性气体浓度较高，炉内还原性气氛强时，灰熔点降低。此外，低 NO_x 燃烧器改造时广泛采用二次风偏置的设计，当二次风偏置的角度过大或偏置的二次风风量过大时，炉内切圆直径变大。两者综合作用下，炉内结渣增强。

3. 汽温降低

空气分级低 NO_x 燃烧技术改造后，锅炉的温度场分布发生较大变化，一般主燃烧器改造时二次风都是采用上、下封堵的方法减小面积，改造后一、二次风间距增大。对于燃用挥发分较低的贫煤或挥发分为 25% 左右的烟煤，原一、二次风间距普遍偏小，二次风混入较早，引起二次风混入初期燃烧温度降低，背火侧水冷壁吸热量减小，火焰中心温度升高，炉膛出口烟温升高；低 NO_x 燃烧器改造后，由于一、二次风间距增大，二次风混入比原来推迟，对于燃用低挥发分贫煤或低挥发分烟煤的锅炉，二次风混入后的初始段温度不再降低而是升高，使背火侧水冷壁吸热量增加，引起整个主燃区水冷壁换热量增大，引起炉膛出口烟温的降低，造成低 NO_x 燃烧器改造后锅炉汽温的降低。

低 NO_x 燃烧器改造后主燃区若不设计 CFS，炉内切圆直径减小，炉内结渣减轻，对于原来结渣的锅炉，改造后水冷壁清洁程度提高，水冷壁吸热量增大，也会引起炉膛出口烟温及汽温的降低。虽然通过加装分离燃尽风可减少主燃区燃烧份额，使火焰中心抬高，但若主燃区燃烧份额的减少不足以抵消上述影响时，仍将使锅炉汽温降低。

低 NO_x 燃烧器改造后，在机组减负荷过程中容易出现再热汽温突降的情况，10min 再热汽温可降低 50℃，其原因是减负荷过程中燃料减在先，风量降在后，燃料减少后当风量没减或减得不够时，主燃区风量增大，燃烧份额增加，下部水冷壁换热量大幅增加，到再燃的燃尽风区时，再燃区由于没有足够的剩余燃料燃烧，使再燃区烟温大幅下降，使炉膛出口烟温也大幅降低，造成锅炉汽温的突降。

4. 高温腐蚀

由于低 NO_x 燃烧器改造后，主燃区过量空气系数减小，处于缺风燃烧状态，主燃区还原性气体浓度较高，炉内还原性气氛强时，如燃用煤质含硫量较高（$S_{ar} \geqslant 0.8\%$）且不采取改善近壁处还原性气氛的措施，将在水冷壁产生高温硫腐蚀。

5. 低负荷燃烧不稳及汽压波动

由于低 NO_x 燃烧器改造后，主燃区处于缺风燃烧状态，焦炭燃烧速率降低，燃用低挥发分煤时炉膛温度降低较多，容易在低负荷运行时出现燃烧不稳和汽压波动。

二、低 NO_x 燃烧器改造避免灰渣含碳量升高的方法

1. 设计时要避免追求过低的 NO_x 排放目标

低 NO_x 燃烧器改造时，如追求过低的 NO_x 排放，必然会增大分离燃尽风的风率及抬高分离燃尽风布置的标高，导致主燃区缺风程度严重，主燃区炉膛温度降低，引起主燃区及还原区燃尽程度变差及燃尽区残碳燃尽程度减小，最终引起锅炉灰渣含碳量升高。应根据炉膛容积热负荷的大小、最上层一次风到屏底的距离及所燃用煤质的挥发分的高低合理确定改造后 NO_x 的排放目标。切忌抛开锅炉实际情况确定改造后 NO_x 的排放目标。

2. 运行调整

SOFA 运行层数、开度要根据机组负荷的高低及一次风火嘴的组合方式调整。高负荷时总风量大，在分离燃尽风所占比例一定的情况下，分离燃尽风的风量大，因此分离燃尽风的运行层数多；为顾及燃烧器运行组合的变化，分离燃尽风一般采用增加一层备用层的设计，运行低位一次风火嘴时，燃尽风运行的组合方式也应采用低位层数的组合，以使灰渣含碳量保持较低水平，低位一次风火嘴组合时采用低位燃尽风组合，能使灰渣含碳量降低的原因是增大了残碳燃尽的程度。锅炉负荷低时，二次风总风量减少，如 SOFA 运行层数及开度不变，会使主燃区过量空气系数进一步减小，分离燃尽风率进一步增大，使主燃区炉膛温度降低，主燃区燃尽率下降，而分离燃尽风尽管风率很高，但由于炉膛风箱压差减小，风速降低，使分离燃尽风动量减小，其与炉内火焰的混合程度变差，使燃尽区残碳的燃尽程度下降，引起锅炉灰渣含碳量的升高。因此，对于SOFA 运行层数，要根据机组负荷的高低进行调整。总的原则是锅炉负荷降低，SOFA运行层数减少。额定负荷 SOFA 运行层数与灰渣含碳量的变化趋势见表 14-1。

表 14-1　　　　　　　　　　额定负荷 SOFA 运行层数与灰渣含碳量的变化趋势

SOFA 运行层数	开四层 SOFA	开下二层 SOFA	开中二层 SOFA	开上二层 SOFA
灰渣含碳量（%）	4.0	2.2	2.5	3.5

紧凑燃尽风 COFA 的运行数量及开度与灰渣含碳量的关系也很密切，一般而言，COFA 的运行数量及开度增加，灰渣含碳量降低，但 NO_x 排放量升高。其原因是COFA 的运行数量及开度增加，COFA 风量增大，残碳在主燃区上部燃尽份额增加，还原区高度减小。

典型的 600MW 锅炉 COFA、SOFA 随负荷变化趋势见表 14-2。

表 14-2　　　　　　　　　　典型的 600MW 锅炉 COFA、SOFA 随负荷变化趋势

COFA、SOFA 开度	600MW	500MW	420MW	300MW
SOFA5	10%	10%	0	0
SOFA4	10%	10%	0	0
SOFA3	10%	10%	0	0
SOFA2	60%	50%	50%	0
SOFA1	80%	70%	50%	50%
COFA2	70%	70%	60%	50%
COFA1	100%	100%	100%	70%

偏置二次风（CFS）运行层数及开度增大能使炉内切圆增大，切圆增大后，煤粉颗粒在炉膛内的路径变长，在炉内停留时间延长，灰渣含碳量降低，但偏置二次风运行层

数及开度增大会使炉膛出口烟气偏差加大、汽温降低。如偏置角度过大，会增大炉内结渣的风险。

3. 低 NO_x 燃烧器改造设计建议

（1）避免炉渣含碳量偏高。

在最下层二次风间距与厚度一定的情况下，燃用煤的挥发分越高，炉渣含碳量越低，这主要是因为挥发分越高，一次风着火越提前，着火后燃烧速率越高，煤粉失重越快，失重后煤粉颗粒越轻，其下落的重力越小，穿过下二次风的数量越少且残碳含量越低。

对于 A 层燃烧器而言，其下无其余燃烧器形成的高温支撑，着火难度更大，故着火点更拖后，下二次风混入点也应相应后移，才能使混入后燃烧向好的方向发展，从而增加煤粉燃尽率，使其能托住煤粉颗粒。因此，下二次风应与 A 层燃烧器保持更大的间距。

某电厂一期锅炉燃用贫煤，低 NO_x 燃烧器改造前，A 层燃烧器以下布置了两层二次风，紧靠 A 层燃烧器的 AA2 与 A 层燃烧器的间距很小，间距与燃烧器宽的比为 0.382，喷口高度为 580mm，最下层二次风 AA1 与 A 层燃烧器间距与燃烧器宽的比为 1.34，喷口高度为 640mm，在燃用挥发分 V_{daf} 为 18% 的贫煤、锅炉负荷降低至 50% BMCR 时，AA1、AA2 均开时，锅炉出现燃烧不稳，水位、负压均会波动；当将 AA2 关闭后，锅炉燃烧稳定。在 AA2 关闭后，炉渣含碳量仍能保持在 2% 以下；低 NO_x 燃烧器改造后，AA1 喷口高度仅为 340mm，到 A 层燃烧器间距增大到 1016mm，间距与燃烧器宽的比增大到 1.516，AA2 喷口高度为 300mm，到 A 层间距与燃烧器宽的比为 0.643。燃用 V_{daf} 为 22% 的煤种时，在 AA2 开度保持在 20%~30%，AA1 开度保持在 60%~90%，在 A 层燃烧器以下风量大幅减少的情况下，高位燃尽风关闭时，炉渣含碳量仍保持在 2.5% 以下。由此可见，燃用贫煤的锅炉低 NO_x 燃烧器改造时增大下二次风的间距对降低炉渣含碳量更为有效。

改造时可在取消 AB 层二次风的同时，将 A 层燃烧器上移到 AB 层位置，AA 层保持不变，这样就实现了增大下二次风与 A 层燃烧器的间距。与将 AB 层二次风与 A 层燃烧器对调降低炉渣含碳量的方法比较，前者是通过增大掉粉的燃尽率实现降低炉渣含碳量，后者是通过减少掉粉的量降低炉渣含碳量，前者可使下两层燃烧器区域保持低的过量空气系数和高的炉膛温度，着火条件更好，对降低 NO_x 生成量有利；后者下层燃烧器处温度降低，下两层燃烧器处过量空气系数较高对降低 NO_x 生成量不利。

（2）避免飞灰含碳量偏高。

贫煤炉低 NO_x 燃烧器改造后飞灰大幅升高的主要原因是主燃区过量空气系数的降低使主燃区的燃尽率降低，三次风以下主燃区过量空气系数为 0.636。但主燃区下半部分 A、B 层燃烧器区域实际上空气仍在过量状态，C、D（E）层及以上区域是下层 A、B 层燃烧器煤粉焦炭燃烧与 C、D（E）挥发分燃烧的共存区域，需氧量很大，故到 C、D（E）层以后才成为缺风状态，在 A、B 层区域空气过量的情况下，为保持总的主燃区上部过量空气系数一定，C、D、E 层处的供风量必然减少，二次风喷口面积一定时，喷口风速降低，使二次风混入时动量降低，氧对焦炭表面的混合强度减小，焦炭燃烧速度下降，引起该区域炉膛温度降低，造成燃尽风下部残碳含量升高及以下温度降低，最终使锅炉飞灰含碳量升高。

燃尽风率按 25% 设计时，将三次风下移一层，三次风以下主燃区过量空气系数为 0.792，经三次风以后升高为 0.90，为还原性气氛，主燃区过量空气系数偏低，NO_x 可保持较低水平，但飞灰含碳量会升高较多；燃尽风率按 22.5% 设计时，将三次风下移一层，三次风以下主燃区过量空气系数为 0.822，经三次风以后升高为 0.93，仍为还原性气氛，此时能实现低氮与飞灰含碳量均较低的统一。

综上所述，为减少改造后锅炉的飞灰含碳量，需保持三次风以下主燃区的过量空气系数不致下降很多，为此三次风需下移至主燃烧器以下一层，同时燃尽风率易控制在 22.5% 上下。

三、低 NO_x 燃烧器改造避免结渣的方法

1. 低 NO_x 燃烧器改造避免结渣的设计

对于结渣性中等及以上的煤种，在低 NO_x 燃烧器改造时应考虑防结渣的措施，如采用贴壁风防结渣，主燃区的偏置二次风的偏置角度应合适，不能大于 15°，过大的偏置角度不仅不能起到防结渣的作用，反而会使炉内切圆过大，一次风煤粉气流在其引射作用下偏转后刷墙，加剧炉内结渣。对于结渣性强的煤种，一次风最好采用微反切，使近壁区煤粉浓度降低，减轻结渣的风险。分离燃尽风的布置高度要根据燃煤的结渣特性（灰熔点）加以控制，如分离燃尽风距主燃区过远，则分离燃尽风到屏底的距离减小，运行中分离燃尽风投入后燃尽段高度减小，屏区温度升高较多，有可能使屏式过热器结渣。

2. 运行调整

对于已改造的低 NO_x 燃烧器，如运行中发生结渣、掉渣，首先要确定结渣的部位，根据结渣部位的不同，采取不同的调整措施。如水冷壁结渣，屏式过热器汽侧吸热量增大，对应屏式过热器汽侧温升增大；如屏式过热器结渣，屏式过热器汽侧吸热量减小，对应屏式过热器汽侧温升降低。对于水冷壁结渣，首先应增大主燃区风量（减少分离燃尽风风量），使主燃区还原性气体浓度减小，以提高灰熔点温度；其次要减小 CFS 开度以减小炉内切圆直径；再次要增大一次风量，提高一次风刚性以减少一次风的偏转。对于屏式过热器结渣，主要是减小分离燃尽风的风量（减少高中层分离燃尽风运行层数或开度），增加主燃区的风量，使残碳燃尽段高度增加，以降低屏底入口烟温。如煤粉细度较粗，可通过控制较细的煤粉细度控制屏区入口温度，减轻屏式过热器结渣。

四、低 NO_x 燃烧器改造避免汽温异常的方法

1. 低 NO_x 燃烧器改造避免汽温异常的设计

对于锅炉原来存在结渣情况的，低 NO_x 燃烧器改造时如采用贴壁风等防结渣措施，低 NO_x 燃烧器改造后可避免水冷壁结渣发生，改造后锅炉汽温以降低为多，设计上要考虑主燃区一次风火嘴上移的措施，以抬高火焰中心高度，避免改造后汽温下降的情况出现；对于改造前不结渣的锅炉，改造时要采取措施防止改造后结渣及屏区入口温度上升双重因素导致的汽温升高。

2. 运行调整

分离燃尽风上下摆角对锅炉汽温的影响最为显著，对于改造后汽温偏低的，应通过分离燃尽风上摆（主燃烧器上摆）提高汽温；对于改造后汽温偏高的，应通过分离燃尽风下摆（主燃烧器下摆）降低汽温（减温水量）；也可通过调整分离燃尽风及紧凑燃尽风的风量（开度、运行层数及组合方式）调整锅炉汽温。下层紧凑燃尽风的风量（开度）减小时，锅炉汽温升高；上层紧凑燃尽风的风量（开度）增大时，锅炉汽温降低。CCOFA 开度增大对再热汽温的影响见图 14-16 及图 14-17。

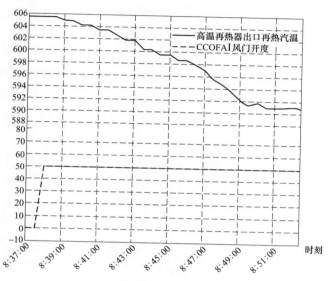

图 14-16 CCOFA I 开度增大对再热汽温的影响

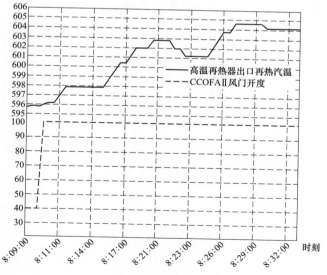

图 14-17 CCOFA II 开度增大对再热汽温的影响

CFS 开度增大，炉内切圆增大，煤粉运动路径延长，在炉内停留时间增加，火焰中心降低，使锅炉汽温降低。

SOFA 开度增大，主燃区过量空气系数减小，主燃区及还原区燃尽程度降低，燃尽段燃尽份额增大，屏底及炉膛出口烟气温度增加，锅炉汽温升高。

对于改造后按常规调整后汽温仍然偏低的，可考虑降低炉膛吹灰频率，使炉膛灰污系数增加减少炉膛水冷壁吸热，从而提高炉膛出口烟温，使锅炉汽温达到正常值。

3. 设计建议

对于挥发分不是很高的优质烟煤，低 NO_x 燃烧器改造后锅炉汽温会降低，其原因是改造中增大了一、二次风的间距及减小了主燃区二次风的动量。

一、二次风的混合点主要依靠其间距、风速、二次风的倾角控制，燃煤挥发分越高，着火特性越好，二次风的混合点越靠前。在二次风速及倾角一定的情况下，其间距要求就越小，对于烟煤炉该间距与燃烧器宽的比应为 0～0.3，贫煤应为 0.3～0.9。但贫煤炉燃烧器改造前，一、二次风的间距基本在上述要求的下限，二次风的混合点均提前，混合初始位炉膛温度是降低的；而低 NO_x 燃烧器改造后，一、二次风的间距基本达到应达值的中限，加之改造后二次风动量减少一半以上，混合点靠后，混合后初始点炉温升高，且二次风切圆增大，导致水冷壁换热量增加，引起炉膛出口烟温降低，使锅炉汽温下降，燃煤挥发分越低，改造后汽温下降越严重。

三次风下移后，锅炉汽温降低更加严重，为使汽温恢复到正常，可在燃烧器背火侧敷设卫燃带，减少水冷壁的吸热量，使炉膛出口烟温恢复，从而提高锅炉汽温。背火侧的卫燃带不会引起炉内结渣，原因是燃烧器出口背火侧气流刚性较强，不容易偏转，煤粉不会刷墙。

五、改造后避免减负荷过程中汽温突降的调整

减负荷过程中避免汽温突降的办法是使主燃区燃料减少的速率及幅度与二次风减小的速率及幅度相一致。可通过对协调控制风量调节速率的整定实现。

六、低 NO_x 燃烧器改造避免高温腐蚀的方法

1. 设计方面

改造时，对于燃煤含硫量较高的，采用一次风微反切方式、增设贴壁风、偏置风CFS 控制偏置角度不超过 15°，改善壁面还原性气氛条件。

2. 运行调整

在主燃区壁面不同位置装设烟气取样测点，在运行中测量烟气中 O_2、CO、H_2S 气体含量，如 O_2 低于 0.5%、CO 含量超过 5000μL/L，则需通过减小 SOFA 风量来提高主燃区风量，使主燃区壁面还原性气体浓度降低到安全范围。不同负荷段应分别试验调整，找出不同负荷水冷壁安全的配风方式（辅助风、燃料风开度，SOFA 开度，O_2 控制值）。

七、低 NO$_x$ 燃烧器改造避免燃烧不稳及汽压波动的方法

低 NO$_x$ 燃烧器改造低负荷燃烧不稳及汽压波动主要是由于主燃区缺风所致，运行中主要通过增大主燃区风量来解决。低负荷运行时，由于燃烧器投运层数减少，当不投运层一次风对应的二次风挡板在关闭后漏风较大时，尽管表盘氧量正常，但投运的燃烧器区域风量不足仍可能使运行燃烧器处燃烧强度减弱，炉膛温度降低，严重时引起燃烧不稳及汽压波动。对此低 NO$_x$ 燃烧器改造时，要对上层二次风挡板的严密性进行检查检修，确保能关闭严密。低负荷运行时表盘氧量控制要适当增大，防止主燃区严重缺风。

八、低 NO$_x$ 燃烧器改造烟温、汽温偏差的调整

低 NO$_x$ 燃烧器改造后，如烟温、汽温偏差过大，则会影响汽温、壁温及减温水量（再热器），应对偏差进行调整。为解决烟温、汽温偏差，SOFA 采用反切布置方式，且设计成水平方向可左右摆动的形式，来削减炉膛出口的残余扭转。调整 CFS 开度也可影响烟温、汽温偏差，CFS 开度增大时烟温、汽温偏差增大，反之减小；主燃区燃烧器若采用上下摆动调节再热汽温，主燃区上下摆角对锅炉烟温、汽温偏差有影响，主燃区燃烧器在水平位置时偏差最大，上摆或下摆均能减小锅炉烟温、汽温偏差；采用 SOFA 水平摆角调整偏差时，优先采用四角同步相同摆角的调整，如四角同步相同摆角的调整仍不能达到满意的效果时，可采用单角分别调整。

九、NO$_x$ 排放不达标的改造建议

贫煤炉要使低 NO$_x$ 燃烧器改造后 NO$_x$ 排放达到较低水平，必须实现一次风煤粉的快速着火，目前主要依靠煤粉浓缩及在喷口加钝体实现。但目前四角切圆燃烧方式的贫煤炉燃烧器设计时，主流采用一、二次风间隔布置方式，造成着火性能降低。实际上采用此布置方式时，A、B 层煤粉火嘴着火不好，AB 层二次风在该处参与燃烧的份额有限，反而增大了该处过量空气系数，同时降低了该处炉膛温度，使 A、B 层燃烧器处 NO$_x$ 生成量增加。采用 A、B 两层一次风集中布置，取消 AB 层二次风，将 A 层二次风设置在 AB 层二次风位置，将使 A、B 层燃烧器的着火性能提高，同时降低了该处过量空气系数，使 NO$_x$ 生成量减少。但此布置方式带来的问题是一次风射流尾部缺风严重。解决的方法是在一次风火嘴背火侧设置低风率、高风速的平行壁面的反向射流，该射流一方面可减轻煤粉气流刷墙引起的结渣和高温腐蚀，另一方面由于该射流的抽吸作用在一次风射流与该反向射流之间形成较大负压，使到达该处的高温烟气量增加，从而使对一次风煤粉的加热速率提高，实现一次风煤粉的快速着火。

🏭 第五节　带三次风的低 NO$_x$ 燃烧器改造

一、三次风位置不变

当三次风位置不变时，增设高位燃尽风以后，主燃区二次风率降低至 29%（一次

风率按 18%、三次风率按 18%、周界风率按 10%、燃尽风率按 25%），为保证炉渣含碳量不升高，下层二次风一般不变（7.7%），主燃区其他二次风总量降低到 21.28%，平均每层二次风率不足 3.55%（六层）。当二次风速不变时，二次风动量降低 54.9%，二次风动量降低，将使二次风的穿透能力下降，混合强度降低，燃烧发展减弱，使主燃区燃尽率大幅降低，造成飞灰含碳量升高，同时使燃烧稳定性下降。为此，应增加二次风的动量，将二次风喷口面积进一步减小，使改造后二次风动量与改造前减少不多，二次风速需提高到 65m/s 左右。

二、三次风下移一层至下层一次风以下（仍为一层）

三次风下移可增大主燃区风量，三次风下移的实质是将三次风当作二次风使用，使主燃区燃尽率升高，减小飞灰含碳量。但锅炉汽温将降低，对于低负荷汽温调节余量不大的锅炉，改造后汽温将达不到设计值。三次风下移一层至下层一次风以下（仍为一层）时，下层 A 层燃烧器着火性能降低，有可能造成低负荷燃烧不稳，高负荷下层燃烧器煤粉后燃，使燃尽风以下区域炉膛温度大幅升高，引起此处结渣。

三、三次风下移一层至 B（或 C）层燃烧器以上

当三次风下移一层至 B（或 C）层燃烧器以上时，如仍为一层设计，则该层的三次风动量很高，将使三次风冲到对面墙上，引起锅炉结渣；当采用两层设计时，也必须将每层三次风速控制在 30m/s 以下的水平，否则仍会引起结渣。

三次风下移时，若喷口占用原有二次风通道，在制粉系统停运时，该处将无二次风，会影响燃烧。为此，可将三次风从该部位的二次风侧面引入，不占用原二次风位置，当制风系统停运时开启该处二次风，制粉系统运行时关闭该处二次风。

三次风由一层变为两层时，应将每套制粉系统的三次风设计在同一层，使同一层各角的三次风量平衡不受制粉系统运行方式的改变而改变。

🏭 第六节　旋流燃烧器的低氮改造

一、哈锅 LNASB 燃烧器低氮改造

（一）哈锅 LNASB 燃烧器 NO_x 排放高及燃烧器出口结渣的原因

1. 空气分级不足

哈锅配 LNASB 燃烧器的锅炉过量空气系数为 1.19，主燃烧器区域过量空气系数为 1.05，因此 SOFA 燃烧器区域的过量空气系数仅为 0.14。在主燃烧器区域，当过量空气系数大于 1 时，NO_x 生成量将升高 50%，同时大量弱化 SOFA 燃烧器的还原能力。主燃烧器区域过量空气系数为 1.05 时的 NO_x 排放量是主燃烧器区域过量空气系数为 1.0 时的 NO_x 排放量的 1.5 倍左右。

2. 预燃段偏长，使煤粉着火初期热力型 NO_x 增加

LNASB 燃烧器设计有 600mm 以上预燃段，预燃段设计偏长，预燃段偏长时二次

风混入一次风提前，初期着火过程中的热力型 NO$_x$ 增加剧烈。预燃段长度大于 0.3 倍喷口直径时，热力型 NO$_x$ 增加 35%。LNASB 燃烧器中心回流区深入到燃烧器喷口内部，喷口内的温度较高，煤粉易在燃烧器预混段内着火燃烧，高温烟气易烧损燃烧器喷口结构。一次风与二次风混合过早，造成携带煤粉的一次风被旋转的中心风和二次风带动旋转，在经过预混段后进入炉膛，易被甩到水冷壁上，造成燃烧器喷口及水冷壁的结渣。

3. 上层燃烧器与燃尽风距离较近

上层燃烧器与燃尽风间距仅为 3508mm，该距离偏小，使还原区停留时间不足，影响还原效果，造成锅炉出口 NO$_x$ 排放偏高。

（二）低氮改造可考虑的方案

（1）在原燃尽风中心标高上方 3000mm 增设一层燃尽风，将燃尽风率由原来的 11.7% 增大到 20%～25%，相应主燃区过量空气系数由原来的 1.05 降低为 0.95～0.89，提高空气分级程度。

（2）将原来燃烧器内二次风喷口套筒出口接长 298mm 延迟一、二次风的混合，并安装一个 30°角的扩口（长约 210mm）进一步延迟混合，一次风管及中心风管向炉内方向延伸，与内二次风保留 100mm 距离的预混段。

（3）外二次风扩口由原来的 45°改为 35°。

二、东锅 HT-NR3 及早期 DBC-OPCC 燃烧器低氮改造

（一）东锅 HT-NR3 燃烧器低氮改造

1. 东锅 HT-NR3 燃烧器 NO$_x$ 排放高及结渣的原因

东锅 HT-NR3 燃烧器在燃用高挥发分的烟煤及褐煤时，NO$_x$ 排放量较低，灰渣含碳量也较正常；在燃用挥发分较低的贫煤时，NO$_x$ 排放量及灰渣含碳量较高，NO$_x$ 可达 650～700mg/m^3（标况）。其原因之一是 HT-NR3 燃烧器内二次风为直流设计，燃烧器出口形成的环形回流区较小，回流的高温烟气量不足，对贫煤一次风粉加热的能力偏弱，外周高浓度煤粉加热升温的速率偏低，挥发分中的燃料氮无法快速分解析出，影响了其在主燃区还原性气氛中还原为 N$_2$ 的能力。

2. HT-NR3 燃烧器燃用贫煤时降低 NO$_x$ 的改造

（1）内二次风风筒设旋流叶片，将内二次风由直流改为旋流，扩大环形回流区，增强对热烟气的卷吸能力，强化一次风煤粉的加热着火，使燃料氮快速析出。

（2）减小内、外二次风的扩口角度，扩口 45°改为 30°～35°，以减小燃烧器出口气流扩散角，防止外二次风气流贴壁，及时混入内、外二次风使燃烧发展更快，提高炉内温度，降低灰渣含碳量。

（3）取消一次风扩锥角出口的板边，并将一次风扩锥往炉外方向后缩，使一次风与内二次风之间形成 80mm 的预混段。

（二）早期 DBC-OPCC 燃烧器低氮改造

1. 早期 DBC-OPCC 燃烧器 NO$_x$ 排放高及结渣的原因

早期 DBC-OPCC 燃烧器内、外二次风扩口角度为 45°，气流扩散角偏大，外二次风

237

图 14-18　早期 DBC-OPCC
燃烧器扩锥脱落后的形态

容易刷墙，引起锅炉结渣；一次风管燃烧器由于入口弯头效应使出口煤粉上下分布不均，煤粉浓度呈上高下低的态势，燃烧器下部氧浓度偏高，造成着火初期 NO_x 生成量偏高。另外，早期 DBC-OPCC 燃烧器采用的材质耐高温性能不佳、结构设计不合理，运行中燃烧器扩锥容易脱落，扩锥脱落后二次风混入提前，造成着火初期氧浓度严重升高，NO_x 生成量增大（见图 14-18）。

2. 早期 DBC-OPCC 燃烧器降低 NO_x 排放的改造

（1）优化后的一次风弯头在入口端（竖直端）设置导流板，使竖起进入燃烧器的煤粉气流进入水平段后仍然均匀分布，可有效防止煤粉气流在 90°转角进入水平端后过度集中在一次风管上部。一次风口入口外侧由斜面（弯头外侧曲面）改为平面，改造前后见图 14-19。

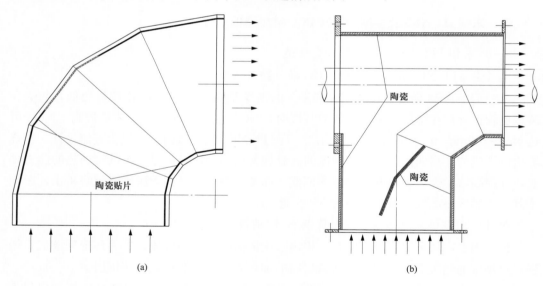

(a)

(b)

图 14-19　DBC-OPCC 燃烧器降低 NO_x 排放改造前后结构变化示意
（a）原结构；（b）改造后结构

（2）一次风扩锥由原来的 45°改为 25°，内二次风扩锥由原来的 45°改为 30°，外二次风扩锥由原来的 45°改为 35°，见图 14-20。

（3）对二次风内筒、稳焰齿、一次风扩锥等进行结构优化，防止其在运行中脱落。二次风内筒的优化主要是材料的改进，将二次风内筒、稳焰齿及一次风扩锥的材料均更改为 S30815，材料改进后，一次风扩锥与二次风内筒之间属于同种钢焊接，焊接性能

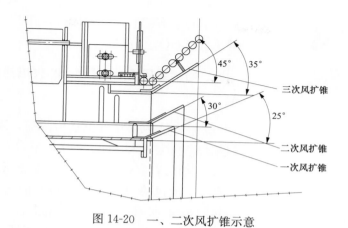

图 14-20 一、二次风扩锥示意

提高，进而可保证扩锥的焊缝质量，以提高其使用寿命。二次风外筒的材料更改为不锈钢（12Cr18Ni9）。一次风扩锥、二次风内筒、二次风外筒制作成四瓣，瓣与瓣之间留出5mm 的膨胀间隙，在扩锥与筒体连接部位的外侧增设加强折板。

三、东锅 FW 型 W 火焰锅炉低 NO_x 燃烧器的改造

1. 东锅 FW 型 W 火焰锅炉 NO_x 排放高的原因

（1）绝大部分二次风集中于拱下，因而拱下风动量很大，动量最大的 F 风水平布置，使一次煤粉气流与 F 风的混合提前，二次风不存在分级，在炉内无缺风还原区段。

（2）乏气风喷口位于炉膛内侧，对浓相一次风的卷吸高温热烟气起到屏蔽作用，使浓相一次风煤粉气流的升温速率减小，影响煤粉着火及燃料氮的快速析出。

（3）由于下炉膛布置大量卫燃带，炉膛温度高，热力型 NO_x 生成量高。

2. 东锅 FW 型 W 火焰锅炉降低 NO_x 的改造

（1）一次风与乏气风喷口位置对调，一次风率为 10%～12%。

（2）减小乏气风及 C 风喷口面积。

（3）取消 D 风。

（4）D 风面积减小。

（5）F 风由水平布置改为倾斜向下 25°，延迟 F 风与火焰的混合，使煤粉气流下行延长，既能减少 NO_x 又能降低灰渣含碳量，如图 14-21 所示。

（6）拱上布置向下倾斜的全混合燃尽风，每个煤粉燃烧器对应一个燃尽风喷口，燃尽风率为 18%～20%，使炉内形成分级燃烧，见图 14-22。

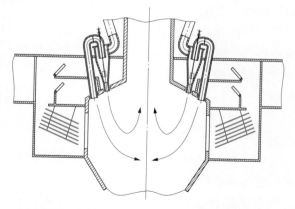

图 14-21 东锅 FW 型 W 火焰锅炉 F 风流向示意

（7）对原下炉膛温度及结渣情况进行评估，若下炉膛温度偏高（1550℃以上），同

炉膛

内直流管道

上部风箱

图 14-22　燃尽风装置示意

时结渣较为严重对卫燃带进行改造，减少卫燃带面积，改造时主要去除结渣部位卫燃带，降低下炉膛温度，以降低热力型 NO_x 生成量。

四、哈锅缝隙式燃烧器型 W 火焰锅炉降低 NO_x 的改造

（1）将一次风煤粉气流进行浓缩，浓粉气流从原一次风燃烧器拱上进入，拱上一次风率为 9%～11%。

（2）将淡煤粉气流引至拱下，与乏气风同轴进入。

（3）二次风喷口长条形封堵及向火侧封堵，使一、二次风间距增大，延时与一次风的混合。

（4）乏气风布置在淡煤粉气流四周，与淡煤粉气流采用喷空进风方式向下倾斜 25°。

（5）拱上布置下倾 25°燃尽风，每个煤粉燃烧器对应一个燃尽风喷口，燃尽风率为 18%～20%，使炉内形成分级燃烧。

（6）对原下炉膛温度及结渣情况进行评估，若下炉膛温度偏高（1550℃以上），同时结渣较为严重时，对卫燃带进行改造，减少卫燃带面积，改造时主要去除结渣部位卫燃带，降低下炉膛温度，以降低热力型 NO_x 生成量。

五、巴威 EI-XCL 浓缩型旋流燃烧 W 火焰锅炉低 NO_x 燃烧器改造

图 14-23 所示为巴威 EI-XCL 浓缩型旋流燃烧 W 火焰锅炉，其低 NO_x 燃烧改造如下：

（1）保持拱上一次风率、风速及煤粉浓度不变，在原燃烧器一次风中心出口增设钝体，在一次风出口端增设稳燃环，以增加热烟气卷吸，强化一次风煤粉气流着火。

（2）在外二次风出口内侧增设节流环，减小外二次风口面积，同时推迟外二次风与一次风煤粉的混合。燃烧器结构如图 14-24所示。

（3）每个燃烧器对应分级风喷口由一个改为两个，同层布置，总面积适当减小。

（4）在下炉膛出口一定距离增设燃尽风，燃尽风喷口采用内直流＋外旋流风相结合的方式进行设计。中心直流风轴向速度

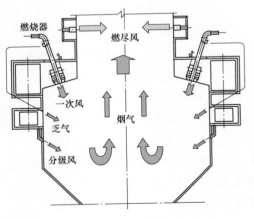

燃烧器

燃尽风

一次风

乏气

烟气

分级风

图 14-23　巴威 EI-XCL
浓缩型旋流燃烧 W 火焰锅炉

高、刚性大，能直接穿透上升的烟气进入炉膛中心；外圈气流是旋转气流，离开喷口后向四周扩散，使燃尽风与靠近炉膛水冷壁附近的上升烟气进行混合。外圈气流的旋流强

度和两股气流之间的流量分配均可以通过手动调节机构来调节。燃尽风水平布置，喷口沿炉膛宽度方向每个主燃烧器对应一个，同时在侧墙同高度每侧墙布置两个，燃尽风率为 16%。燃尽风燃烧器在风箱内的结构如图 14-25 所示。

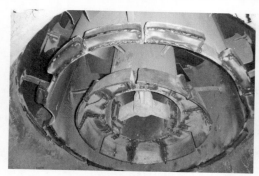

图 14-24　巴威 EI-XCL 燃烧器低氮改造后结构　　　图 14-25　燃尽风燃烧器风箱内结构

（5）对原下炉膛温度及结渣情况进行评估，若下炉膛温度偏高（1550℃以上），同时结渣较为严重时，对卫燃带进行改造，减少卫燃带面积，改造时主要去除结渣部位卫燃带，降低下炉膛温度，以降低热力型 NO$_x$ 生成量。

W 火焰锅炉低 NO$_x$ 燃烧器改造后，在燃用无烟煤时 NO$_x$ 排放量可控制在 800mg/m^3（标况）以下。

参 考 文 献

[1] 潘维，池作和，李戈，等．回转式空气预热器冷端金属温度试验和数值模化研究［J］．浙江大学
    学报（工学版），2002，36（5）：494-503.

[2] 李嘉康．回转式空预器局部污堵故障分析及解决［J］．华北电力技术，2013（4）：47-50.

[3] 默会龙，刘亮，白晓玲，等．混煤掺混方式对其燃烧特性的影响研究［J］．电站系统工程，2009，
    25（2）：13-15.

[4] 郝智元．火电机组不可控参数变化对热经济性的影响分析［D］．华北电力大学，2008.

[5] 徐程宏，温智勇．燃煤锅炉进行空气分级低 NO_x 燃烧改造的有关问题探讨［J］．广东电力，
    2010，23（8）：34-40.

[6] 汪华剑，方庆艳，周怀春，等．空气深度分级对低挥发分煤燃烧过程影响的研究［J］．热能动力
    工程，2009，24（6）：777-781.

[7] 陈志国，华永明．硫铁矿颗粒在炉内运动数值模拟及对结渣的影响［J］．燃烧科学与技术，2001，
    7（2）：132-134.

[8] 赵利敏，丁玉龙，秦裕琨，等．煤燃烧特性参数与锅炉结构参数的相关性研究［J］．电站系统工
    程，2000，16（5）：268-270.

[9] 孙中国．煤质水分、热值变化对排烟温度及锅炉效率的影响［J］．锅炉制造，2010（2）：19-22.

[10] 曾红林，余贵云．磨煤机入口冷风量对锅炉排烟温度影响的试验分析［J］．江西电力，2010，
    34（5）：41-47.

[11] 常毅君，王晓冰，张波，等．磨煤机入口一次风量测量数值模拟研究［J］．热力发电，2012，
    41（12）：48-54.

[12] 唐勇，李嘉康，潘丰，等．某亚临界锅炉墙式辐射再热器技术改造［J］．江苏电机工程，2012，
    31（3）：73-75.

[13] 金用强．喷丸对奥氏体不锈钢抗氧化性能的影响［J］．锅炉技术，2010，41（3）：49-52.

[14] 陈刚，丘纪华，郑楚光．偏转二次风对炉内结渣的影响［J］．动力工程学报，2004，24（1）：
    5-8.

[15] 黄新元．汽温控制方程及其在锅炉运行及改造中的应用［C］．大中型发电厂锅炉、汽轮机运行与
    节能技术研讨会，2008.

[16] 王春昌，魏奉群．切圆燃烧锅炉水冷壁高温腐蚀和结渣部位研究［J］．热力发电，2007（3）：
    29-31.

[17] 高全，张军营，丘纪华，等．燃煤电站锅炉高温腐蚀特征的研究［J］．热能动力工程，2007，
    22（3）：292-296.

[18] 徐灏龙，刘海兵，周树勋，等．燃煤锅炉烟气 SCR 脱硝工艺关键技术研究［J］．选煤技术，
    2009（1）：70-74.

[19] 王春昌，王顶辉．燃烧器布置方式与锅炉 NO_x 排放研究［J］．热力发电，2006，35（11）：
    8-10.

[20] 胡凌峰，李瑞，付建新．省煤器改造造成汽温偏低的原因和解决措施［J］．电站系统工程，
    2003，19（4）：23.

[21] 颜金培,杨林军,鲍静静.湿法脱硫烟气中细颗粒物的变化特性 [J].东南大学学报(自然科学版),2011,41(2):387-392.

[22] 周月桂,徐通模.四角切向燃烧锅炉水平烟道烟温偏差形成机理的研究 [J].动力工程学报,2001,21(5):1422-1425.

[23] 宾谊沅,段学农,朱光明.无烟煤掺烧试验研究 [C].湖南省电机工程学会锅炉专委会学术年会,2006.

[24] 陈灿,佟晋原,叶恩清,等.无烟煤和劣质烟煤分层燃烧试验研究 [J].东方电气评论,2008,22(86):22-27.

[25] 陈文,段学农,陈一平,等.湘潭电厂轴向型粗粉分离器改造 [J].湖南电力,2008,28(6):45-54.

[26] 孙洪民,于泽忠.亚临界锅炉报警温度的修正 [J].锅炉制造,2006(2):16-17.

[27] 王丽莉,许卫国.烟气脱硝装置对锅炉空预器的影响 [J].黑龙江电力,2008,30(4):260-265.

[28] 池作和,周昊,夏建军,等.一次风反切系统的数值模拟和多相流动特性分析 [J].中国电机工程学报,1998,18(2):135-139.

[29] 周立峰,汪毅刚.直吹式制粉系统粗粉分离器改造 [J].湖南电力,2007,27(1):47-48.

[30] 邢德山,阎维平,支国军.直吹式制粉系统与空气预热器的质量能量平衡关系分析 [J].热能动力工程,2006,21(6):582-589.

[31] 刘丰元.直流煤粉燃烧器一二次风喷口间距对燃烧的影响分析 [J].西部大开发(中旬刊),2011:59-60.

[32] 华峰,孙旭光,彭广虎,等.中储式制粉系统综合治理 [J].中国电力,2002,35(5):14-17.

[33] 李文华,杨建国,崔福兴,等.提高中速磨煤机出口温度对锅炉运行的影响 [J].中国电力,2010,43(10):27-30.

[34] 蔡明坤.装有脱硝系统锅炉用回转式预热器设计存在问题和对策 [J].锅炉技术,2005,36(4):8-12.

[35] 郑立国,姚正林,贾永会,等."W"型火焰锅炉飞灰可燃物含量升高原因分析及处理措施 [J].河北电力技术,2011,30(6):45-47.

[36] 郑桂波,黄绮锋.600MW机组烟气湿法脱硫装置吸收塔除雾器改造及效果分析 [J].水电与新能源,2012,(4):76-78.

[37] 肖海平,张千,孙保民.湿法烟气脱硫系统气-气换热器堵塞机理分析 [J].动力工程学报,2011,31(1):53-57.

[38] 石践,席光辉,刘彦丰.拱下二次风下倾角度可调的 W 型火焰锅炉燃烧特性试验分析 [J].热力发电,2012,41(12):25-29.

[39] 郑丽蓉.柳州电厂1号炉主、再热蒸汽温度偏低的技术改造 [J].广西电力,2003,(2):102-104.

[40] 李云峰,曹宇飞.300MW机组直吹式制粉系统通风量优化试验及分析 [J].节能技术,2010,28(161):280-282.

[41] 薛峰,信超.330MW机组锅炉低氮燃烧改造及运行调整 [J].中国电力教育,2012,(24):152-153.

[42] 裴振坤,罗志浩.600MW超临界机组的一次风压力控制优化及调整 [J].浙江电力,2009,28(4):38-40.

[43] 陈邦焕 . 600MW 锅炉低 NO_x 燃烧器改造后汽温调整探讨 [J]. 中国高新技术企业，2012，(25)：41-43.

[44] 池作和，潘维，李戈，等 . 600MW 回转式空气预热器冷端金属温度试验研究 [J]. 中国电机工程学报，2002，22 (11)：129-131.

[45] 应明良，戴成峰，胡伟锋，等 . 600MW 机组对冲燃烧锅炉低氮燃烧改造及运行调整 [J]. 中国电力，2011，44 (4)：55-58.

[46] 姜祖光，姜义道，左国华 . 600MW 四角切向燃烧锅炉汽温特性分析 [J]. 锅炉制造，1999 (2)：7-11.

[47] 张朝纲，徐洪强 . DG-1025/18-Ⅱ17 型 W 火焰锅炉配风改造 [J]. 电力安全技术，2010，12 (5)：37-39.

[48] 资静斌 . 对带弯头及稳燃环的锥形煤粉浓缩器的数值分析 [J]. 红水河，2010，29 (3)：89-92.

[49] 王栩，吴少华，李德金，等 . 青岛电厂二次携带型粗粉分离器改造及节能效益分析 [J]. 动力工程，2003，23 (2)：2357-2361.

[50] 杨涛，倪舒云，张再刚，等 . 某电厂 4 号锅炉飞灰可燃物含量偏高的原因分析及解决措施 [J]. 热力发电，2012，41 (12)：111-112.

[51] 王小华，陈宝康，陈敏 . 某超临界 600MW 机组直流锅炉炉渣可燃物含量高原因分析及优化调整 [J]. 热力发电，2013，42 (3)：82-87.

[52] 肖杰 . HP 磨煤机出力过低的原因分析 [J]. 华中电力，2008，21 (2)：46-48.

[53] 王春昌，陈国辉 . SOFA 对炉膛出口烟气温度的影响研究 [J]. 热力发电，2013，42 (10).

[54] 王孟浩，王衡，郑民牛 . 超（超）临界锅炉炉外壁温测点的测量误差 [J]. 中国电力，2009，42 (2)：45-48.

[55] 段学民，朱光明，宾谊沅，等 . 仓储式制粉系统四角切圆燃烧锅炉混煤掺烧方式探索 [J]. 湖南电力，2010，30 (2)：9-12.

[56] 张翼，付志华，李平洋，等 . 大尺寸四角切圆燃烧锅炉汽温偏差原因分析及措施 [J]. 热能动力工程，2001，16 (3)：336-337.

[57] 徐秀清，曾瑞良 . 大容量锅炉四角切圆燃烧时的烟温偏差问题 [J]. 电站系统工程，2001，17 (1)：45-47.

[58] 邱成勇，陈文刚，赵立奇，等 . 低 NO_x 旋流燃烧器的整炉改造 [J]. 浙江电力，2012，31 (6)：51-54.

[59] 张建文 . 低 NO_x 直流煤粉燃烧器设计简介 [J]. 锅炉技术，2000，31 (6)：23-28.

[60] 李金平，王启民，李红，等 . 低挥发分煤粉燃烧 NO_x 生成机理及其控制 [J]. 动力工程，2005，25：12-18.

[61] 焦庆丰，姚斌 . 电厂锅炉水冷壁高温腐蚀程度判别技术研究 [J]. 中国电力，2004，37 (10)：46-47.

[62] 缪正清 . 电站锅炉集箱端部轴向引入引出的并联管组系统单相流体流动特性解的统一表达式 [J]. 动力工程，1998，18 (6)：32-38.

[63] 杨圣春 . 电站燃煤锅炉结渣预测的研究 [J]. 热力发电，2003，32 (1)：31-33.

[64] 张玉斌，李争起，任枫 . 二次风倾角对 W 火焰锅炉炉内流动的影响 [J]. 发电设备，2008 (1)：15-18.

[65] 戚红梅，惠世恩，崔大伟 . 分离燃尽风反切角度对炉内空气动力场影响的试验研究 [J]. 热力发电，2010，39 (5)：13-17.

［66］崔丽敏，郝振彬，杨利民，等．改进粗粉分离器提高制粉系统经济性［J］．黑龙江电力技术，1996，18（1）：36-39.

［67］王振雷．关于切向燃烧炉膛烟气残余旋转计算结果的几点初步看法［J］．锅炉制造，2006（4）：32-34.